젊은 엄마 첫아기 백과

아들·딸
마음 대로 낳을 수 있다

오성출판사

과학적인 방법으로 아들·딸 금지된 태아의 성(性)감별은

　이즈음에는 가족계획에 대한 인식이 널리 보급되어서 아들·딸 가리지 말고 둘만 낳자거나 한 자녀만 두어 잘 기르자는 쪽으로 나아가고 있습니다. 하지만 우리의 실정은 남자가 가계(家系)를 이어가야 한다는 전통적인 남아선호사상이 뿌리깊어서 꼭 아들을 낳겠다는 것이 대부분 공통된 마음입니다.

　옛날부터 사람들은 태어나는 아기의 성(性) - 곧 아들인가, 딸인가를 결정하는 것은 조물주가 하는 일이라고 믿으면서도 아들을 낳고자 하는 염원을 위해 여러 가지 방법을 시도해 왔습니다. 현대의학이 발달하기 전에는 동서양을 막론하고 나름대로의 숱한 미신과 속설이 있었습니다. 그러다가 의학이 발달되면서 최근에 이르러 그 과학적인 근거를 마련하게 되었습니다.

　이 문제에 관해서는 여러 가지 학설이 있지만, 이 책에서는 아들·딸 가려낳기 연구의 세계적인 권위자인 쉐틀스(Landrum Brewer Shettles)박사와 역시 일본에서 이 분야의 연구를 주도하고 있는 스기야마 시로 박사의 저서를 주축으로 하고, 그밖에도 각종 연구 결과와 문헌을 종합 검토해서 일반 독자들이 알기 쉽게 재구성해 놓았습니다.

　쉐틀스 박사는 아들이 되는 Y정자와 딸이 되는 X정자를 세계 최초로 주사전자현미경을 통해 찾아낸 연구파 의사로서, 그의 저서 《아들·딸 가려낳기 *Choose Your Baby's Sex*》는 선풍적인 인기를 끌며 장기 베스트셀러가 되어 있습니다. 그의 방법에 의하면 아들을 원하는 경우에는 90.4%, 딸은 80%의 성공률을 거둘 수 있다고 쉐틀스 박사는 장담합니다.

　일본에서 남녀 구별 출산 연구에 관심이 있는 의사모임인 SS연구회를 이

가려서 임신 할 수 있다면, 극복할 수 있습니다

끌고 있는 스기야마 박사도 역시 이 분야의 연구성과를 종합하여 책을 냄으로써 큰 반향을 불러일으킨 바 있습니다. 스기야마 박사는 그 방법의 적중률이 아들의 경우 95%, 딸의 경우는 82%라고 주장합니다.

우리 나라에서는 태아의 성(性)감별이 금지되어 있습니다. 원래 이러한 검사는 임신중인 태아의 이상을 미리 발견해서 대처하려는 하나의 진단방법입니다. 그 검사에서 부수적으로 태아의 성(性)이 판명되는데, 임신부와 그 가족들이 원치 않는 성(性)의 태아가 임신되었을 경우 마침내 인공유산으로까지 몰고가는 폐단을 막기 위한 조처입니다.

과학적인 방법에 의해 사전에 아들과 딸을 가려 임신하게 된다면 자라나는 생명의 싹을 지워버리는 비윤리적인 일들도 없어질 것입니다.

이 책에서는 아들·딸을 가려 낳는 여러 가지 효과적인 방법과 아울러 불임증을 극복하는 법, 안전하고 확실한 피임법의 실제에 관해서도 각기 지면을 할애했습니다. 아무쪼록 여러분이 행복한 가정을 이룩하는 데 이 책이 하나의 길잡이가 되어 주기를 바라는 마음 간절합니다.

편 집 자

❀ 차례

아들·딸 마음대로 낳을 수 있다

아들과 딸,
가려낳고 싶다

속설 · 미신에서 과학적인 방법으로

아들 · 딸을 가려 낳으려는 여러 가지 속설이 오랜 세월에 걸쳐 전해져 내려오는 한편, 의학과 생리학의 발달에 따라서 이 분야의 과학적인 연구도 계속되어 왔다.

뱃속의 아이가 '아들인가 딸인가' 하는 것은 옛날이나 지금이나 아기를 임신한 임신부와 그 가족들의 가장 큰 관심사임에는 변함이 없다. 오랜 옛날부터 사람들은 남녀의 성별은 조물주가 정해 주는 것이라고 생각해 왔다. 태어나는 아기가 아들인가 딸인가 하는 것은 오로지 조물주의 뜻에 달려 있어 사람의 힘으로는 어쩔 수 없는 일이라고 체념하면서도 인류의 선조들은 자기 자식의 성을 택하고 싶어했고, 그 욕망은 오늘날까지도 끊임없이 이어져 내려오고 있다.

그래서 동서양을 가릴 것 없이 여러 가지 비법이 전해져 내려오고 있는데, 과학문명이 고도로 발달된 오늘날에도 그러한 미신적인 방법을 믿고 빠져드는 사람을 주위에서 찾아 볼 수 있다.

세계의 어느 나라에서나 일반적으로 아들을 귀하게 여겨, 아들을 낳기 위한 여러 가지 속설, 미신적인 비방은 숱하게 이어 왔다. 오늘날까지 세계 여러 곳에서 전해져 내려오는 속설, 미신적인 비법은 놀랍게도 4,000가지에 이른다고 한다. 예를 들면 고대 그리스의 아리스토텔레스는 성행위에 있어서 남편과 아내 가운데 어느 쪽이 정렬적으로 행동하는가에 따라서 아들이냐 딸이냐 하는 아기의 성이 결정된다고 가르쳤다. 또한 그는 성관계를 가질 때의 날씨에 따라 태어나는 아기의 성이 결정된다고 생각했다. 기록에서 보면, '남풍이 불 때보다 북풍이 불 때 성관계를 가지면 사내아이가 태어나는 확률이 높다. 그것은 남풍이 습기를 머금고 있기 때문이다' 라고 나와 있다.

중세에서는 아들을 낳기 위해서 그 고장의 슬기로운 사람이 일러 주는 대로, 알맞은 비율로 포도주와 사자의 피를 섞은 야릇한 것을 마셨다고 한다. 또 보름달 밑에서 수도승이 기도를 올리는 가운데 부부가 동침하면 아들을 낳게 된다는 미신도 있었다.

히포크라테스는 남녀가 성교할 때에 배출되는 씨앗(정자나 난자)중에서 강한 쪽이 아기의 성을 결정한다고 생각했다. 행게의 성교체위론도 터무니없이 잘못된 설이라는 점에서는 마찬가지이다. 곧 태어나는 아기가 아들인가 딸인가 하는 것은 모두 남성의 정자에 의해 결정이 되는데, 남성의 오른쪽 난소에는 남자를 만드는 인자(因子)가, 왼쪽 난소에는 여자를 만드는 인자가 있다고 했다. 그러므로 남성은 오른쪽을 위로 하고 여성은 오른쪽을 아래로 한 체위로 성교를 하면 아들을 배게 되고, 그 반대로 하면 딸이 된다고 믿었다.

아들에 대한 집념이 더욱 강했던 동양에서는 그에 못지않는 숱한 비법이 전해져 내려오고 있다. 고대 중국의 자관옥녀비법(紫官玉女秘法)은, 임신 3개월이 된 부인을 깨끗이 목욕시키고, 활의 시위를 풀어 임부의 허리에 감아 주면 아들을 낳는다고 했다.

베터에 의해 1901년에 발견된 특수한 염색체가 남녀의 성을 결정하는데 관계기 있다는 사실이 알려지고, 성염색체의 윤곽이 차차 드러나게 되었다. 베터와 같은 시대 사람인 메크랑은 특수 염색체를 갖지 않는 것이 사내아이를 낳게 한다고 주장하였다.

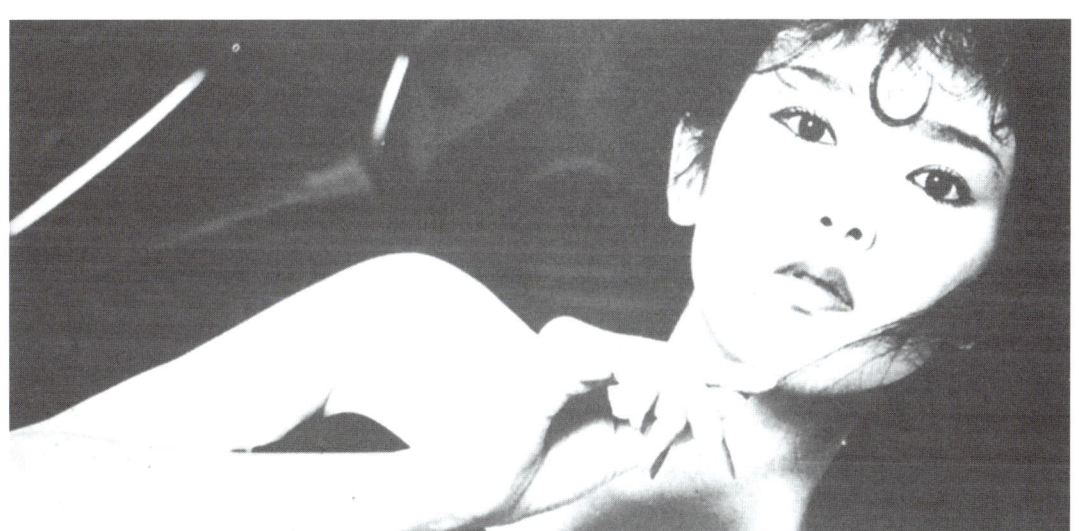

아들·딸 가려 낳기는 인구 억제에 도움

오늘날 인구문제는 전인류의 중대한 관심거리의 하나이다. '인구폭발'이라는 표현 그대로 기하급수적으로 늘어나는 인구는 식량난을 가져오면서 심각한 양상을 드러내고 있다. 그래서 특히 개발도상국에서는 인구증가를 억제하려는 가족계획에 많은 힘을 기울이고 있는 실정

이다. 그런데 그 가족계획의 실천을 가로막고 있는 큰 장애의 하나가 남성우위의 전통이다. 곧 아들을 얻으려고 계속 출산을 하게 된다. 그 극단적인 사례로 딸만 열 명을 둔 가정도 있다.

사회 전체를 놓고 볼 때에는 남자와 여자의 비율이 거의 비슷해서 균형을 이루고 있다고 한다. 하지만 하나 하나의 가정을 단위로 살펴 보면 반드시 그렇지는 않다. 아들만 둘을 두고 있는 가정이 있는가 하면 딸만 셋이 있는 가정도 있다. 이와 같은 각 가정의 자녀의 성비율이 균형을 이루지 못하는 데서 오는 불만이 가족계획의 실천에 큰 어려움을 주고 있다. 이 문제를 해결하는 길은 고도로 발달된 의학의 힘에서 도움을 받는 수밖에 없다.

근대 의학이 발달하면서 많은 의학자들은 이 문제를 연구해 왔지만 그다지 성과가 없었다. 그러다가 20세기에 들어와서 동물의 염색체와 정자의 발견으로 실마리가 잡히기 시작했다.

20세기 중반을 넘어서면서 현대 의학의 눈부신 발달로 아들과 딸을 수정단계에서 구별해서 임신하게 할 수 있는 연구도 마침내 그 결실을 보게 된다. 여러 가지 연구 중에서도 결정적으로 성과를 얻은 사람은 미국의 생식생리학자로서 컬럼비아대학 산부인과 교수였던 랜드럼 B.쉐틀스(Landrum Brewer Shettles) 박사였다. 쉐틀스 박사의 연구 결과가 발표되자 아들 딸을 가려 낳는 문제에 관심을 가지고 있는 세계 여러 나라의 의사와 과학자들이 그 방법을 실험해 보고 또 자기 나름대로의 연구를 진행해나갔다. 일본의 산부인과 전문의 스기야마 시로 박사, 영국의 부츠홀병원 의사 존 포라드(John Porad) 박사 등의 연구 결과로 오늘날에는 사내아이를 낳는 문제는 95%이상의 성공률을 보이고 있다.

그러므로 이들 세 박사의 연구성과를 활용한다면 이상적인 가족계획의 실현이 가능할 것이다. 주위의 압력과 강권에 못 이겨 꼭 아들을 하나 두겠다고 계속 출산을 하면서도 딸만 잇달아 낳는 불행한 일은 사라지게 된다. 정확하게 아들이나 딸을 하나, 혹은 아들 하나, 딸 하나를 낳아서 잘 기르겠다는 꿈을 지닌 신혼부부에게는 가족계획을 실현하는 좋은 길잡이가 되어 줄 것이다.

임신 후의 성별 선택은 안된다

아들·딸을 가려 낳는 문제에 대해서는 종교계와 동업자인 의사들 사이에서도 반대와 비난이 없었던 것은 아니다. 미국에서 쉐틀스 박사의 아들·딸 가려 낳기에 관한 발표가 있게 되자 '창조주인 하느님의 뜻에 어긋나는 일이 아닌가' 라는 의혹과 비난이 신앙심이 두터운 사람들 사이에서 일어났다. 또 산부인과 의사 가운데서도 '자연을 거역하면서 까지 성별을 가려 낳는 일에 반대한다' 는 의견이 있었다.

이러한 비난에 대해 일본의 스기야마 박사는 그의 저서 가운데서 다음과 같은 반론을 펴고 있다. '가려 낳기가 자연의 섭리에 위배되는 것이라면 인공중절이나 염구피임술, 제왕절개, 계획분만, 마취분만, 피임술, 실험관아기, 인공수정 등 산과학의 태반을 차지하는 중요한 연구과제도 모두 자연에 위배되는 연구라고 생각할 수 있는 것이 아닌가? 우리는 산부인과 의사로서 위에서 말한 과제에 관해서 열심히 연

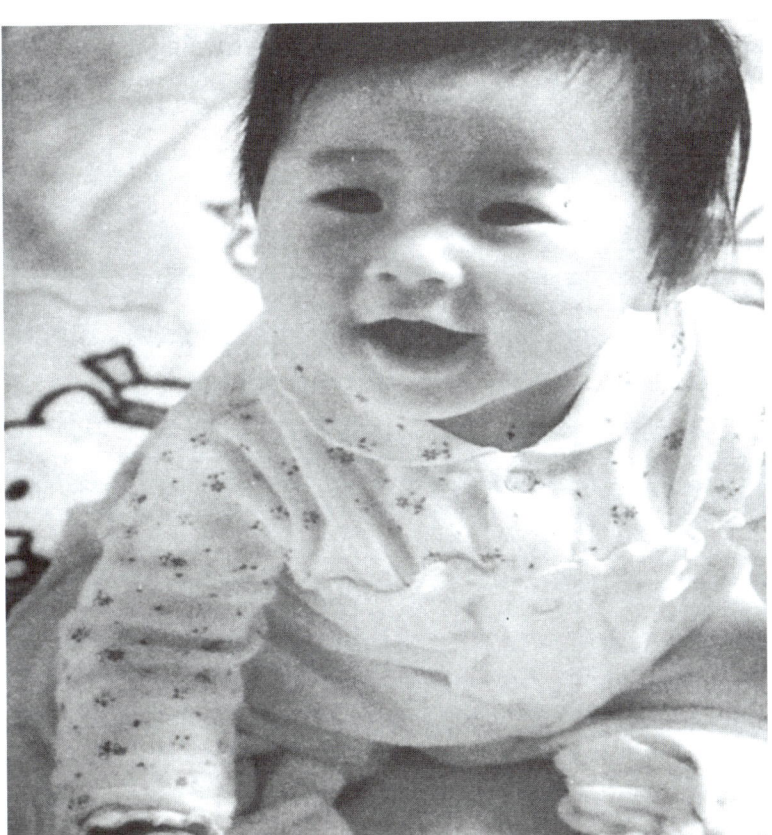

딸을 낳기 위해 애를 쓰는 경우도 있지만, 세계의 거의 모든 나라 사람들이 아들을 더 귀하게 여겨왔다. 아들과 딸을 가려서 낳고 싶은 욕구는 자연스러운 것이며 오늘날의 산부인과 의사들은 이런 생각을 가진 부부들의 성 가치관을 올바르게 지도해줄 도덕적 의무감마저 지니게 되었다.

구해 왔다. 이것은 인류의 행복을 위해서라는 대전제가 있었기 때문에 자랑스레 연구에 몰두할 수 있었다. 아들·딸 가려 낳기도 위에 모든 생식에 관한 것 중의 하나에 지나지 않는다'.

아들과 딸을 마음대로 낳고 싶다는 욕구는 자연스러운 것이며, 그러한 생각을 지닌 부부들에게 올바른 지도를 해 주는 일은 산부인과 의사로서는 바람직한 일이다. 그 간절한 꿈은 발달된 과학의 도움으로 차차 현실로 나타나고 있다.

쉐틀스 박사의 가려 낳기 지도가 차차 퍼져 나가자 로마 카톨릭 교회 측에서도 '임신을 막는 것을 목적으로 하지 않는 한 반대하지 않는다' 는 입장을 취하게 되었다. 쉐틀스 박사는 '종교 관계의 인사, 특히 신교의 목사까지도 가려 낳기에 관해 지도받으러 오고 있다' 고 말한다.

하지만 임신이 된 뒤에 자기네가 원하는 아들이나 딸이 아니라고 해서 인공적으로 유산시키는 일은 도덕적으로 용인될 수 없다는 것이 압도적인 의견이다. 임신이 되었을 때, 양수(羊水) 검사나 초음파에 의한 진단으로 태아의 성병을 확인하여 원하는 아들이나 딸이 아니라고 해서 인공유산을 시키는 일은, 태아도 이미 하나의 생명이라는 점에서 도덕적으로 비난받아 마땅하다.

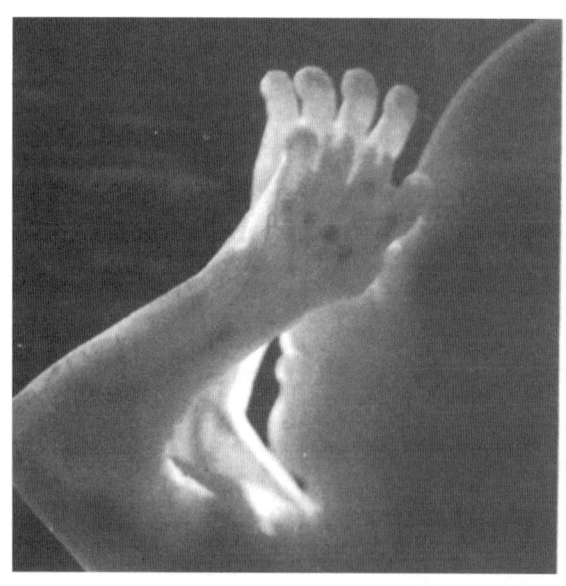
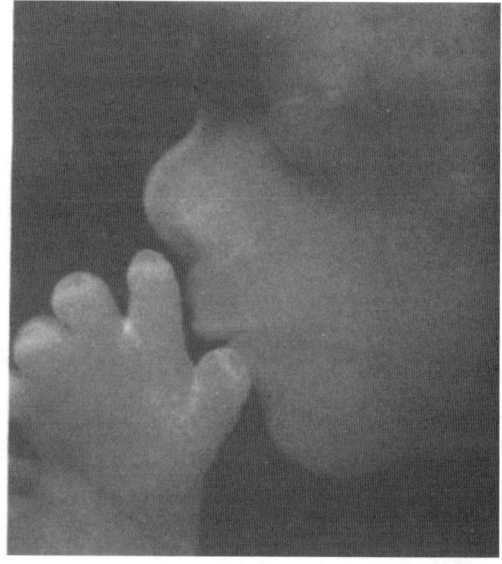

● 양수검사와 초음파로 태아의 성별을 확인하여 인공유산을 시키는 것은 비윤리적이
  라는 비난을 면하기 어려울 것이다.

쉐틀스 박사의 가려 낳기 지
도가 차차 퍼져
나가자 로마 카톨릭교회 측
에서도
'임신을 막는 것을
목적으로 하지 않는 한
반대하지 않는다'는
입장을 취하게 되었다.
쉐틀스 박사는
'종교 관계의 인사,
특히 신교의 목사까지도 가
려 낳기에 관해
지도받으러 오고 있다'고 말
한다.

1975년, 스톨홀름에서 '태아의 유전병에 관한 태아기의 진단'이라는 주제로 개최된 세계 회의에서는 다음과 같은 성명을 발표한 바 있다.

-우리는 태어나는 아기의 성별이 원하는 대로가 아니라고 하여 그 태아를 인공유산시키는 태아기의 성별 선택에 찬성할 수 없다. 양수검사법 역시 단지 임산부의 궁금증을 풀어주기 위하여, 그리고 호기심을 만족시켜 주기 위하여 정당화되어서는 안 된다.-

우리 나라에서도 얼마 전에는 양수검사법이나 초음파에 의한 진단으로 태아의 성별을 미리 검사해 준 적이 있으나 원하는 아들이나 딸이 아니라고 해서 인공유산을 시키는 경향이 많아서 태아의 성감별은 금하고 있다.

●아들과 딸을 가려서 출산한다고 해도 인류의 남녀 비례는 변하지 않을 것이다. 남녀간의 균형이 깨진다고 믿는것도 괜한 걱정일 뿐이다.

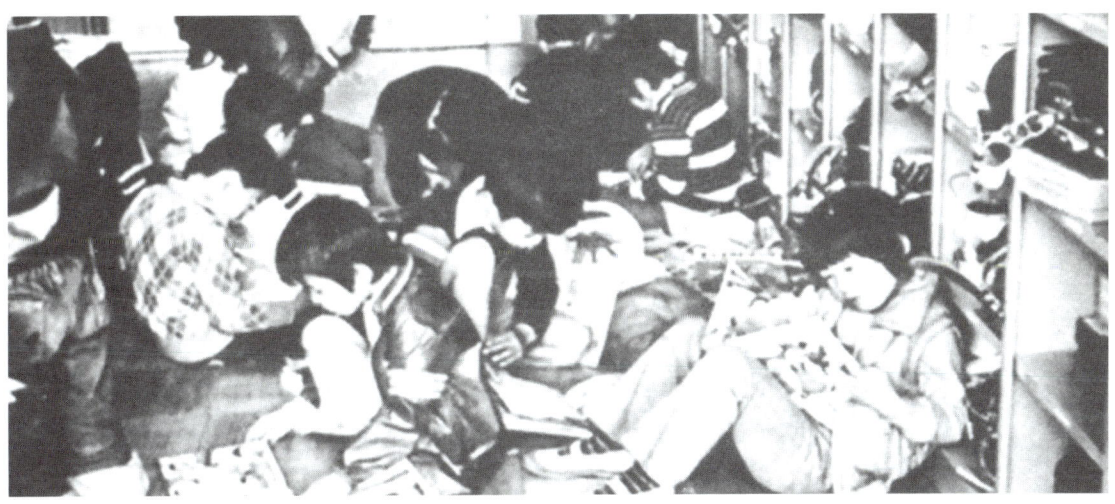

남녀의 균형이 깨어진다는 반대의견

쉐틀스 박사의 아들·딸 가려 낳기의 방법은 도덕적, 윤리적으로 잘 못된 점이 없지만, 한편으로 그것이 널리 보급되었을 때 일어나게 될 사회 현상에 대해 염려하는 일부의 반대 의견도 있다. 곧 아들·딸 가려 낳기의 방법이 널리 보급이 된다면 아들을 원하는 비율이 딸을 원하기 비율보다 높기 때문에 남자와 여자가 수적인 면에서 균형이 깨진다는 걱정이다.

하지만 아들·딸 가려 낳기의 방법이 더 실천하기 쉽게 개발이 되고 널리 보급이 된다고 해서 과연 이 세상의 남자와 여자의 구성비가 불균형하게 될 것인가?

그러나 쉐틀스 박스는 그러한 걱정에 대해서 임상적인 예를 들어서 부정하고 있다.

"지금까지 오랜 세월에 걸쳐서 세상의 부모들이 한결같이 가족 구성에 대하여 바라고 있는 것은 단 한 가지뿐이다. 그것은 다름이 아니라 아들과 딸을 고루 두는 행복한 가족의 구성이다. 대부분의 부모는 아들과 딸이 같은 숫자로 태어나는 것이 이상적이라고 생각하고 있다."

쉐틀스 박사가 초기에 연구성과를 표하였을 때, 박사에게 보내져 온 몇백 통의 편지에도 세상의 부모들이 바라는 바가 잘 나타나 있다. 아들을 하나 둔 가정에서는 딸을 절실하게 원하고 있으며, 그와 반대로

지금까지 오랜 세월에 걸쳐서 세상의 부모들이 한결같이 가족 구성에 대하여 바라고 있는 것은 단 한 가지뿐이다. 그것은 다름이 아니라 아들과 딸을 고루두는 행복한 가족의 구성이다.

딸의 숫자가 많은 가정에서는 아들이 태어나기를 열망하고 있었다.

편지에 씌어진 사연에 의하면, 결혼초에는 대부분의 부부들이 1남1녀를 두고자 원했다고 한다. 하지만 두 아기가 모두 아들이라든지 또는 딸만 둘 태어났기 때문에 세번째의 아이를 출산하겠다는 부인이 적지 않았다. 이런 면에서 보더라도 아들 · 딸 가려 낳기의 지도는 인구의 증가를 억제하는 데 결정적인 몫을 담당할 것으로 생각된다.

그런가 하면, 가령 아들이나 딸 가운에 어느 한 쪽이 더 많이 출산되어 남자와 여자의 구성비율에서 균형이 깨지는 세상이 된다 하더라도 그리 염려할 일은 아니라고 한다. 정작 그렇게 되다면 세상의 부모들이 숫자가 적은 쪽의 성별의 아기를 낳으려고 할 것이기 때문에 필요한 무엇이 부족해지면 인간은 본능적으로 그것을 증가시키려고 집중적인 노력을 하게 된다.

G. 레틀레 딜러는 〈생물학적 시한폭탄〉이라는 책에서 이 문제에 대한 낙관적인 견해를 보여주고 있다.

－아마도 서구 사회에서는 딸만 낳겠다는 사람보다는 아들을 낳겠다는 사람이 많은 경향이기에 다소 아들 쪽으로 우선이 나타나리라고 본다. 그러나 이와같은 경향이란 그렇게 현저하지 않을 것이다. 그러므로 이와 같은 생각들을 홍보 활동이나 계몽지도로써 억제할 필요까지도 없을 것이다.－

이 문제에 대해서는 여러 가지 연구에서도 그런 걱정을 할 필요가 없다는 사실이 밝혀지고 있다.

미국 프린스턴 대학 인구연구소의 찰스 F. 웨스토프 박사와 위스콘신 대학의 인구통계학 · 생태학 센터의 도날드 R. 린도프스 박사는 자녀를 가진 6,000명의 기혼부인을 대상으로 조사한 결과를 〈뉴욕타임스〉에 소개한 바 있다. 그 조사 결과에 의하면, 아기의 성별을 사전에 선택하는 방법을 일상적으로 시행할 경우, 첫아기로 아들을 낳고자 그 방법을 실행하는 신혼 여성까지 포함해서 최초의 2년 동안에는 아들의 출생이 증가하지만, 그 다음에는 '균형을 이루기 위하여 딸을 낳는 현상이 뒤따른다'는 사실이 밝혀졌다. 그리고 그 뒤로는 '어느 쪽으로 치우치는 현상은 끝이 나서 현재와 같이 자연에 맡긴 경우의 남녀의 비율과 비슷한 비율로 되돌아간다'는 것이 그 결론이다.

대부분의 부부가 첫아기는 아들을 원하는 것이 사실이지만, 모든 여성이 아들만 원한다는 사회학자의 가설은 잘못된 것임에 틀림없다.

독일의 오토프리드 헤트졸드 박사의 연구에서도 그와 비슷한 결론을 내리고 있다. 그는 최근 1,000쌍의 부부를 상대로 조사를 실시한 일이 있는데, 아들이 하나 있지만 딸이 없는 365쌍의 부부 가운데 352쌍이 균형이 있는 가족 구성을 위해서 딸을 낳고 싶어했다고 한다. 그리고 또 아들이 둘 이상 있으나 딸이 없는 10쌍의 부부가 다시 아기를 낳는다면 딸을 낳기를 바랐다고 한다.

반대로 딸만 하나 있고 아들이 없는 468쌍의 부부 중에 467쌍의 부부가 다음에는 아들을 낳고 싶다고 응답했다. 딸이 둘 이상이고 아들이 없는 133쌍의 부부 가운데 딸을 하나 더 낳겠다는 생각을 지닌 부부는 단 하나의 경우뿐이었으며 나머지는 모두 아들을 낳고 싶다고 했다.

이러한 통계적 사실에서도 아들·딸 가려 낳기의 방법이 널리 보급되면 남녀의 비율이 깨지게 될 것이라는 염려가 단지 막연한 추측에 지나지 않는다는 것을 알 수 있다.

딸이 없는 365쌍의 부부 가운데 352쌍이 균형 있는 가족 구성을 위하여 딸을 낳고 싶어했다고 한다.

현대 의학으로서도
어쩔할 수 없는
불치의 병이
성염색체와 관련이
있는 경우가 있다.
예를 들어서
혈우병
이라든지 어떤 형의
근육위축증이나 산소의
결핍에서 오는
여러가지 병이 있다.

유전질환을 예방할 수 있다

　아들 · 딸 가려 낳기가 인구억제와 행복한 가족 구성을 위한 중요한 수단이 된다는 것은 앞에서 설명하였거니와 그밖에 유전학적으로 보아도 커다란 이점이 있다.

　현대 의학으로서도 어찌할 수 없는 불치의 병이 성염색체와 관련이 있는 경우가 있다. 예를 들어서 혈우병(血友病)이라든지 어떤 형의 근육위축증(가성비대성　근위축증〈假性肥大性　筋萎縮症〉) 이나 산소의 결핍에서 오는 여러 가지 병이 있다.

　혈우병이란 한번 피가 흐르기 시작하면 어떤 의학적 조치로도 멈추게 할 수 없어 약간의 상처에도 완전히 무방비 상태인 치명적인 병이다. 생사가 달려 있는 이 무서운 병은 흔히 생각하고 있다시피 그처럼 아주 드문 병이 아니다. 유럽에서는 환자의 수가 많아서 '병의 왕자'라고 일컬어지기도 한다.

이 혈우병을 예로 들어, 아내가 혈우병 인자를 가지고 있다 가정해 보자. 그 자녀가 아들인 경우에는 50%의 확률로 혈우병이 나타날 가능성이 있다. 만약 딸인 경우에는 50%의 확률로 그 유전자를 가질 가능성이 있지만, 그 경우라도 혈우병은 표면적으로는 나타나지 않는다. 이러한 유전을 반성유전이라고 한다.

이 혈우병에 걸리게 되는 열성유전자(劣性遺傳子)는 여성 성세포가 가지고 있는 두 개의 X염색체 가운데 하나 속에 들어 있다. 마지막 세포분열이 일어난 뒤 이들 세포의 반수만이 그 열성유전자를 갖게 된다. 그 유전자를 가진 난자가 X염색체(딸을 낳게 하는 정자)를 운반하는 정자와 결합하는 경우, 태어나는 여자아이는 혈우병에 걸리지 않는다. 그 까닭은 아버지한테서 받는 유전자는 일반적으로 우성(優性)이기 때문이다.

반대로 그 열성유전자를 가진 난자가 Y염색체를 가지고 있는 정자에 의해 수정이 되는 경우, Y염색체는 우성유전자를 운반하지 않기 때문에 태어나는 사태아이에게 혈우병이 유전되게 된다.

그래서 혈우병과 같은 유전질환의 원인을 지닌 여성이 임신했을 때 아들이라는 사실이 확인되면 인공유산을 시키게 된다. 하지만 그와 같은 유전성 질환의 원인을 지니고 있는 부인의 경우에도 아들·딸 가려 낳기의 방법으로 딸을 임신함으로써 인공유산을 하지 않아도 된다.

이러한 사실이 확인되면서 케임브리지 대학의 로버트 에드워드 박사와 리처드 가드너 등 학자들이 이 분야의 연구에 힘을 기울이고 있다.

이들은 〈뉴 사이언티스트〉지에 실린 논문에서 다음과 같이 주장하고 있다.

-태어난 아기의 성별을 미리 선택함으로써 혈우병과 같은 유전병을 제거하는 일은 한 세대에 공헌하는 것뿐만이 아니라 앞으로 여러 세대에 걸쳐서 인류에게 은혜를 베푸는 일이다.-

색맹의 유전을 없앨 수 있다

앞에서 설명한 혈우병의 경우는 딸을 낳도록 해야 했지만, 아들을 낳는 것이 이점이 되는 경우도 있다. 그 예로서, 빨간색과 녹색을 분별하지 못하는 유전성을 띤 증상으로 적록색각이상이 있다. 보통 '색맹'

이라고 일컫는데 대부분의 색맹이 이에 해당된다.

이 색각이상은 전체 남성의 4~5%에서 나타나고 있다. 이와 같은 색각이상도 가려 낳기를 잘 이용한다면 유전을 없앨 수 있다고 일본 치바대학 안과의 스즈키 명예교수는 다음과 같이 말하고 있다.

"내가 나의 전문분야가 아닌데도 불구하고 아들 · 딸 가려 낳기에 깊은 관심을 갖는 이유는 안과에서 적록색각이상이라는 반성열성유전성질환이 있기 때문이다. 그것은 남성의 4~5%에 이른다고 하므로 일본의 남성인구를 5,000만 명이라고 한다면 200만 명에 가까운 색각이상자가 있다고 할 수 있으며, 이러한 실태는 안과의사가 아닌 사람으로서는 상상도 못할 일이겠다.

색각이상의 유전자는 성을 결정하는 X염색체에 있는데, 남성 X염색체가 하나이기 때문에 그것이 색각이상의 유전자를 가지고 있다면 그것만으로 색각이상자가 된다. 여성에서는 X염색체가 두 개이므로 그 하나가 이상 유전자를 가지고 있다 하더라도 다른 하나가 정상이라면 이상(異常) 쪽이 열성이기 때문에 색각은 정상이나 이상 유전자를 잠재적으로 지니게 된다(여성은 두 개가 모두 이상유전자인 경우 비로소 색각이상자가 된다. 따라서 그 확률은 아주 낮아 남성의 10분의 1이하이다).

이 색각이상의 유전에 관해서는 유명한 홀너의 법칙이 있다. 즉 아버지의 색각이상은 딸을 통하여 손자에게 나타난다. 바꾸어 말하면 아

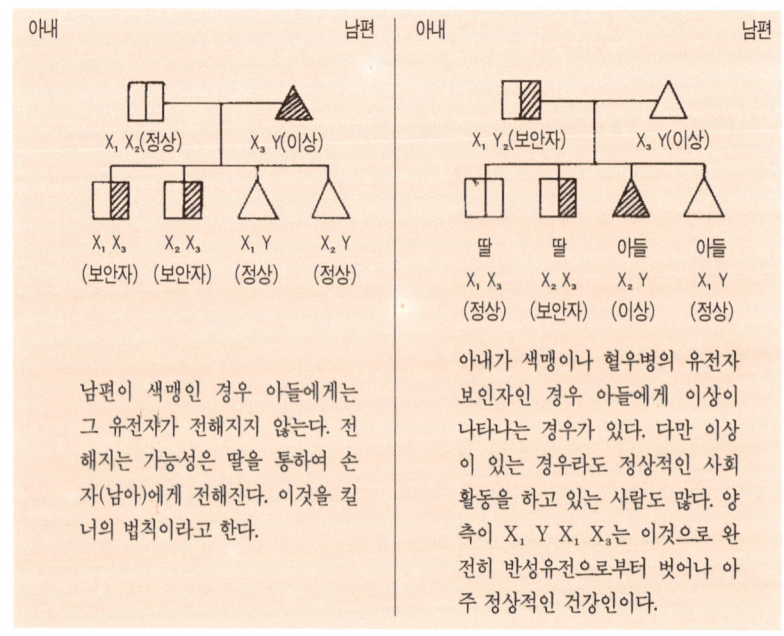

아내   남편 │ 아내   남편

X₁ X₂(정상)   X₃ Y(이상) │ X₁ Y₂(보안자)   X₃ Y(이상)

X₁ X₃   X₂ X₃   X₁ Y   X₂ Y │ 딸   딸   아들   아들
(보안자)   (보안자)   (정상)   (정상) │ X₁ X₃   X₂ X₃   X₂ Y   X₁ Y
                                              │ (정상)   (보안자)   (이상)   (정상)

남편이 색맹인 경우 아들에게는 그 유전자가 전해지지 않는다. 전해지는 가능성은 딸을 통하여 손자(남아)에게 전해진다. 이것을 킬너의 법칙이라고 한다. │ 아내가 색맹이나 혈우병의 유전자 보인자인 경우 아들에게 이상이 나타나는 경우가 있다. 다만 이상이 있는 경우라도 정상적인 사회활동을 하고 있는 사람도 많다. 양측이 X₁ Y X₁ X₃는 이것으로 완전히 반성유전으로부터 벗어나 아주 정상적인 건강인이다.

버지의 이상은 아들에게는 전해지지 않고 딸에게 잠재성으로 전해진다. 따라서 아들만 낳고 딸을 낳지 않으면 이 가계로부터 색각이상의 유전자는 완전히 끊기지만 딸을 낳으면 보인자(保因者 : 원인을 지니고 있는 사람)가 되어 이상유전자를 자손에게 전하게 된다.

나는 안과가 전문이기 때문에 색각 이상을 예로 들었으나 혈우병도 같은 유전형식이다. 색각 이상의 유전자기 특히 열등하다는 것은 아니지만 대학 입학시험에서 학과의 제약을 받고 직업을 선택하는 자유도 제한되어 있는 실정이므로 우리는 이러한 유전자는 되도록이면 자손에게 남기지 않도록 노력해야 할 것이다. 여기에 가려 낳기의 필요성이 있다. 그것은 물론 가족계획이라든가 인구문제면에서 의의가 있는 것이기도 하지만 더 나아가 인류유전학의 견지에서 볼 때에도 커다란 과제라고 해야 할 것이다."

그밖에 심리적으로 얻을 수 있는 이익

아들 딸을 가려 낳는 방법은 그밖에도 여러 가지로 이익이 있다. 외과의사인 A. L. 베네딕트 박사는 그 방법으로 균형 있는 가족을 구성할 수 있다고 이점 말고도 심리적으로 또다른 이익을 가져올 수 있다고 다음과 같이 말한다. 그런데 인습이라든지 어떤 이유로 해서 꼭 아들이 있어야겠다, 또는 꼭 딸이 있어야겠다고 간절히 바랐다면 어떻게 되겠는가. 가령 아들을 열망했었는데 딸만 낳았다면 아무리 그 부모가 귀여운 딸들을 사랑하더라도 그 딸은 자라나면서 자기네들이 부모의 기대에 어긋나게 이 세상에 태어났다는 사실을 어쩔 수 없이 깨닫게 된다. 부모들은 비록 아무런 내색을 하지 않더라도 아이들의 마음에 그대로 전해지게 된다고 베네딕트 박사는 말했다.

정신의학상의 증례가 흔히 보이고 있는 바와 같이 그런 아이들은 자기가 부모의 원하는 성별의 아이로 태어나지 못했다는 어떤 죄의식에 사로잡히게 되고 자신이 거부되고 있다는 생각을 갖게 된다고 한다. 그래서 스스로의 울타리 안에 숨어 버리려는 폐쇄적인 아이가 된다거나 또는 자신이 반대의 성인 아이인 것처럼 행동함으로써 위안을 찾으려는 경우도 있다고 한다.

하지만 아들·딸 가려 낳기의 방법을 제대로 실행해서 부모가 원하는 자녀를 낳는다면 그와 같은 불행한 일을 피할 수 있다. 그래서 밝

아들을 열망했었는데 딸만 낳았다면 아무리 그 부모가 귀여운 딸들을 사랑하더라도 그 딸들은 자라나면서 자기네들이 부모의 기대에 어긋나게 이 세상에 태어났다는 사실을 어쩔수 없이 깨닫게 된다.

고 사랑이 넘치는 가정을 이룰 수 있다고 쉐틀스 박사는 심리적인 면
에서의 이익을 또한 강조하고 있다.

아들 · 딸 마음대로 낳을 수 있다

Y정자와 X정자는 무엇인가

아들을 만드는 Y정자, 딸을 만드는 X정자

수정이라고 하는 것은 자궁 안에서 난자와 정자가 결합하는 것을 말하는데,
수정하는 순간에 아들인가 딸인가 하는 문제는 결정이 된다. 정자에는 아들을 만드는 정자와
딸을 만드는 정자가 있으며, 먼저 난자에 결합하는 것은 그 때의 조건에 따르게 된다.

억울하게 구박받는 며느리

세상에는 딸만 낳는다든지 또는 아들만 낳는 부부가 있다. 그러면
주위의 사람들은 그 원인을 오로지 여성 쪽에 있다고 생각해서 딸만
낳은 며느리는 시어머니나 남편의 구박을 받아 고통스러운 나날을 살
아가야 한다. 오늘날에도 대를 이을 아들을 낳지 못한 여성은 기를 펴
지 못하고 집안 어른이나 남편의 눈치를 살펴야 하는 경향은 여전히
남아 있는 실정이다.

하지만 아들을 낳지 못하는 책임이 여성에게만 있는 것으로 여기는
생각은 과학적으로 따져 보면 아무런 근거도 없다.

태어나는 아이가 아들이 되는가 딸이 되는가 하는 문제에 있어 현
재의 과학이 밝혀 낸 사실은 다음과 같다.

수정이라고 하는 것은 자궁 안에서 난자와 정자가 결합하는 것을
말하는데, 그 수정하는 순간에 아들인가 딸인가 하는 문제가 결정이
된다. 곧 정장에는 아들을 만드는 정자와 딸을 만드는 정자가 있으며,
어떤 정자도 먼저 난자에 결합하는 것은 그 때의 조건에 따르게 된다.

그런데도 시어머니나 남편의 수정의 과학적 사실에 대해서 모르기
때문에 딸만 계속 낳는 아내만을 일방적으로 탓하고, 아내 쪽에서도
무엇인가 잘못을 저지른 듯한 죄책감을 지닌 채 기를 펴지 못하고 산
다는 것은 터무니 없는 이야기가 아닐 수 없다. 태어나는 아기가 아들
인가 딸인가를 결정하는 것은 난자 곧 아내 쪽이 아니라 정자 곧 남
편 쪽이기 때문에.

지금으로부터 300년쯤 전에 '난자파'라고 일컬어지는 생물학의 한 그룹이 있었다. 그들은 여성의 난자속에 아주 조그만한 아기의 씨가 들어 있어서 그것이 정자의 자극으로 차차 커진다고 생각했었다. 그리고 그 아기의 씨는 아들이나 딸로 이미 결정되었다고 믿었다. 딸을 계속 낳는다고 며느리만 구박하는 일은 300년 전의 난자파의 생각과 다름없이 태어나는 아기의 성별이 어떻게 결정되는지 모르는 데서 오는 것이다.

사람들은 어떻게 해서 아들이 태어나고 또 어떻게 해서 딸이 태어나는지 오랫동안 모르고 지내왔다. 그 원리를 해명한 것은 약 100년 전쯤의 일이지만, 실제로 '어떻게 하면 된다'는 방법을 안 것은 30년쯤 밖에 되지 않는다.

요컨대 아들을 낳는가 딸을 낳는가 하는 것은 부부가 어떤 조건 아래 성행위를 하는가에 달려 있다고 하겠다. 그러므로 실제로 아들·딸을 가려 낳으려면 부부가 협력을 해서 그 조건을 갖추도록 해야 한다. 남성이나 여성 어느 한 쪽만이 애써서는 가려 낳는 일에 성공하지 못하기 때문이다.

난자와 정자

아들과 딸을 가려 낳을 수 있는 과학적인 기초는 난자와 정자가 있다는 사실을 밝혀 내는 데서 비롯된다.

칼 폰 비이엘이라는 생물학자는 1827년에 포유동물의 난자가 암컷에서 매달 한 차례씩 배출된다는 사실을 알아냈다. 또 1841년에는 루돌프 폰 케리카가 수컷의 고환조직 안에서 정자가 만들어진다는 것을 확인했다. 그리하여 드디어 1870년대에 와서는 그 난자와 정자가 결합해서 태아가 발생된다는 생식의 원리를 밝혔다.

난자는 여성으로 태어날 적에 이미 원시난포(原始卵胞)라는 형태로 준비되어 있는데, 그것은 나중에 변화하기는 하지만 처음부터 숫자가 한정되어 있으며, 그 숫자는 계속 접어들며 불어나지는 않는다.

원시난포는 한 개의 난자 주위를 세포가 한 겹 감싸고 있는 것으로서 양쪽 난소에 몇 만 개씩 간직되고 있다. 그러나 여성이 평생동안에 실제로 배란하는 것은 그 가운데 일부분 300~400개이다.

여성의 성주기가 시작되면 하수체에서 고나토트로핀이라는 호르몬

아들을 낳는가 딸을 낳는가 하는 것은 부부가 어떤 조건 아래 성행위를 하는가에 달려 있다고 하겠다. 그러므로 실제로 아들·딸을 가려 낳으려면 부부가 협력을 해서 그 조건을 갖추도록 해야한다.

의 작용으로 원시세포 가운데 몇 개가 발육을 시작해서 그 중의 하나가 콩알만한 크기로 발달하여 성숙난포로서 난소의 표면에 부풀어오르게 된다.

이 성숙세포 속에는 난포액이라는 수분이 함유되어 있으며, 난자는 과립막세포라 일컬어지는 세포의 한 무리에 둘러쌓여, 마치 여러 사람에 둘러쌓인 가마와 같은 형상으로 난포액속에 튀어나와 있다.

성숙세포가 되어 난포가 찢어질 무렵이 되면 안에 들어 있는 난자 자체도 정자를 받아들일 준비를 해서 특수한 분열을 차례로 해서 어머니에게서 받은 유전질을 절반 잘라 버리고, 성염색체도 XX이던 것이 X 1개로 된다.

사람의 경우, 여성은 시상하부, 하수체 등이 작용해서 주기적으로 배란한다. 난포액과 더불어 난자를 중심으로 한 세포의 모임이 난소 바깥으로 나오면, 팔손이나무의 잎처럼 퍼져 있는 난관의 끄트머리(난관채)에는 어떤 미묘한 작용이 있는 듯, 난자는 그 끄트머리에 닿아서 빨려들어가듯이 난관 속으로 비집고 들어간다.

난관 안쪽의 세포에는 잔털과 비슷한 구조의 것이 나 있어서 그것이 일렁거려 자중 쪽으로 액체의 흐름이 일어나고, 또 장이 연동처럼 난관이 수축해 안에 있는 것을 자궁 쪽으로 밀어주는 작용도 있다.

한편, 남성의 정자는 길이가 0.05mm로서 올챙이 비슷한 형태를 하고 있으며, 머리부분, 목부분, 몸통부분, 꼬리부분 등 4부분으로 나뉘어져 있다. 머리부분에는 선체라는 모자 비슷한 부분이 있어서 수정하기 위해 난자로 돌입할 때에 그 안에 포함되어 있는 효소가 난자 주위의 막을 녹여서 구멍을 뚫게 된다. 전자현미경에 의해 밝혀진 바에 의하면, 꼬리부분에는 많은 섬유가 복잡하게 배열되어 있어 몸통부분에 비축되어 있는 에너지원을 사용해서 헤엄쳐 나갈 수 있는데 그 속도는 1분가 거의 3mm라고 한다.

남성의 정자는 길이가 0.05mm로서 올챙이 비슷한 형태를 하고 있으며, 머리부분, 목부분, 몸통부분, 꼬리부분 등 4부분으로 나뉘어져 있다. 머리부분에는 아버지가 지닌 유전질의 절반이 들어가 있으며 성염색체도 지니고 있다.

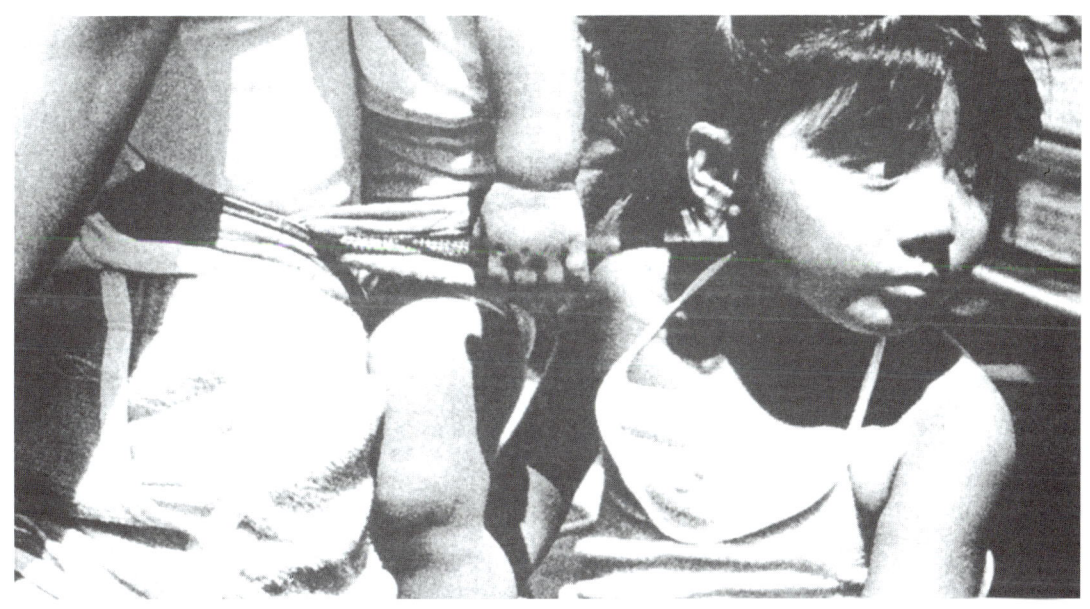

　고환에서 만들어진 정자는 부고환에서 한동안 간직되었다가 정관을 올라가 음경의 뿌리 부분의 전립선에서 요도로 들어가게 된다.

염색체의 발견

　1883년에는 피엘 반 베네딘이라는 과학자가 세포핵 속에서 사람의 모든 체세포 안에 있는 염색체를 발견하였다. 염색체라고 하는 것은 몸을 이루고 있는 무수한 세포의 중심에 있는 핵이라 불리는 부분에 있다. 세포 그 자체는 아주 작은 것이라서 보통은 현미경으로밖에 볼 수가 없다. 그 작은 세포의 핵 속에 가느다란 막대기 같은 것이 있어 그것이 어떤 특별한 색소에 쉽사리 염색되기 때문에 염색체라고 일컬어진다.

　이 자그마한 염색체로 바로 부모의 성질을 자식에게 전해 주는 역할, 곧 유전을 담당하고 있다. 그것은 피부의 빛깔, 머리 모양, 눈빛 등과 손가락이 다섯 개라든지 털이 많다든지 하는 모든 신체상의 특징을 결정하는 마이크로(극소)의 유전자를 포함하고 있다.

　염색체는 사람에게만 있는 것은 아니다. 동물이든 식물이든 생물은 모두 지니고 있다. 예를 들어서 사람의 자식은 언제나 사람이고, 소는

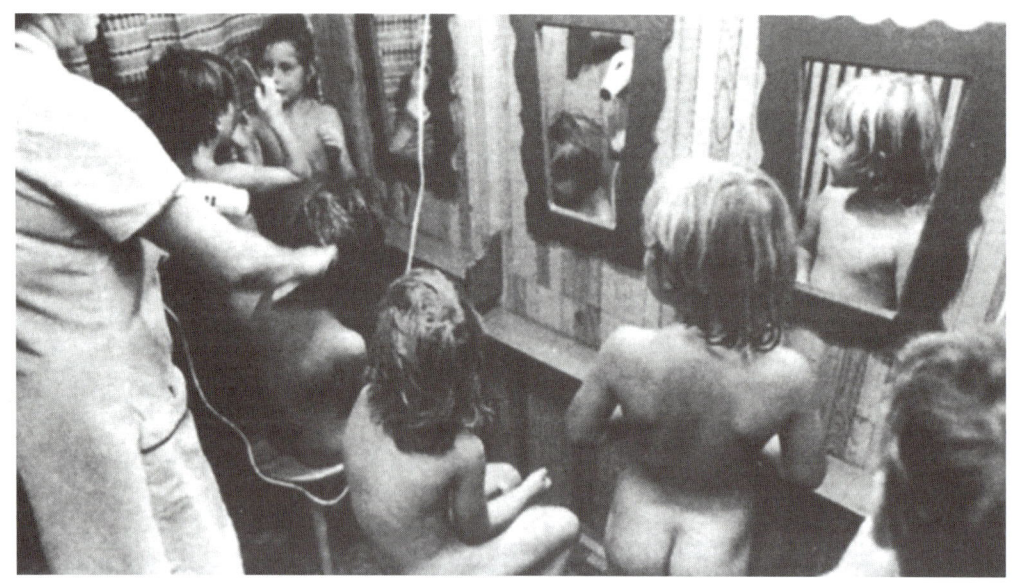

송아지밖에는 낳지 않는다. 또 콩을 심으면 콩이 나고 팥을 심으면 팥 밖에 돋아나지 않는다. 이러한 것이 모두 염색체의 특기할 만한 작용이다.

너무나 당연한 얘기라는 생각이 들지도 모르지만, 그렇게 되는 것은 그 각각의 어버이가 일정한 모양과 크기의 염색체를 일정한 숫자만큼 지니고 있어 정확하게 자식에게 전달하게끔 되어 있기 때문이다.

사람의 몸은 체세포와 성세포로 이루어져 있다. 체세포란 우리 몸의 뼈, 피부, 근육 등을 구성하는 세포이고, 성세포란 정자와 난자를 가리킨다. 사람의 경우, 체세포는 각기 막대 모양의 염색체 46개를 지니고 있다.

피엘 반 베네딘이 발견한 중요한 사실은 남녀의 성세포, 곧 정자와 난자가 결합할 때에 태어나는 아기의 세포가 지닌 염색체의 절반은 어머니로부터, 또 그 나머지 반은 아버지로부터 이어받는다는 것이다.

하지만 태어나는 아기의 남녀 성별을 결정하는 것이 아버지 쪽 염색체인지 어머니쪽 염색체인지 또는 양쪽 염색체의 결합에 의해서인지는 전혀 알아내지 못했다.

사람의 염색체는 46개

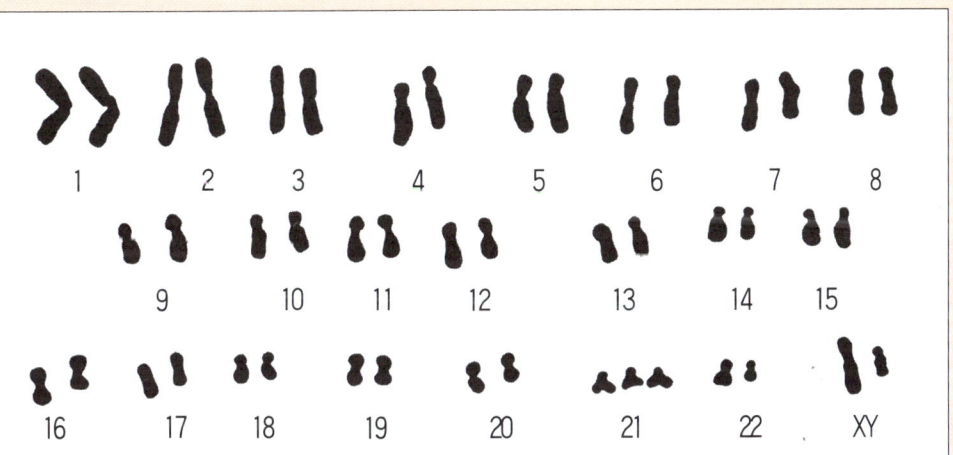

다운 증후군(몽고증)은 제21번째 염색체의
과잉에 의해 나타난다. 21번째 염색체 수가
세 개인 것을 볼 수 있다.

인간의 염색체를
그 크기별로 1번부터 23번까지
번호를 붙여 가면서 쌍을
만들어 배열시켰다.
23번째에서 성을
결정하는데 이 그림에서는
XY를 가진 쌍이기
때문에 남성이다.

정상적인 남성의 염색체

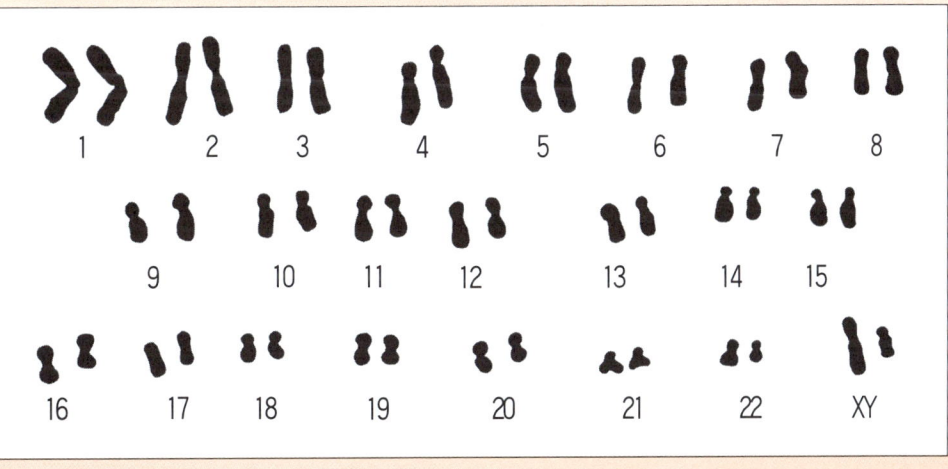

사람의 염색체가 현미경을 통해 처음으로 관찰된 것은 1882년, 독일의 학자 프레밍에 의해서였다. 그 후 많은 학자가 연구에 몰두했으나 크기가 너무나 작아서 사람의 역색체가 몇 개인지는 좀처럼 밝혀내지 못했다. 그러다가 1956년에 개최된 국제염색체회의에서 마침내 46개라고 결정되었다. 프레밍이 맨 처음 염색체를 관찰한 때로부터 74년만의 일이었다. 사람의 46개의 염색체는 다음과 같은 성질을 지니고 있다.

① 남녀 모두 44개의 같은 모양, 같은 크기의 것이 22쌍으로 있다 (이것이 체염색체).

② 23쌍째의 염색체는 여성과 남성이 각각 다르다.

여성 : 같은 크기, 같은 모양의 것이 2개다(X염색체라고 한다).

남성 : X염색체 하나와 모양과 크기가 다른 것(Y염색체) 하나로 되어 있다.

③ X염색체, Y염색체를 성염색체라 일컫는데, 이것이 남성인가 여성인가를 결정한다. 따라서 남성과 여성은 다음과 같다.

여성 : X염색체+X염색체

(한쌍의 X염색체를 성염색체로 가지고 있다)

남자 : X염색체+Y염색체

(X염색체 하나와 Y염색체 하나를 성염색체로 가지고 있다)

●사람의 염색체는 모두 46개로 되어 있다. 22쌍으로 된 44개의 염색체는 남녀 같은 모양으로 되어 있으나 23 쌍째의 염색체는 여성과 남성이 각각 다르다. 이 X와 Y 염색체를 성염색체라 일컫는데 이것에 따라 남성과 여성이 결정된다.

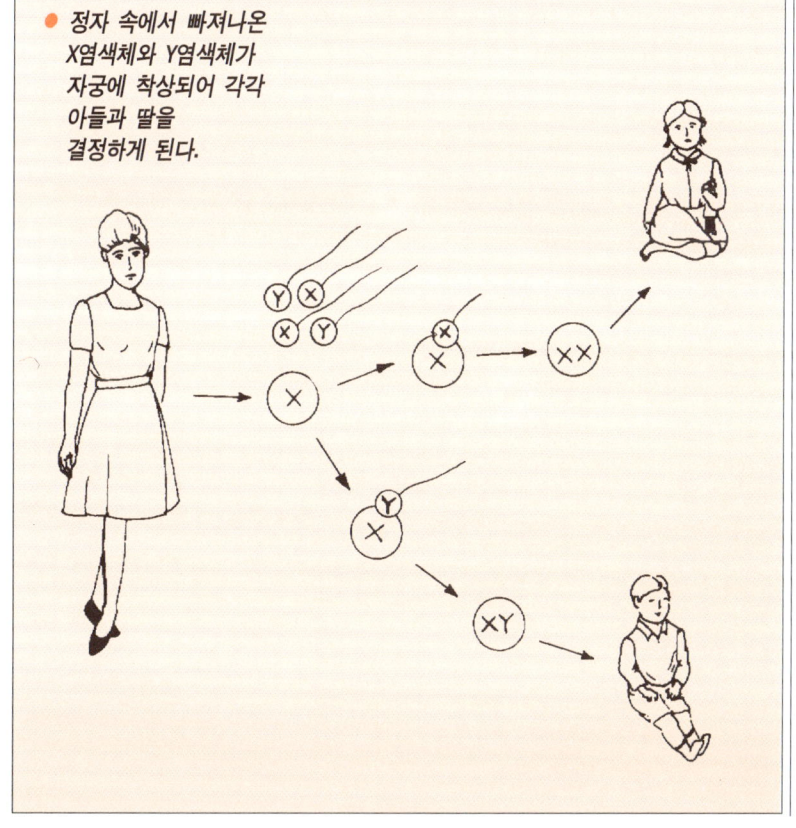

● 정자 속에서 빠져나온
X염색체와 Y염색체가
자궁에 착상되어 각각
아들과 딸을
결정하게 된다.

X염색체, Y염색체를
성염색체로
일컫는데,
이것이 남성인가
여성인가를
결정한다.

드디어 찾아낸 실마리

정자에는 여자아이를 낳게 하는 염색체를 가진 정자와 사내아이를 낳게 하는 염색체를 가진 정자 등 두 종류가 있는 것이 아닌가 하는 가설을 세운 것은 1890년의 일이다. 과학자들은 난자를 현미경으로 연구한 끝에 난자의 핵 속에 있는 염색체는 짝짓기가 균형잡혀 있으며, 정자 쪽은 한 쌍이 균형이 잡혀 있지 않는다는 사실을 알아내었다. 즉 정자의 균형이 잡혀 있지 않는 한 쌍의 염색체는 한 쪽의 염색체가 다른 하나보다 작았다. 연구자들은 이 염색체가 서로 다른 점이 남자와 여자의 성별을 결정하는 요인이 아닐까 하고 연구를 계속했다.

이러한 연구는 동물의 세포를 가지고 실시되었다. 동물을 실험대상으로 한 것이기는 하지만 그 원리는 그대로 사람의 경우에도 해당되는 것이었다.

남성의 성염색체가 균형을 이루지 않는 한 쌍으로 되어 있는 것을 1902년에 처음으로 시사한 것은 미국의 동물학자 C.E. 맥롱이었다.그 이후로 작은 쪽의 염색체를 'Y염색체' 또 그 쪽의 염색체를 'X염색체'라고 일컫게 되었다.

쉐틀스 박사가 포착한 현미경 사진

수정의 순간, 정자 하나가 난소로 들어간 것을 관찰할 수 있다. 이 정자의 꼬리부분이 떨어져 나가면 수정이 완료된다. 난소주변에는 60마리 정도의 정자밖에 도착하지 않고 있음을 이 사진으로 판별할 수 있다.

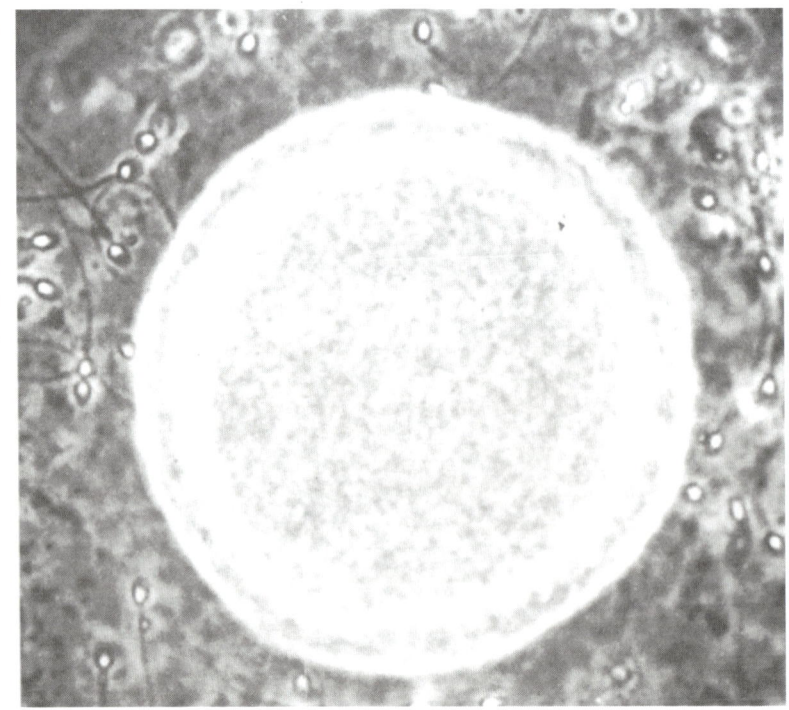

염색체에 대한 연구는 그 뒤에도 계속되었지만 1950년 무렵까지도 사람의 정자가 난자와 결합해서 수태되는 모습을 현미경으로 직접 관찰한 학자는 없었다.

그 신비로운 수태의 모습을 최초로 직접 관찰한 학자는 미국 하버드 대학의 존 로크 박사와 컬럼비아 대학의 랜드럼 B. 쉐틀스 박사 등 두 사람이다.

두 박사는 정자가 난자 속으로 들어가는 모습을 직접 보기는 했지만, 살아 있는 표본 속에서 염색체를 관찰하지는 못했다. 하지만 이들은 착색 고정시킨 표본의 연구를 통해서 거기에 X염색체와 Y염색체가 있으며 그것이 곧 남녀의 성별을 결정한다는 사실을 알고 있었다.

그 뒤 쉐틀스 박사는 살아 있는 표본 속에서 X염색체와 Y염색체를 가진 정자를 확인함으로써 아들과 딸을 마음대로 낳을 수 있는 최초의 실마리를 찾아냈다. 곧 X염색체를 지닌 정자가 난자에 들어가면 사내아이가 태어난다는 것이 분명해졌다. 그래서 같은 X염색체 한 쌍을 지닌 정자를 X정자, 그리고 X염색체 하나와 Y염색체 하나로 쌍을 이룬 것을 지닌 정자를 Y정자로 일컫고 있다.

X정자와 Y정자를 눈으로 확인

사람에게도 X정자와 Y정자가 있다는 것을 알고 난 뒤에도 그것을 좀처럼 눈으로 확인하기는 어려웠다. 최초로 그것을 관찰한 사람은 쉐틀스 박스였다. 쉐틀스 박사는 그것을 발견했을 때 상황을 다음과 같이 설명하고 있다.

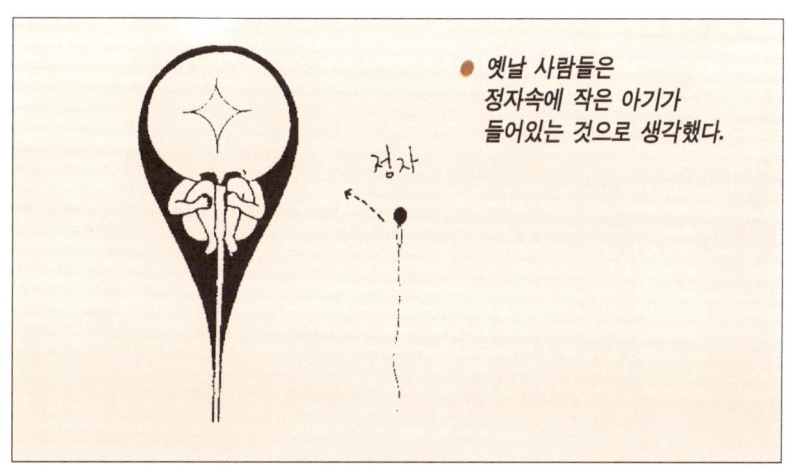

● 옛날 사람들은 정자속에 작은 아기가 들어있는 것으로 생각했다.

정자

"그것은 1960년 9월 15일 오전 4시의 일이었습니다. 위상차 현미경이라는 특수 현미경으로 준비한 정자가 다 말라 버릴 때까지 들여다보고 있다가 마침내 두 종류의 서로 다른 형태의 정자가 있다는 사실을 발견했지요.

올챙이 비슷한 모양을 한 정자의 머리부분이 한 가지는 둥글고 작은데 비해서 다른 한 가지는 타원형이며 약간 커 보였습니다. 나는 그 순간 깜짝 놀라 소름이 끼쳤으며 무척 흥분했습니다.

그대로 방에서 뛰어나와 최초로 만난 사람을 데리고 가서 그것을 보였습니다. 그 사람이 누구였는지 확실히 기억하지 못했는데, 실은 작년에 뉴욕에서 그 사람을 우연히 만나게 되었지요, 그 때 그는 이렇게 말했습니다. '기억하십니까? 선생님이 저를 붙들어다 현미경의 정자를 최초로 보여 주셨어요'라고, 그래서 알게 되었는데 당시 정형외과의 레지던트였던 그 사람은 훌륭한 의사가 되어 있더군요. 그 뒤 되도록 많은 사람에게 보여 주려고 했죠. 어쨌든 너무나 흥분해서 그날 밤도 그 다음 날 밤에도 잠을 못 잤습니다. 너무 기뻐서 말이에요."

쉐틀스 박사는 앞에서 말한 올챙이처럼 생긴 정자의 머리부분이 '둥글고 작은 것'이 Y정자로서 사내아이를 만들고, '타원형으로 약간 큰 것'이 X정자로 여자아이를 만든다고 주장해 왔다.

● **주사전자 현미경으로 포착한 정자의 두 종류**

아들로 태어나는 Y정자는 오른쪽,
딸이 태어나는 X정자는 왼쪽,
이 발견으로 아들과 딸을
가려 낳을 수 있게 되었다.

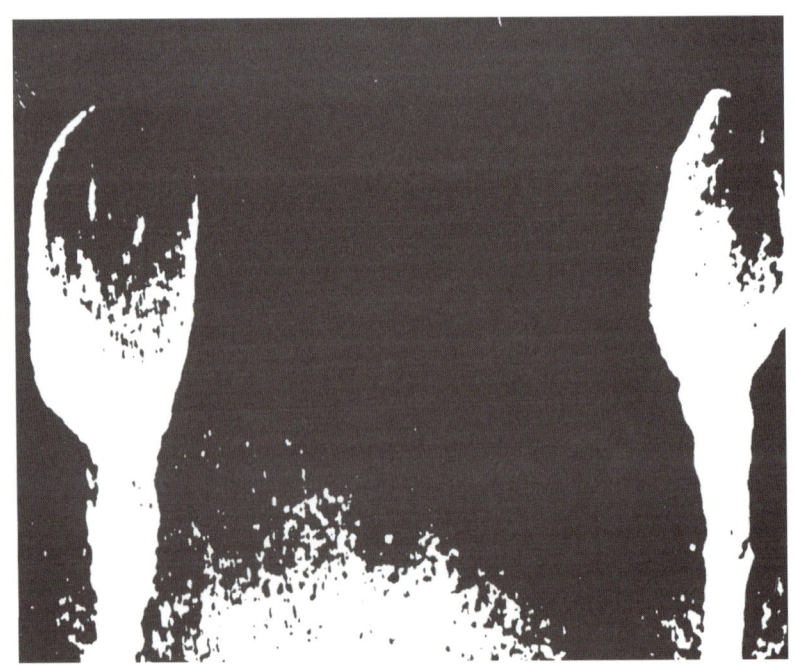

쉐틀스 박사는 X정자와 Y정자 두 가지가 있다는 것을 발표하기에 앞서 100명이 넘는 남성의 정자를 관찰했으며, 그 모든 예에서 X정자와 Y정자, 두 종류의 정자가 존재한다는 것을 확인했다.

또 그 가운데는 머리부분이 둥근 Y정자밖에 보이지 않은 예가 있어 그 남성의 가계를 256년 전까지 거슬러 올라가며 조사해 봤더니 그 집안에서는 딸이 두 녕 태어났을 뿐 모두 아들뿐이었다고 한다.

그러므로 그 가계의 경우 X정자가 아주 없었다고 할 수 없지만, 어쨌든 Y정자가 난자에 수정이 되면 반드시 아들이 태어난다는 결론에 도달하게 된다고 말했다.

정자에 대한 연구는 그 뒤에도 계속되어 쉐틀스 박사가 위상차 현미경으로 발견했다고 하는 X정자, Y정자에 관해서도 많은 학자들이 새로운 연구를 진전시켜 나갔다.

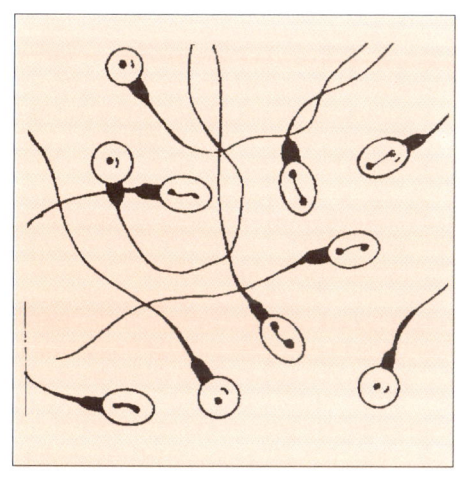

X염색체를 가진 X정자와 Y염색체를 가진 Y정자가 섞여있는 정상적인 정액

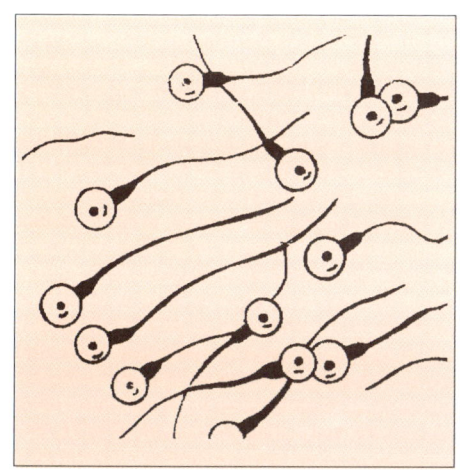

256년 동안에 아들 밖에 낳지 못한 가계의 사람의 정액. 모든 정자가 머리가 작고 동그란 Y정자 뿐이다.

현미경의 성능도 비약적으로 발전해서 위상차 현미경으로서는 알지 못했던 여러 가지 사실도 차차 밝혀졌다. 3만~10만 배나 되는 배율을 지닌 전자현미경이 출현함으로써 정자의 머리는 '둥글고 작은' Y정자와 '타원형으로 큰' X정자라는 식으로 그 모양만 가지고 단순히 분류하는 것은 무리라는 사실도 밝혀졌다. 오늘날 정자에는 X정자와 Y정자 두 종류가 있다는 것은 확실하나 그 머리 모양은 여러 가지라고 생각되고 있다.

뉴욕타임스에 대서특필

쉐틀스 박사의 정자에 대한 중요한 발견은 미국의 권위 있는 신문 〈뉴욕타임즈〉지에 대서특필로 보도되어 세상의 커다란 흥미와 관심을 불러일으켰다. 참고로 1960년 6월 5일자의 기사 내용을 소개한다.

두 형태의 인간의 정자 발견!

완전히 다른 두 종류의 정자가 발견되었다.
이것은 성별 결정에 새로운 계기가 될 것이다.

인간의 정자는 아주 다른 두 가지 형태를 지니고 있다는 사실이 최근 컬럼비아 대학 산부인과 교수의 보고에 의해 밝혀졌다.

정자가 두 가지의 형태를 하고 있다는 것은, 한 쪽의 정자가 아들을 낳게 한다는 것을 말해준다. 만일 이 사실이 앞으로의 연구에서 입증된다면 이로해서 아들이 태어날 것인지 또는 딸이 태어날 것인지 미리 예측하는 일이 가능해질는지도 모른다.

태어나는 아이가 아들인가 딸인가를 결정하는 것이 여성의 난가가 아니라 남자의 정자라는 것은 이미 널리 확인되어 있다. 그러나 겉모습에서 차이가 있는 이들 두 종류의 정자가 각각 어떤 작용을 하는가에 대해서는 아직 알려지지 않았었다. 사람의 정자는 모두 올챙이 비슷한 모양을 하고 있으며, 크기가 모두 같은 것으로만 알고 있었다.

그러나 컬럼비아 대학의 산부인과 임상교수인 랜드럼 B. 쉐틀스 박사는 드디어 여지껏 그 크기가 같은 것으로만 생각했던 정자가 크기에서 다른 두 종류로 구분된다는 새로운 사실을 발견했다.

그 한 쪽은 머리부분이 동그랗고 작은 정자의 무리이고, 다른 한 쪽

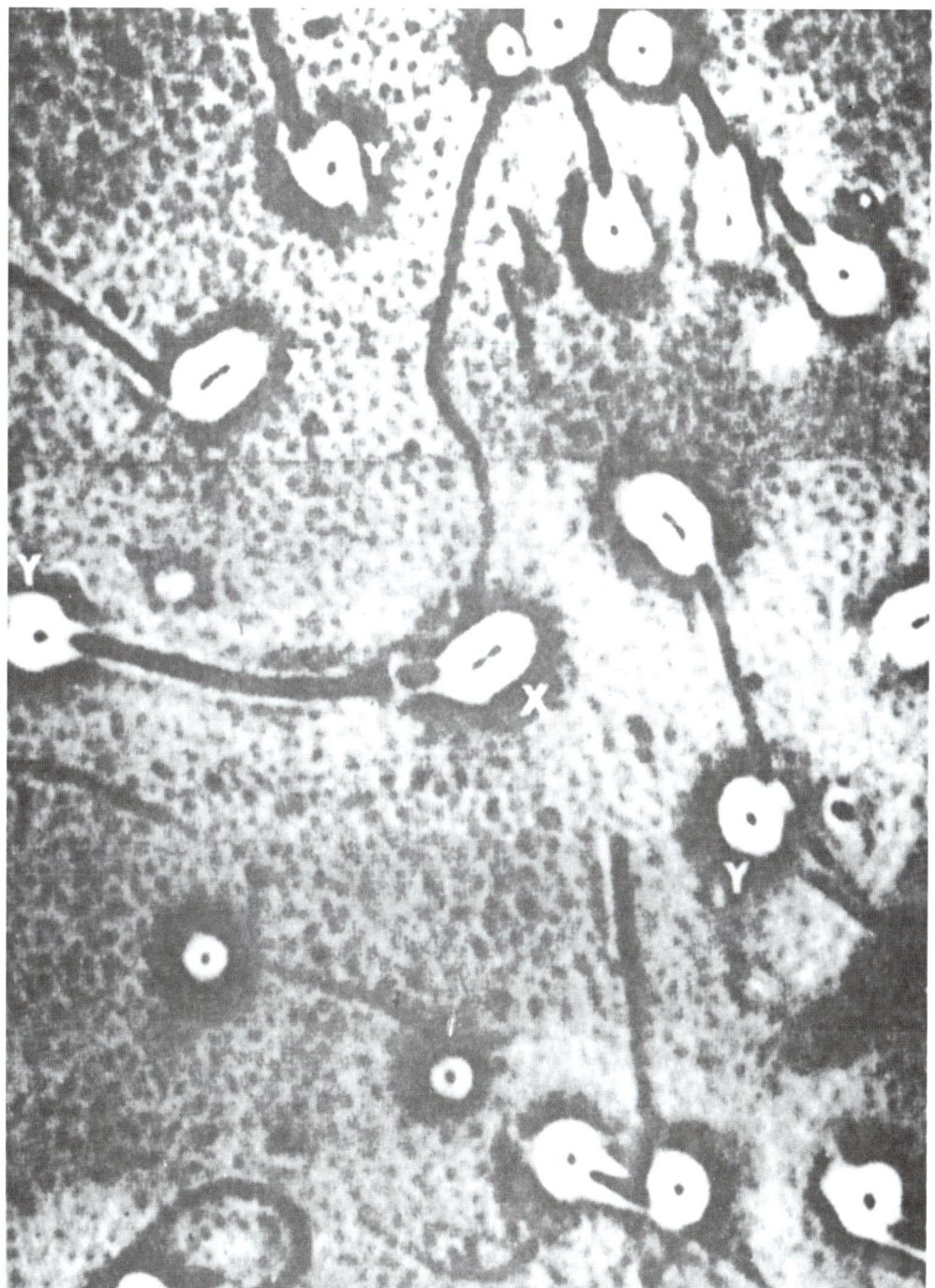

● 두 종류의 정자 사진
이 사진은 쉐틀스 박사가 현미경으로 확인한 것이다.
X정자와 Y정자가 서로 엉켜 헤엄쳐 다니고 있으며 여자가
되는

은 머리부분이 크고 달걀 모양을 하고 있는 정자의 무리라는 것이다.

그리고 이 두 종류의 중간 모양에 해당되는 형태의 정자는 존재하지 않는다고 한다.

쉐틀스 박사가 최초로 연구결과를 발표한 것은 영국의 과학지〈네이처〉5월 21일자호였다. 박사는 40개의 건조시킨 채 착색하지 않는 표본을 위상차 현미경으로 조사했으며, 그 뒤에도 연구를 계속해서 시험대장자는 현재까지 100명이 넘고 있다.

달걀 모양의 머리를 지닌 한 정자가 딸을 낳을 가능성을 지니고 있으며, 동그란 모양의 머리를 지닌 한 정자는 아들을 낳을 수 있는 유전자를 가지고 있다는 것은 두 가지 증거에 의하여 입증되었다.

지금까지의 연구의 실험대상자로서 정자를 제공해 준 사람으로부터 채취한 대부분의 정자표본에서는 머리부분이 동그란 정자 쪽이 달걀 모양의 머리부분을 지닌 정자보다 그 숫자에 있어서 훨씬 많다는 사실도 관찰 결과 밝혀졌다. 이것은 아들과 딸을 가려 낳을 수 있는 비밀을 풀어줄 하나의 계기가 되었다.

이 사실은 보통 사람에게는 아들을 수태하는 비율이 딸을 수태하는 비율보다 큰 까닭을 설명해 줄지도 모른다.

또 하나 아들·딸을 가려 낳을 수 있는 실마리는 쉐틀스 박사가 정자의 표본에서 식별이 가능하다고 생각하고 있는 정자의 내부 구조

● 사정된 정자는 난관까지 헤엄져 나간다.

난관에서 기다리고 이던 난자는 정자 가운데 하나가 알 속으로 들어오면 두터운 막을 만들어 더 이상 다른 정자가 들어오는 것을 막는다.

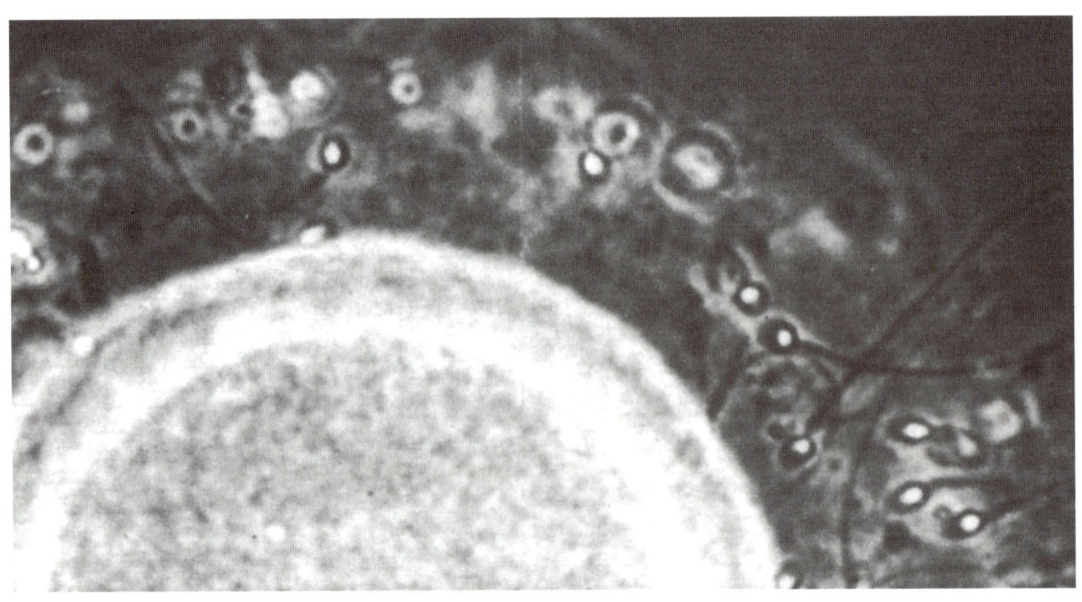

이다. 쉐틀스 박사와 다른 관찰자들은 정자의 머리부분 안에 염색체로 보이는 핵구조가 존재한다는 것을 발견했다. 세 관찰자는 하나의 정자의 머리 속에서 18개의 각기 다른 염색체를 세는 데 성공했다고 한다. 이것은 그 때까지 직접 눈으로 확인하지는 못했지만 정자가 가지고 있는 것으로 생각했던 23개보다 5개가 적은 것을 눈으로 세었다는 얘기이다.

염색체는 유전자를 부모로부터 자식에게 전달하는 역학을 하며, 아버지의 염색체와 어머니의 염색체가 서로 어울려서 아들의 유전자를 형성한다. 부모 염색체가 서로 작용하여 태어나는 아기의 몸의 크기, 눈의 빛깔, 성별, 그밖에 모든 신체상의 특징을 결정한다.

태어나는 아기가 남자인가 여자인가 하는 것을 결정함에 있어서 어머니 쪽은 여자가 되게 하는 염색체밖에 제공하지 못한다. 유전학자들은 이 염색체를 'X염색체'라 부르고 있다. 그러나 아버지의 경우는 X염색체 한 개(이 경우 어머니의 X염색체와 합하여 누 개의 X염색체를 갖게 되며 따라서 태어나는 아기는 여자가 된다)를 제공하거나 또는 Y염색체 한 개 (이 경우에는 어머니의 X염색체와 합해서 XY염색체를 갖게 됨으로써 사내아이가 된다)를 제공한다.

쉐틀스 박사의 연구 보고에 의하면, 동그란 머리부분을 가진 정자는 Y염색체를 가지고 있으며, 달걀 모양의 머리를 가진 정자는 X염색체를 가지고 있다는 것이 정자의 크기와 형태에 의해 판명되었다고 한다.

그리고 〈네이처〉지에 거재된 쉐틀스 박사의 논문은 현미경에 의한 관찰로 이 두 종류의 정자를 식별할 수 있다면, 그것은 두 종류의 정자의 분리가 효과적으로 이루어졌는지 확인하는 유력한 방법이 될 것이라고 했다. 앞으로 연구가 계속되면 보다 효과적인 분리법이 발견되어 태어나는 아기의 성별도 마음대로 선택할 수 있게 될 것이다.

쉐틀스 박사의 연구는 현재도 계속되고 있으며 그의 연구 성과에 관한 보다 자세한 두 가지 기사가 미국의 학술잡지에 게재된 바 있다.

인용이 좀 길어졌지만, 〈뉴욕타임스〉에 실린 이 기사는 쉐틀스 박사의 두 가지 정자의 확인이 얼마나 중요한 의미를 지니고 있는지 말해 주고 있다.

쉐틀스 박사는 1950년 대에 들어와서 그밖에도 '시험관속의 수정' 곧 '시험관 아기'의 원조격인, 곧 사람의 정자와 난자를 자궁 바깥의

> 염색체는 유전자를 부모로부터 자식에게 전달하는 역할을 하며, 아버지의 염색체와 어머니의 염색체가 서로 어울려서 아들의 유전자를 형성한다. 부모 염색체가 서로 작용여 태어나는 아기의 몸의 크기, 눈의 빛깔, 성별, 그밖에 모든 신체상의 특징을 결정한다.

장소에서 수정시키는 실험을 여러 차례 거듭하여 놀라게 한 바 있다.

신비스러운 수태의 드라마

성숙한 여자의 난소에서 주기적으로 난자를 하나씩 배출한다. 지름이 10분의 1㎜쯤밖에 되지 않는 이 아주 작은 난자는 난관으로 들어가서 정자가 오기를 기다린다.

한편 성숙한 남자의 고환에서 만들어지는 정자는 체적이 난자의 5만분의 1쯤밖에 되지 않는다. 생김새는 머리가 둥글고 꼬리가 달려 마치 올챙이 같은 모습을 하고 있다.

성교 때에 여성의 질 안에 사출되는 남자의 정자는 그 숫자가 3억~5억 마리나 된다. 그처럼 많은 정자가 방출되는 것은 여자의 질 안의 환경이 강한 산성이기 때문에 짧은 시간 동안에 사정된 몇백만 마리의 정자가 죽거나 기능을 상실하는 데서도 그 이유를 찾아볼 수 있다. 꼬리를 흔들면서 난자가 기다리고 있는 자궁경관 쪽으로 헤엄쳐 가는 동안에 많은 정자가 죽게 된다. 난자가 기다리고 있는 곳까지는 고작 18㎝의 거리에 지나지 않지만 정자는 아주 작기 때문에 그것은 무척 힘든 여행이다. 그래서 자궁경관을 지나오는 동안에 많은 정자가 죽거나 기능을 잃어 낙오하며 활력이 뛰어난 불과 몇천 마리의 정자만이 난자가 기다리고 있는 난관에 이르게 된다.

난자의 외각에 도착한 정자들은 난자의 핵과 염색체가 들어있는 난자의 안으로 들어가려고 필사적인 노력을 한다.

① 사정된 정자가 난자 쪽으로
헤엄쳐 간다.

② 하나의 정자만이 난자와 결합된다.

③ 한달에 한번씩 한개의
난자가 배란된다.

④ 난자와 정자가 수정된
수정란이 세포분열을 하면서
자궁까지 와서 정착되는데
6~7일이 걸린다.

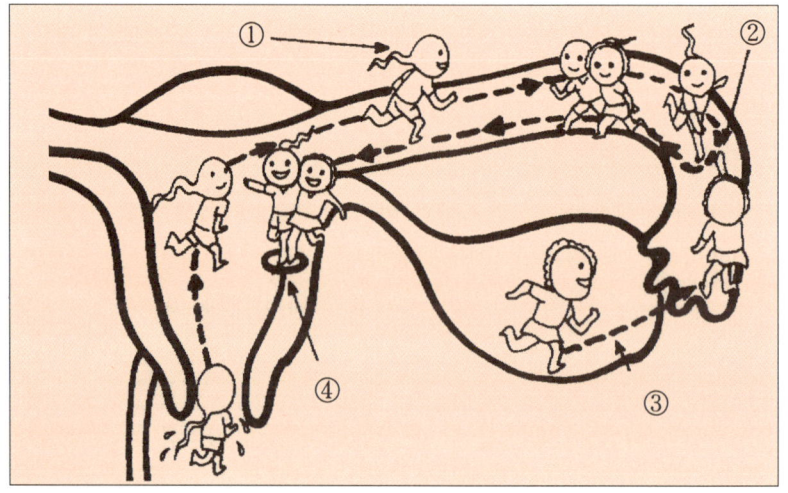

그 치열한 경쟁에서 승리하여 난자의 속으로 뚫고 들어가는 것은 하나의 정자일 뿐이다.

이 하나의 정자가 난자 속으로 뚫고 들어간 다음에는 다른 정자가 들어오지 못하게끔 난자는 길을 막아버린다.

정자와 난자는 각각 23개씩의 염색체를 가지고 있다. 그중에서 각기 22개의 염색체가 서로 짝을 이루어 새로 태어나는 아기의 신체상의 모든 특성을 결정 짓는다. 그리고 나머지 하나씩의 염색체가 아기의 남녀 성별을 결정하게 된다.

거기서 난자의 X염색체만을 하나 가지고 있는 반면, 남성의 정자는 하나의 X염색체를 가진 것과 하나의 Y염색체를 가진 것 두 종류가 있다. 그리하여 정자와 난자가 결합해서 수정이 될 때에 난자 속에 들어간 정자가 X염색체를 가진 것이며 XX의 짝을 이루어 여자 아이가 되고, Y염색체를 가진 것이면 XY의 짝을 이루어 사내아이가 된다.

산에 강한 X정자, 알카리에 강한 Y정자

쉐틀스 박사의 충격적인 연구 성과를 거재 소개했던 〈뉴욕타임스〉는 '앞으로 연구가 더욱 진행되면 X정자와 Y정자의 분리방법이 발견되어서 태어나는 아기의 성별을 선택하는 일도 가능하게 된다'고 예측했다.

곧 아들과 딸을 가려 낳기 위해서는 X정자와 Y정자를 분리해서 각

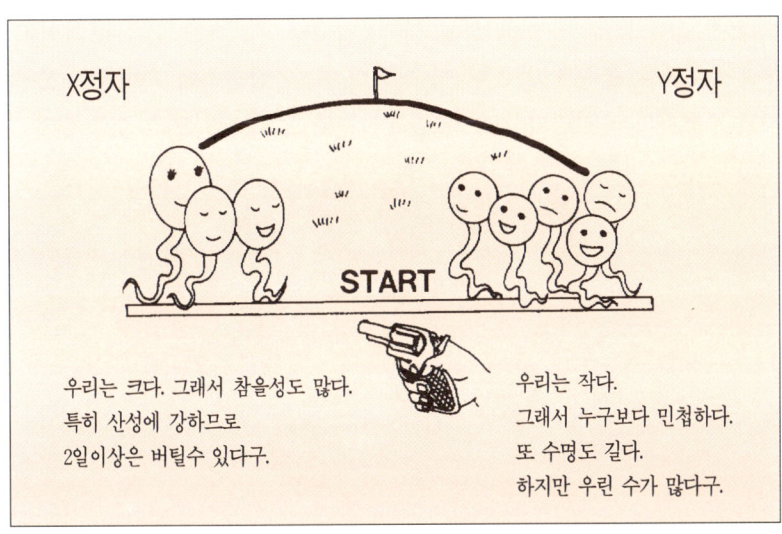

각 난자와 결합시키면 된다. 하지만 그 시점에서 알고 있었던 사실은 X정자와 Y정자의 머리부분의 모습과 크기가 다르다는 점뿐이었다. 쉐틀스 박사는 연구를 더 진행시켜 나가는 중에 사정된 정액 가운데서 Y정자가 X정자보다 2배 가까이나 더 많다는 사실을 알아냈다. Y정자가 X정자보다 압도적으로 많은데도 실제로 태어나는 사내아이와 여자아이의 비율은 105대 100으로 거의 균형이 잡혀 있다. 이것은 난자에 도달하기까지 Y정자에게 아주 불리한 환경이 있어서 그 속을 헤엄쳐 가는 도중에 Y정자가 많이 낙오되는 게 아닐까 하는 의문을 지니게 되었다.

쉐틀스 박사는 질과 자궁경관의 분비액을 따로 채취하고 모세관의 입구에 정액을 조금 떨어뜨려서 현미경으로 관찰한 결과 다음과 같은 여러 가지 사실을 알아 내었다.

① 모세관의 속이 산성인 경우에는 X정자 쪽이 더 오래 살 수 있었다. 이 때 산성의 분비액은 질 속에서 채취한 것이었다.

② 모세관 속이 알카리성인 경우에는 Y정자의 움직임이 아주 활발하게 된다. 이 때 알카리성이 강한 분비액은 자궁경관에서 채취한 것이었다.

③ 질의 분비액에 배란 직전의 여성으로부터 채취한 자궁경관의 점액을 채우면 Y정자의 움직임이 활발하게 되며 X정자보다더 더 오래 살아 남았다. 배란일이 가까워지면 자궁경관에서는 알칼리성이 강한 점액이 나온다는 사실은 널리 알려져 있다.

이 실험을 바탕으로 해서 쉐틀스 박사는 다음과 같은 결론을 이끌어내게 되었다. 즉 산성액 속에서는 X정자나 Y정자가 모두 움직임이 둔해지지만 특히 Y정자 쪽이 더 심하다. 또 알칼리성액 속에서는 X정자와 Y정자의 움직임이 모두 활발해지는데 그 중에서도 Y정자 쪽이

더 재빠르게 활동한다.

X정자 <여성>가 더 강하다

보통의 상태에서 질 속은 산성을 띠고 있으며 자궁경부와 자궁 내부는 알칼리성을 나타내고 있다. 더욱이 배란일이 가까워지면서 자궁경부에서는 더욱 강한 알칼리성 점액이 나온다. 이것은 의미 있는 사실을 말해주고 있다.

여성의 질은 외부와 접촉하는 부분이기 때문에 잡균의 침입을 막기 위해서 언제나 산성 상태로 유지시켜 둘 필요가 있다. 그 질 속에서는 X정자와 Y정자의 활동이 모두 억제되지만, Y정자 쪽이 더욱 억제된다. 그것은 Y염색체를 지닌 정자의 화학적 성질에 말미암은 것이다. 여기서 자연의 균형을 유지하기 위해서 산에 대한 저항력이 더 약한 Y정자를 X정자보다 많이 생산하게 되었을 것이라고 쉐틀스 박사는 말한다.

X정자 역시 산성 액체보다는 알카리성 액체 속에서 보다 활발하게 움직인다. 그래서 자궁의 내부는 난자의 배란이 가까워지면서 되도록 알칼리성을 높여 X정자와 Y정자가 자유롭게 활동할 수 있도록 해서 수정이 가능해지도록 하고 있다.

산성을 띠고 있는 질 속을 통과하여 알칼리성이 강한 자궁안으로 들어간 정자의 무리 가운데서 X정자와 Y정자의 비율은 확실히 알 수 없다. 하지만 Y정자와 X정자가 가령 비슷하다 하더라도 거기에서는 Y정자의 활동성이 X정자보다 높기 때문에 난자와 결합하는 확률은 Y

정자쪽이 훨씬 높다. 이와 같은 사실은 이른바 수태수의 비율을 보면 여자아기가 90~100인 데 비해서 사내 아이는 110~170이 라는 점에서 도 증명된다. 하지만 사산이라든지 그밖의 다른 이류로 해서 실제로 태어나는 여성과 남성의 비율은 여자아이 100에 대해서 사내아이 105 로 약간 높을 뿐인다. 그런데다가 평균수명으로 따져보면 언제나 여성 쪽이 우세한 경향을 보여 조화를 이룬다고 말할 수 있겠다.

여성은 원래 남성보다 여러 가지 어려운 환경에서 잘 견디며 저항 력이 강하다고 하는데, 그 최초의 시련을 산성이 강한 질 속에서 겪게 된다고 할 수 있다.

여기서 유의해야 할 일은, 아들 · 딸을 가려 낳으려고 할 때에 질속 의 산성도를 고려해야 한다는 점이다.

성교의 타이밍도 중요하다

질 안의 알칼리도가 가장 높아지는 시기는 배란하는 당일이고 한다. 그것은 자궁경관에서 강한 알칼리성 점액이 분비되어 질 안의 pH를 높여주기 때문이다(pH란 산성도를 말하는데, 7보다 높으면 알칼리성 이고 7보다 낮으면 산성이다).

그런 이유로 해서 부부가 성교하는 타이밍이 태어나는 아기의 성을 결정하는데 중요한 요인이 된다고 쉐틀스 박사는 설명하고 있다. 그것 을 다음과 같이 요약할 수 있다.

- 배란일 당일이나 또는 그 직후에 성교하면 아들이 태어나기 쉽다.
- 배란일 2~3일 전에 성교하면 딸이 태어나기 쉽다.

그 이유를 살펴보면, 배란일의 2~3일 전에는 자궁경관에서 알칼리성 점액이 아직 분비되지 않아 질 안이 산성으로 유지되고 있기 때문이다. 그와 같은 상태에서는 Y정자보다 X정자 쪽이 저항력이 강해서 수란관까지 헤엄쳐 갈 수 있는 것은 X정자 쪽이 더 많다고 생각된다. 수란관에 도달한 X정자는 2~3일 동안 서기에 머물면서 난사가 배출되기를 기다린다는 것도 연구에 의해 밝혀지고 있다.

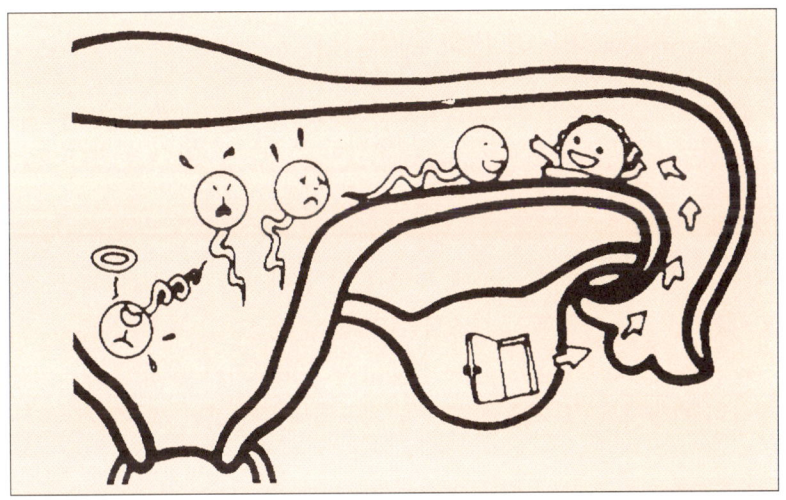

성교의 타이밍

Y정자+난자=아들
X정자+난자=딸
배란일 당일에 부부관계를 가지면
Y정자가 수정하여 아들이고,
배란일 2일 전까지만
부부관계를 하고 중지하면 딸이 된다.

쉐틀스 박사는 조사결과 다음과 같은 흥미로운 사례도 알아냈다.

세계의 여러 민족 가운데서 유태인의 경우에는 여성보다 남성의 비율이 많다. 그 까닭은 무엇일까? 쉐틀스 박사는 그 근거를 〈탈무드〉의 가르침에서 찾아냈다. 〈탈무드〉는 유태교의 율법을 적어 놓은 책인데, 그 속에는 '아내가 월경이 끝난 뒤 1주일 동안은 성관계를 갖지 말아야 한다' 는 항목이 있다.

이것은 오늘날의 기초체온표에서 적용시켜 볼때, 성교를 해도 된다는 시기가 마침 배란일의 하루 전이나 당일에 해당된다. 그리하여 자궁경관에서 강한 알칼리성 점액이 분비되는 시기와 우연히 일치하고 있다.

신앙심이 두터울수록 율법을 충실히 지키게 마련이므로 유태인은 아들이 가장 태어나기 쉬운 시기에 성관계를 하는 습관이 몸에 배어 있다고 볼 수 있다.

〈탈무드〉에는 또 '성별은 남녀가 몸을 섞는 순간에 결정된다. 여성이 남성보다 먼저 애액을 방출하면 태어나는 아기는 사내아이이다. 그렇지 않은 경우에는 여자아이가 태어난다' 는 대목도 나온다.

여기서 먼저 애액을 방출한다는 것은 아내가 남편보다 먼저 오르가슴을 느낀다는 뜻이다. 곧 그때에 자궁경관에서 강한 알카리성 점액이 나와 Y정자에게 알맞은 환경이 마련된다. 반대로 아내가 오르가슴에 이르기 전에 남편이 사정해버리면 질 속은 아직 산성이 강해서 X정자에게 알맞는 환경이다.

인공수정에는 아들이 많이 태어난다

쉐틀스 박사는 인공수정으로 태어나는 아기의 성별이 남자가 많다는 점도 지적하고 있다.

미국에서는 매년 몇천 명의 아기가 인공수정으로 출생하는 있는데 쉐틀스 박사의 첫번째 조사에 의하여 여자 아이 100명에 대하여 사내 아이는 160이라는 결과가 나왔다.

그 까닭은 인공수정의 경우 틀림없이 수태시키기 위하여 배란일을 정확히 판정해서 그 당일에 정액을 자궁내에 주입하기 때문이다.

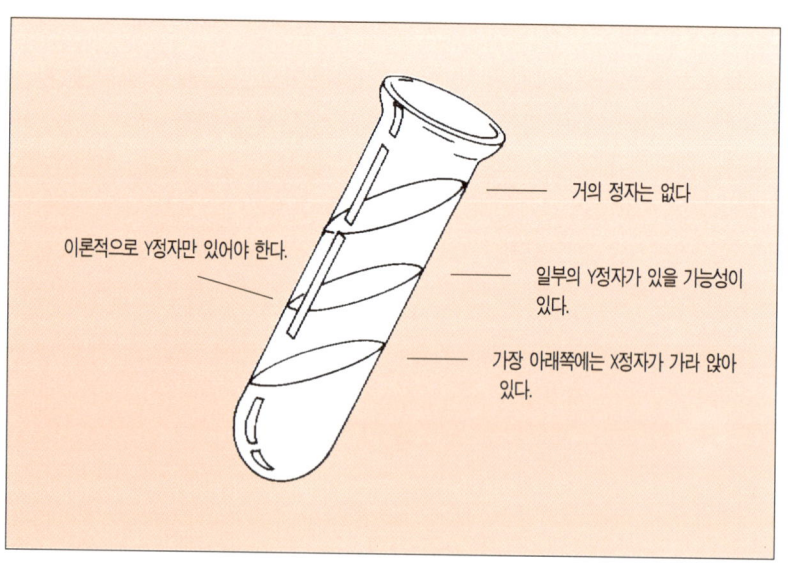

쉐틀스 박사는 자기의 연구가 옳았다는 임상실례를 발견하고서 연구결과를 공표하는 동시에 뉴욕 대학 의학부 산부인과 교수인 소피아 그리그맨 여사의 협력을 얻어 아들·딸을 가려 낳기를 원하는 부부에게 실제 지도를 실시하였다. 그리그맨 여사는 지금은 고인이 되었으나 한때 미국의 인공수정분야에서 지도적인 역할을 했던 의사였다. 그들은 그 결과 80%라는 성공률을 거두었는데, 쉐틀스 박사는 90~95%의 성공은 틀림없다고 확신하고 있다.

일본에서도 인공수정으로 태어난 아기는 역시 사내아이 쪽이 많았던 것으로 보고되고 있다. 그 이유는 물론 쉐틀스 박사가 지적한 것처럼 배란일에 맞춘 데에도 있지만, 그밖에도 고려될 수 있는 요인이 있다.

그것은 사정된 남성의 정액은 너무 끈적거리기 때문에 그대로 주입하기 어려워 1시간쯤 작은 용기에 넣어 둔다는 점이다. 정액을 한동안 방치해 두면 점도가 낮아지는 동시에 약 7%쯤 용적이 큰 X정자는 밑으로 가고 비교적 작은 Y정자는 위로 가서 저절로 분리가 된다. 이 사실은 인공수정의 초기 단계에서는 잘 알려져 있지 않았던 사실이다.

인공수정에 필요한 정액의 양이란 0.5cc면 된다. 곧 용기 속에 들어 있는 정액의 윗부분을 주입기로 조금 빨아올려 사용하면 충분하다. 그런 까닭으로 해서 위에 모여 있던 Y정자가 많이 채취될 확률이 높다.

일본에서도 인공수정으로 태어난 아기는 역시 사내아이 쪽이 많았던 것으로 보고되고 있다. 그 이유는 물론 쉐틀스 박사가 지적한 것처럼 배란일에 맞춘 데에도 있지만, 그밖에도 고려될 수 있는 요인이 있다. 그것은 사정된 남성의 정액이 너무 끈적거리기 때문에 그대로 주입하기 어려워 1시간쯤 작은 용기에 넣어 둔다는 점이다.

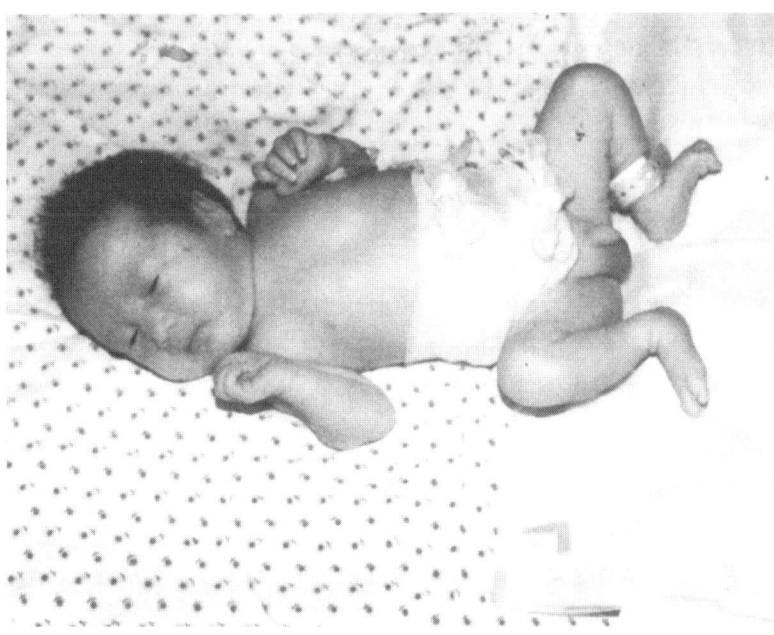

인공수정으로 태어난 아기
〈고대의료원 구병삼 교수 시술〉

현대의학의 발달은 마침내 정상적인 성관계 없이도 자식을 가질 수 있는 단계에 이르렀다.
이미 널리 알려진 인공수정은 그 도덕적 논란을 떠나서 자식을 낳을 수 없는 부부들에게
하나의 희망으로 존재하고 있다.

고 하겠다. 그것이 즉 인공수정으로 태어나는 아기의 사내아이가 많은
이유이다.

그것이 사실이라면 X정자와 Y정자가 완전히 분리될 때까지 정액을
실험관 속에서 넣어두면 인공수정에 의한 남녀 가려낳기는 더 확률이
높아질 것이 아닌가. 그런데 실제에 있어서는 그것이 불가능하다. 시
험관속에서 X정자와 Y정자가 자연상태로 완전히 분리되는데는 24시
간이 필요하다. 그렇게 오래도록 정자를 놓아 두면 그 동안에 정자는
활동을 잃거나 죽어버리기 때문이다.

성욕을 억제하거나 성행위를 중지하는 일은 어느 한 쪽의 정자를 그 상황에 따라서 유리하게 만드는 또 하나의 요인이 된다. 성욕을 억제하는 일은 머리가 동그란 Y정자의 증가와 관계가 있다. 그리고 정자감소증은 여자아이의 출생과 관계가 있다.

쉐틀스 박사의 연구 성과의 요약

쉐틀스 박사는 자기의 연구 성과를 정리해서 〈국제 산부인과 저널〉 1970년 9월호에 발표하였다. 그 내용을 요약하면 다음과 같다.

정자의 모양과 크기에 차이가 있다는 것은, 정자의 두 종류의 전체적인 비율과 남녀의 수태율이 일치하는 것처럼 단순히 숫자의 많고 적음뿐만 아니라, 그밖의 요인도 남녀의 성별선택에 작용하고 있다는 것을 말해주고 있다.

정자의 나아가는 속도도 그와 같은 요인의 하나인데, 모습이 작은 Y염색체를 운반하는 정자에게 유리하게 작용한다. 그것은 머리부분이 크고 달걀 모양으로 되어 있는 X염색체를 운반하는 정자보다 작은 집단을 형성하고 있기에 같은 양의 에너지보다 빠르게 배란 때의 분비액 속에서 이동할 수 있다.

그런 까닭으로 해서 그 가운데 한 정자가 수정될 가능성은 더 높아진다. 1피트(약 30.5cm)의 거리를 두고 배란 때 자궁경관의 점액을 채운 모세관 내부에서 실험을 해봤더니 머리 부분이 작은 정자가 모두 경쟁에서 앞서는 것을 알 수 있었다.

성욕을 억제하거나 성행위를 중지하는 일은 어느 한 쪽의 정자를 그 상황에 따라서 유리하게 만드는 또 하나의 요인이 된다. 성욕을 억제하는 일는 머리가 동그란 Y정자의 증가와 관계가 있다. 그리고 정자 감소증(남성의 정자수가 적은 것)은 여자아이의 출생과 관계가 있다.

세 번째는 X염색체에 유리하게 작용하는 것으로 생각되는데, 오랜 생명을 유지하는 요인이다. 난자가 수정할 준비를 완료했다면 이 요인

쉐틀스 박사의
아들 · 딸 가려 낳기
연구에 이어서
일본의
스기야마시로 박사와
영국의 포라드 박사가
연구에 가세함으로써
오늘날에는
아들의 경우에는 95%,
딸의 경우에는
82% 이상을 마음대로
낳을 수 있는
놀라운 확률을
나타내고 있다.

은 중요하지 않지만 모세관 내부에서 며칠동안 살아 남은 생명력이 강인한 정가가 수정되는 일도 있다.

이러한 사실들과 상관 관계를 갖는 것은 배란시라든지 그 전의 자궁 경관안의 환경의 차이이다. 배란 때의 자궁경관의 점액은 풍부하고, 알칼리성이 강하며 점도가 낮아서 정자가 침투하는 힘과 살아 남는 힘을 크게 돕는다.

이와는 대조적으로 배란일 전에는 자궁경부 안의 환경이 강한 산성으로 되어 있어 정자에게는 불리한 환경으로 되어 있다. 그러므로 이 시기에는 강인한 정자 곧 X정자만이 살아남는 기회를 갖게 된다. 그러므로 아들을 낳게 되느냐 딸을 낳게 되느냐 하는 기회는 배란과 관련해서 성교의 타이밍에 크게 지배되고 있다.

쉐틀스 박사의 X정자, Y정자의 발견은 사람이 태어나는 근원적인 핵심을 밝혀 내는 동시에 출생되는 아기의 성별을 임신하기 이전에 선택할 수 있는 길을 터놓았다. 이 X정자와 Y정자를 눈으로 확인한 것을 계기로 해서 쉐틀스 박사는 이 두 종류의 정자의 성질과 생태를 연구하여 아들과 딸을 마음대로 낳고자 하는 인간의 꿈을 실현하는 일이 가능하게 되었다.

쉐틀스 박사의 아들 · 딸 가려 낳기 연구에 이어서 일본의 스기야마시로 박사와 영국의 포라드 박사가 연구에 가세함으로써 오늘날에는 아들의 경우에는 95%, 딸의 경우에는 82% 이상을 마음대로 낳을 수 있는 놀라운 확률을 나타내고 있다.

아들 · 딸 가려낳기 위한 여러가지 시도

앞에서 설명한 것처럼 사내아이를 만드는 Y정자와 여자아이를 만드는 X정자를 확실히 분리해서 각각 희망하는 바에 따라 X정자나 Y정자를 인공수정시킨다면 이론상으로는 완전한 가려 낳기가 가능하다.

하지만 실제에 있어서는 여러 학자들이 이것 저것 머리를 짜내어 시도해 봤지만, 현재까지는 아직 100% 확실한 방법을 알아내지 못하고 있다. 다음에 아들 · 딸 가려 낳기에 관한 여러 가지 이론과 방법들을 참고로 적어 놓는다.

① 시오미의 pH이론

사내아이를 낳기 위해서는 질 안의 pH를 8.0이상의 알칼리성으로 만들어야 한다. 그러기 위해서는 여성 쪽이 오르가슴에 2회 이상 도달해야 한다. 딸을 낳기 위해서는 질 안의 pH를 산성으로 유지해야 하므로 여성은 오르가슴에 이르지 않도록 한다.

그 성공률은 90%라고 하는데, 현재의 가려 낳기 이론의 근원이 되는 것이기는 하지만 실례가 너무 적은 것이 흠이다.

② 오시가네의 방법

오시가네 교수가 주장한 설이다. 무수제2인산 소다 20 g, 구연산소다 1 g, 과당 1 g을 분말로 만들어서 혼합하고 그것을 질 안에 삽입한 다음 부부가 성교를 하면 아들이 태어난다고 한다. 그 이유는 위에 말한 약품의 pH가 7.4~7.6이므로 아들을 낳는 Y정자의 운동이 활발해지기 때문이라고 한다.

26사례 가운데서 23례가 사내아이였다고 보고되고 있지만 역시 실례가 적어 실증성이 약하다는 지적이 있다.

③ 쉐틀스의 방법

아들을 낳기 위해서는 중탄산소다로 질 안을 씻고, 배란일에 부부가 성교를 하며, 여성 쪽은 오르가슴에 도달하는 것이 바람직하다. 딸을 낳기 위해서는 식초로 질을 씻고, 배란일의 2~3일 전에 성교를 하고

**아내가 생체철, 인, 칼슘,
복합제를 2개월 이상 복용하면
아들을 낳는다**

이 정제는 일본 동경대학의
가쯔누마 박사가 개발한 영양제겸 약
으로
이데다쓰오 의사가 19년에 걸친
끈질긴 임상실험을 하여 남자를 낳는
데
결정적인 데이터를 제공하였다.
성분은 1그램당,
인산수소칼슘 = 0.81 g ,
탄산 칼슘 = 0.18 g ,
건조수산화 제1철겔 = 0.012 g 이다.

그 뒤에는 중지하도록 한다. 보고에 의하면 그 성공률은 80%라고 한다. 이 방법은 오늘날에도 통용되고 있다. 영국의 존 포라드는 중탄산소다와 식초를 대신해서 초이스라는 것을 만들어 좋은 결과를 올리고 있다. 이 책에서 소개하는 내용도 쉐틀스의 방법을 바탕으로 하고 있다.

④ 도미사와식 식사 관리법

남성 쪽 정액의 pH가 아내의 자궁액의 pH보다 높은 때에는 딸, 그와 반대인 경우에는 아들이 태어난다고 하는 설이다. 그 방법으로서는 배란일 2주일 전부터 식사 관리를 실시하고, 배란후에 임신하면 보통의 식사로 되돌아 간다. 식사 요법에 대해서는 뒤에 따로 설명하기로 한다.

⑤ 가쯔누마의 생체철 · 인 · 칼슘 정제

일본 나고야 대학의 가쯔누마 학장은 무뇌아를 분만한 경험이 있는 여성에게 생체철 · 인 · 칼슘을 혼합한 정제를 복용시켜서 다음과 같은 주목할 만한 결과를 얻었다. 38례가 모두 정상이었으며, 더욱이 태어난 아기는 사내아이였다고 한다. 이것은 30년 전에 발표되었는데 그 뒤에도 그것을 확인해 주는 실험결과가 상당수 발표된바 있다.

사내아이를 가려 낳기 여러 가지 방법 가운데서도 가쯔누마의 방법은 성공률이 가장 높아, 흔히 다른 방법과 병행을 해서 실시되고 있다. 다만 '린칼'이 어떤 작용을 하고 있는가, 또 실패하는 예는 어떠한가 하는 문제에 대한 충분한 해명은 되어 있지 않다.

X정자와 Y정자를 분리하는 법

만일 X정자와 Y정자를 확실하게 분리할 수만 있다면 남녀를 가려서 낳는 일는 100% 성공할 수 있다. 그래서 여러 가지 방법이 시도되고 있다. 다음에 그 방법에 대해 실펴보기로 한다.

① 키나크린 염색법

1970년에 카스퍼슨은 키나크린 염색에 세포핵내의 Y염색체가 강한 형광을 띤다는 사실을 발견하였다. 같은 해에 바로우, 보사 등은 이 키나크린 염색법으로 사람의 정자에서 45.1%의 정자가 같은 상태의 형광을 띤다는 사실을 확인하고 그것을 'F보디'라고 이름붙였다. 역시 같은 해에 즘마는 DNA의 함량을 측정해서 'F보디'를 지닌 정자가 곧 Y정자인 것을 증명했다.

이 방법으로 사내 아이를 만드는 Y정자를 분리하는 데는 성공했지만, Y정자는 키나크린으로 염색하는 과정에서 유감스럽게도 죽어 버리기 때문에 실제의 임상에서는 사용할 수가 없다.

만일 *X정자와 Y정자를* 확실하게 분리할 수만 있다면 남녀를 가려서 낳는 일은 100% 성공할 수 있다.

② 엘릭슨의 방법

1973년에 엘릭슨은 소의 혈청을 사용해서 파스툴 피넷 내에 알부민 농도구배를 만든 다음, 타이로드액에 띄운 정자를 천천히 주입하고 1시간 동안 가만히 놓아 두었다가 각 분획의 Y정자의 비율과 정자운동률을 검토해 보았다. 그 결과 25% BSA의 분획에 운동률이 좋은 Y정자가 많이 모였다고 한다.

하지만, 1975년에 에반스, 로스 등이 그 방법을 확인 실험을 해 봤으나 Y정자만이 그 층에 특히 많이 모이지는 않는다고 반론을 내놓았다. 그 뒤 엘릭슨은 새로운 실험 보고를 제출한 바 없다.

③ 전기영동법

1973년에 일본의 사람이, 마쯔다 두 학자는 정자분리를 위한 전기영동층을 개발해서, 상온하에 30분 동안 전류를 흐르게 한 다음 양 전극 주위의 정액을 채취하여 Y정자의 비율을 세어 보았다. 그 결과 +극 쪽에스는 X정자가 34%, Y정자가 66~74%로 Y정자가 증가하였으며, 운동률은 전류를 통하기 전보다 더 좋아졌다. 한편 -극 쪽에서는 X정자가 81~90%, Y정자가 1~19%로 Y정자가 현저하게 줄어들었으며 운동률도 떨어졌다고 한다.

④ 이온교환법

1974년, 돈그라스는 사람의 정자를 이온교환 크로마토그래피에 넣고, F보디를 관찰하였지만 X,Y정자를 분리하는 데는 성공을 거두지 못했다.

⑤ 원심분리법

원심분리법은 일찍이 여러 사람이 시도해 봤던 방법이다. 1975년에 로데는, 서로 다른 비중의 액체를 사용하여 정자를 원심분리해서 위층에서 약 2배나 되는 Y정자를 확인했다고 보고했다. 그렇지만 고속으로 원심분리를 하면 정자의 꼬리부분이 떨어지거나 그밖의 다른 부분이 손상될 위험이 크기 때문에 인공수정에는 응용되고 있지 않다.

이즈카, 고바야시 등은 저속으로 약 5분간 원심분리함으로써 정자에 충격을 주지 않는 방법을 사용해 봤지만, 정자가 손실되는 문제는 피할 수 없었다.

⑥ 미리폴 필터법

쉐틀스는 1976년에 정자의 머리부분 형태의 차이에 주목하여 Y정자만이 통과할 수 있는 아주 가는 필터를 만들었다. 그래서 정자와 경관

점액이 서로 접하는 곳에 그 필터를 장치했더니 경관점액 중에 89~ 97% Y정자가 모였다고 보고했다.

그렇지만 단순히 머리부분의 형태만 분류할 수는 없다는 것이 차차 밝혀졌으며, 또 쉐틀스 박사의 실험은 채 20회가 안되는 것이었다.

⑦ 퍼콜 비중구배법

1971년에 일본 게이오 대학의 미야모토 교수가 발표한 뒤, 9년 후에 야마구치 박사가 확립한 방법이다. Y정자 쪽이 비중이 적은 것을 이용하여 밀도구배법으로 비중이 1,06에서 1,13까지의 7종류의 규소미립자 용액(이것을 퍼콜이라고 한다)을 만들어 시험관의 밑바닥으로부터 비중의 차례대로 쌓아 놓는다. 그 위에 정액을 놓고 원심분리기에 걸면 정자는 자기와 같은 비중의 용액에 모이게 된다.

이 방법에 의하면 비중 1,06이하에서는 약 73%가 Y정자였다고 한다.

이 연구 결과는 X정자와 Y정자의 분리를 실용화하는 데 한 걸음 더 가까워진 것이라고 말힐 수 있다. 이즈카, 고마야시, 야마구치 등 연구자들은 다음과 같이 말하고 있다.

원심분리법은 일찍이 여러 사람이 시도해 봤던 방법이다. 그렇지만 고속으로 원심분리를 하면 정자의 꼬리부분이 떨어지거나 그밖의 다른 부분이 손상될 위험이 크기 때문에 인공수정에는 응용되고 있지 않다.

- 7종류의 용액층을 3종류의 층으로 해서 맨 위층에는 Y정자, 중간 층에는 공백 또는 혼재, 맨 아래층에는 X정자가 모이도록 한다.
- 원심분리는 정자에 전혀 영양을 주지 않을 정도로 천천히 회전시켜 정자의 형태에 손상을 가져오지 않는다.
- 수많은 동물실험을 실시하여 정상아가 태어나는 것을 여러 면에서 검토한다. 그래서 분리된 정자 가운데 희망하는 정자를 인공수정한다.
- 분리의 확률 73%를 90%이상으로 한다.
- 이 연구의 발전은 아들 · 딸 가려 낳기에 있어 결정적인 방법의 하나가 될 것으로 기대된다.

아들 · 딸 마음대로 낳을 수 있다

여성인체의 구조와 배란일

먼저 배란일을 알야 한다

임신이라 하는 것은 여성의 난자가 남성의 정자와 결합해서 수정하고 자궁내막에 착상하는것을 말한다. 그러므로 정자와 수정하기 위해서는 여성의 난소에서 나가지 않으면 안된다.

아들 · 딸 가려 낳기의 바탕

아들과 딸을 가려 낳는데 있어서 반드시 미리 알아 두어야 할 일은 그것은 앞으로 엄마가 될 여성의 배란일을 정확히 알아 두어야 한다는 것이다. 아들이 되었든 딸이 되었든 먼저 배란일을 알고 있어야 마음대로 수태시킬 수가 있기 때문이다.

쉐틀스 박사의 연구에 의해서 난자에 X정자가 수정되면 딸이 태어나게 되고, Y정자갈 수정되면 아들이 태어난다는 사실을 앞에서 설명한 바 있다. 그렇다고 해서 아무런 방법도 없이 성교만 한다고 해서 X정자나 Y정자를 뜻대로 결합시킬 수는 없다.

임신이라고 하는 것은 여성의 난자가 남성의 정자와 결합해서 수정하고 자궁내막에 착상하는 것을 말한다. 그러므로 정자와 수정하기 위해서는 여성의 난소에서 나가지 않으면 안 된다. 그것이 이른바 배란이다.

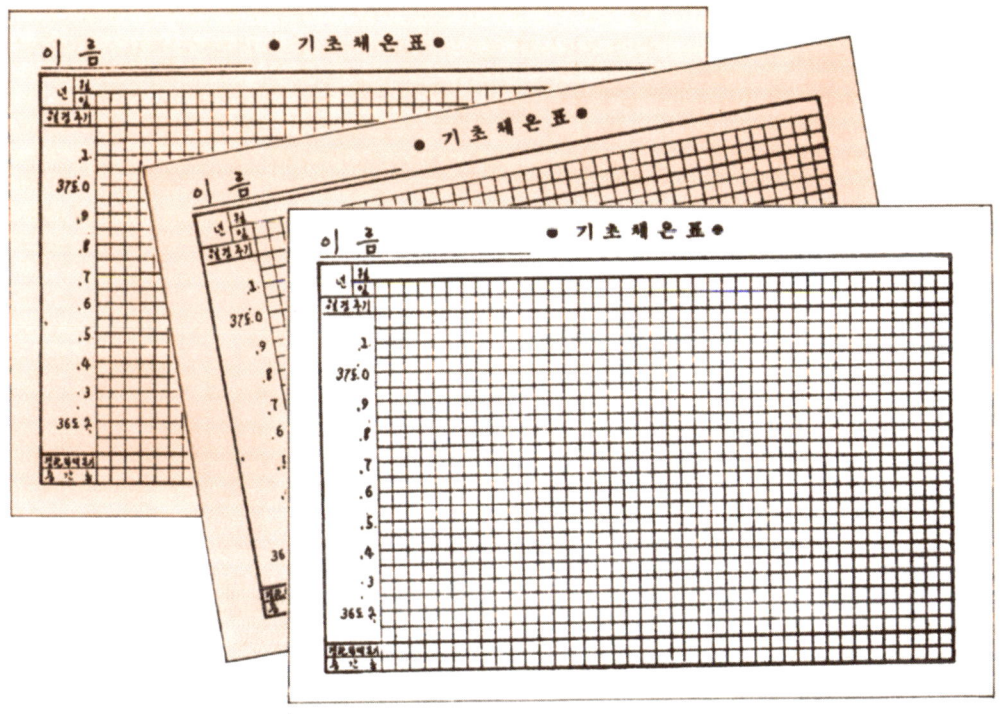

정자는 보통 자궁내에서 약 사흘 동안 살아 있다고 한다. 그러므로 그것과 때를 맞춰 배란이 있어야 한다는 것은 말할 것도 없다.

그 때에 정자와 만나지 못한 난자는 죽은 난자가 되어 몸 밖으로 배출이 된다. 그것이 이른바 월경이다. 흔히 사람들은 이렇게 알고 있지만, 월경이라고 하는 것은 오히려 다음번 배란을 준비하기 위해 있다고 말할 수 있다. 자궁은 수정한 난자가 착상해서 자라나는 곳이기 때문에 언제나 신선하게 유지키셔 두지 않으면 안 된다. 그래서 오래된 내막을 새로운 내막과 교환하는 것이 바로 월경이다.

이런 준비가 완료되면 다음번 배란을 또 기다린다.

그러므로 배란은 지나가고 나면 아무리 정자가 오더라도 임신이 되지 않는다. 곧 난자가 난관을 통과한 뒤에는 임신이 불가능해진다는 얘기이다.

난소에서 성숙한 난자는 배란뒤 난관채에 빨려들어가 난관의 일부가 부푼 형태로 된 난관팽대부에 도달한다. 거기에서 정가가 기다리고 있다면 수정이 가능하지만, 그렇지 않은 경우에는 죽은 난자로서 수란

배란이 지나가고 나면 아무리 정자가 오더라도 임신이 되지 않는다. 곧 난자가 난관을 통하는 뒤에는 임신이 불가능해진다는 얘기이다.

아들이나 딸을 가려서 낳고 싶은 경우 부인의 배란일을 알아내는 것은 첫번째 조건이 된다. 더욱이 여성이 배란일을 알아두면 피임기구라든지 피임수술 등 방법을 쓰지 않고서도 자연스러운 생리조건을 유지한 채 피임할 수 있다는 장점을 지니고 있다.

관을 통해서 자궁 안으로 들어가고 만다.

쉐틀스 박사의 연구는 물론이거니와 포라드 박사의 '초이스'나 스기야마 박사의 '린칼'의 이용에 있어서도 쉐틀스 박사가 말한 성교의 타이밍만은 반드시 지켜야 확률을 높이는데 결정적으로 작용을 한다고 말한다.

쉐틀스 박사의 주장에 따르면 여성의 몸에서 배란이 있는 당일에 몇가지 실천해야 될 사항을 지키면서 성교를 하면 아들을 낳을 확률은 90.4%가 된다고 한다. 또 배란일의 이틀 전까지만 성교를 하고 금욕하면 딸을 낳을 확률은 82%라고 한다.

배란일과 관련되는 성교의 타이밍이 아들과 딸을 가려 낳는데 있어 결정적인 역할을 한다는 쉐틀스 박사의 연구 결과는 포라드 박사와 스기야마 박사도 인정하고 있다. 또 그 바탕 위에서 성공률을 나름대로 더 높이기 위해 '초이스'나 '린칼' 등 방법을 내놓고 있다.

그러므로 아들이나 딸을 가려서 낳고 싶은 경우 부인의 배란일을 알아내는 것은 첫번째 조건이 된다. 더욱이 여성의 배란일을 알아 두면 피임기구라든지 피임 수술등 방법을 쓰지 않고서도 자연스러운 생리조건을 유지한채 피임을 할 수 있다는 장점을 지니고 있다. 물론, 이 배란일을 이용하는 피임은 부부가 성생활에 있어서 철저하게 절제를 해야 함은 말할 것도 없다.

쉐틀스 박사의 주장에 따르면 여성의 몸에서 배란이 있는 당일에 몇가지 실천해야 될 사항을 지키면서 성교를 하면 아들을 낳을 확률은 90.4%가 된다고 한다.

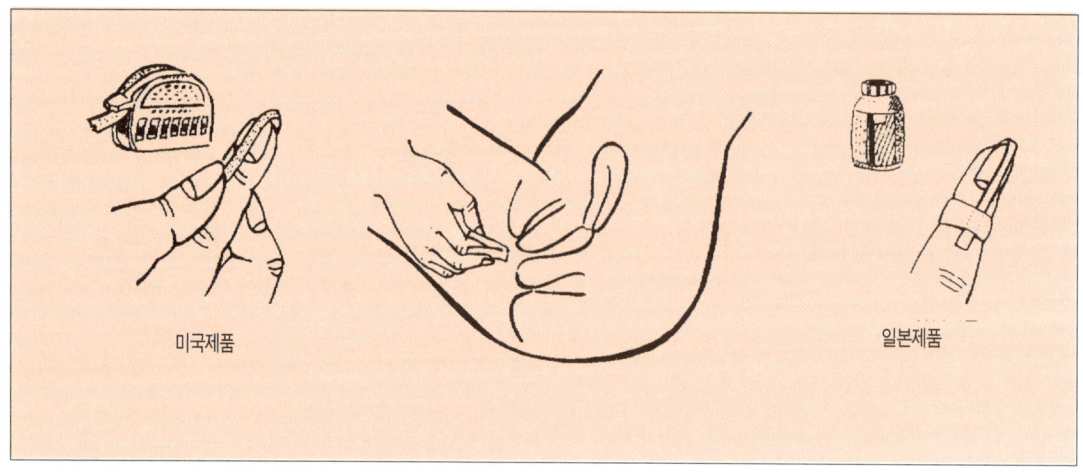

미국제품   일본제품

● **배란일을 알 수 있는
테스트테이프**

무배란시의 기초체온   월경주기

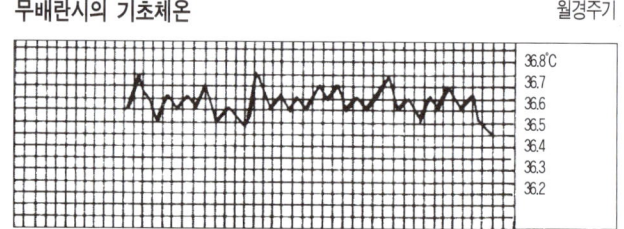

36.8℃
36.7
36.6
36.5
36.4
36.3
36.2

　　여기서 어떻게 하면 여성이 자신의 배란일을 알아낼수 있는지 몇가
지 방법에 대해 알아보기로 한다.
　　① 가장 흔히 이용되고 있는 것은 기초체온표를 작성해서 알아보는
　　　 방법이다.
　　② 배란일을 측정하는 목적을 지닌 테스트 테이프를 이용하는 방법.
　　③ 자궁경관 점액의 끈기를 테스트해서 배란일을 알아내는 방법도
　　　 있다.
　　④ 여성이 배란일에 느끼는 미약한 통증, 이른바 '중간통'을 자각하
　　　 는 것으로 배란일을 알아낼 수 있다.
　　산부인과 의사들은 위에서 말한 네 가지 방법으로 지도해서 여성의
배란일을 정확하게 알아내고 있다.
　　그런데 여성에 따라서는 이 네 가지 가운데 한 가지만으로도 쉽사
리 알아낼 수 있지만, 그렇지 못한 경우도 있다는 사실을 특히 유의하
지 않으면 안된다. 생리불순이라든지 또는 특이한 체질로 해서 두가

여성이 배란일에 느끼는 미약한 통증, 이른바
'중간통'을 자각하는 것으로 배란일을 알아낼 수 있다.
산부인과 사실은 여성의 신체리듬으로서 여성의 배란일을 정확하게 알아내고 있다.

지 또는 서너 가지를 함께 실시해야 정확한 배란일을 알 수 있는 경우도 있다.

기초체온표를 기록한다

여성의 배란일을 알아보려면 무엇보다도 먼저 기초체온표를 기록해야 한다. 기초체온이라고 하는 것은 아침에 잠에서 깨어나 눈을 떴을 때의 체온을 말한다. 이 때의 체온은 일반적으로 가장 높은 온도가 가장 낮은 온도의 차이가 고작 0.55도밖에 되지 않는다.

그 근소한 온도차를 가지고 배란일을 알아내야 하기 때문에 보통 쓰는 체온계는 적합하지 않다. 그렇기 때문에 기초체온을 측정하기 위해서는 부인전용 체온계를 사용하도록 한다. 이 체온계는 36도에서 37도 까지의 사이를 0.05도씩 눈금으로 분할해 놓아서 체온의 미세한 변동까지 읽을 수 있게끔 만들어져 있다.

또 기초체온표를 기록하기 위한 전용 그래프 용지도 필요하다. 전용 그래프는 대부분 온도 눈금을 20등분해서 두 눈금을 1분으로 하고 있다.

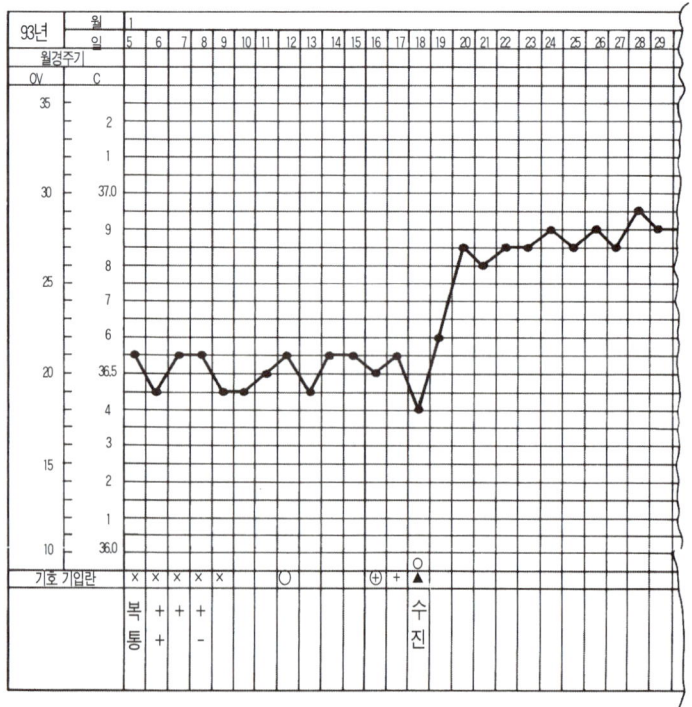

그것은 미세한 체온의 변화를 포착해서 보기 쉽게 확대하도록 궁리해 놓은 것이다.

기초체온을 측정함에 있어서는 아침에 눈을 떴을 때 잠자리 전에 베개 밑에 미리 준비해 두었던 체온계를 '몸을 크게 움직이지 말고' 한손으로 가만히 혓바닥 밑에 집어넣고 5분 이상 조용히 숨을 쉬며 체온을 잰다. 이것이 기초체온을 측정하는 방법의 기본이다. 이 때에 특히 유의해야 할 점은 눈을 뜨자마자 즉시 측정해야 한다는 것이다.

여기서 몸을 움직이지 않는다고 하는 것은 이를 테면 다음과 같은 행동을 하지 말라는 뜻이다.

- 몸을 뻗는다.
- 하품을 한다.
- 몸을 뒤척인다.
- 옆에 누운 남편에게 체온계를 문 채 말을 건넨다.
- 곁에서 자는 아기의 볼을 비빈다.

이불 속에서 하는 이런 자그만한 동작에 의해서도 체온은 조금 오르내릴 수 있다. 하물며 화장실에 간다든지 세수를 하고 양치질을 한 다음에 기초체온을 잰다는 것은 아무런 의미도 없다.

아침에 잠에서 깨어나자마자 될 수 있는 대로 몸을 움직이지 않는 채 혀 밑에 체온계를 집어넣는다는 것을 명심해야 한다.

배란은 월경주기의 중간에 있다

여성의 기초체온 그래프는 약 28일간에 걸쳐서 비슷한 패턴을 보이는데, 그것은 다음과 같은 두 가지 양상을 보인다.

화장실에 간다든지 세수를 하고 양치질을 한 다음에 기초체온을 잰다는 것은 아무런 의미도 없다. 아침에 잠에서 깨어나자마자 될 수 있는 대로 몸을 움직이지 않은 채 혀밑에 체온계를 집어넣는다는 것을 명심해야 한다.

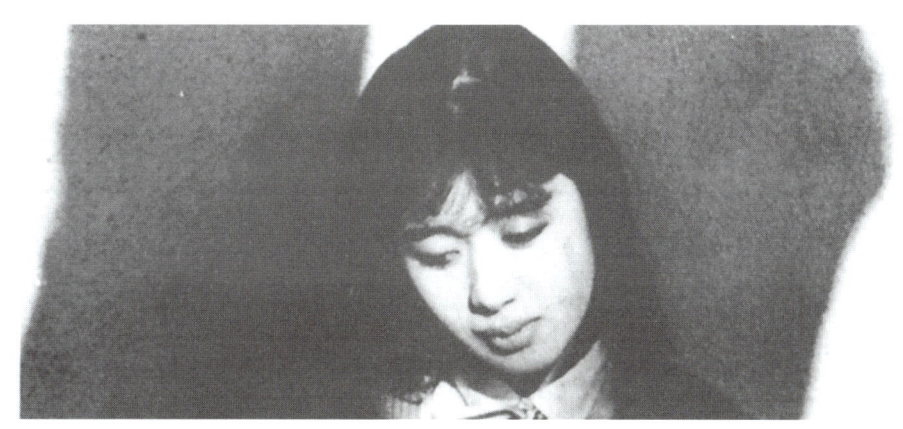

① 월경이 시작되어 출혈이 끝나고 배란일까지의 저온기(난포기).

② 배란일 직후부터 다음 월경이 시작되기까지의 고온기.

이처럼 두 가지 상태의 곡선이 뚜렷이 나타나기 때문에 배란일을 정확하게 짚을 수가 있다.

월경이 시작되면 약 2주일 동안 저온기가 계속되다가 출혈이 끝나면 고온기로 옮겨간다. 그런데 고온기로 옮겨가기 바로 직전에 체온이 갑자기 내려가는 날이 있다. 그 날이 바로 배란일이라고 생각하면 된다.

좀더 자세히 설명하면, 월경 기간중에 또는 월경이 끝난 뒤 체온은 0.1도쯤의 폭으로 오르내리면서 저온기가 계속된다. 그러다가 월경주기가 끝나는 무렵에 가서 0.3~0.4도쯤 체온이 뚝 떨어지는 아침이 있다. 그 날이 대체로 배란일이다.

그런데 체온표를 정확하게 기록하고 있음에도 불구하고 매일 그려 넣는 그래프의 높낮이가 심한 경우에는 체온을 잴 때에 주의해야 할 사항을 제대로 지키지 않는 것이 그 원인이다.

● 기초체온표를 작성하여 배란일을 아는 방법

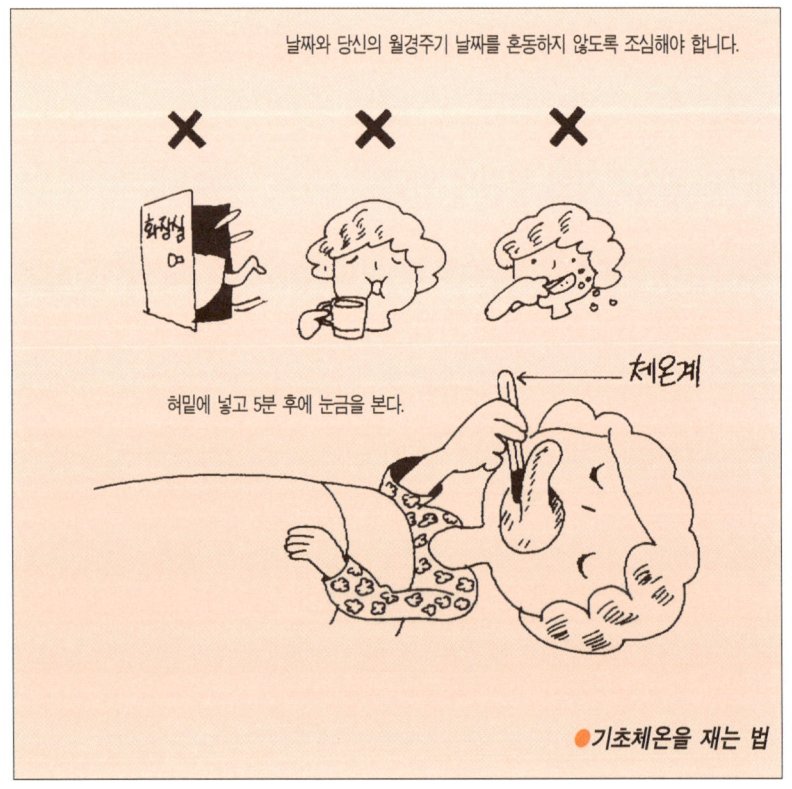

날짜와 당신의 월경주기 날짜를 혼동하지 않도록 조심해야 합니다.

체온계

혀밑에 넣고 5분 후에 눈금을 본다.

●기초체온을 재는 법

　기초체온표를 과거에 기록해 본 일이 없는 사람이나 기록해 보기는 했으나 습관이 되어 있지 않는 사람, 또 아들·딸을 가려 낳고자 하는 사람은 적어도 넉 달쯤 기초체온표를 매일 기록해 봐야 한다. 그리고 기초체온을 측정하고 있는 동안에는 완전히 피임을 해야 하는데, 이때에 정제나 링은 사용하면 안된다. 반드시 남성이 콘돔을 사용해야 한다.

　여성이 자신의 기초체온표를 4개월 쯤 계속 기록해 보면 대략 어떤 주기형인지를 알 수가 있다. 그리고 저온기가 며칠 계속되다가 갑자기 체온이 뚝 떨어지는 것은 월경이 시작되고 나서 며칠째인가 하는 것도 대략 짐작할 수 있게 된다.

　여성이 스스로 이렇게 철저한 준비를 해 나가면서 산부인과 의사와 상담해서 체온표를 면밀하게 검토하고 테스트 테이프 등 그밖의 검사를 병행하면서 5개월째에 배란일을 결정하면 틀림이 없다.

기입표

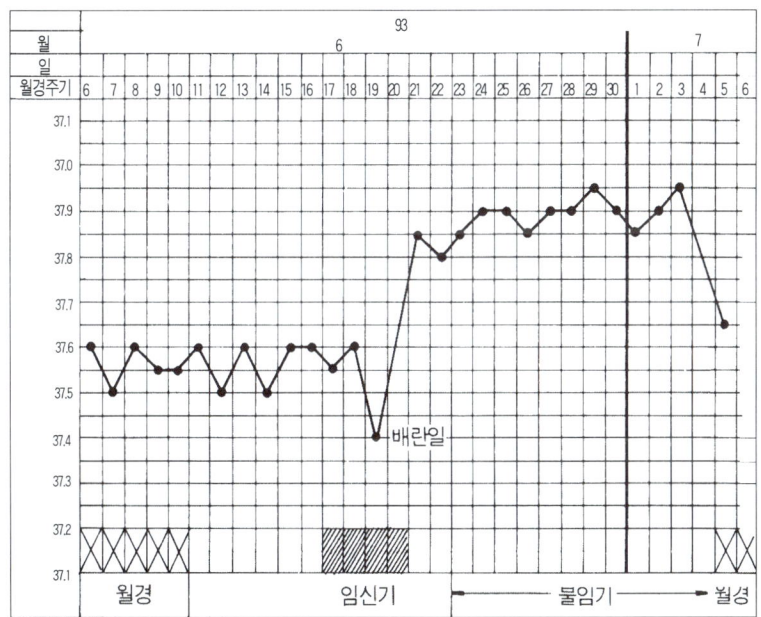

'오기노식'으로 실패한 예

　K라는 월경불순이 아주 심한 부인이 오기노식으로 피임에 실패한

예를 참고로 되겠기에 다음에 소개한다.

K부인은 몇 년 동안 월경주기와 월경개시일을 자상하게 기록하고 있었는데 월경불순이라도 엄청나게 심한 상태였다. 가장 짧은 주기는 34일인데 긴 경우에는 69일.

K부인은 원래 신체가 약하며 늘 빈혈로 시달려 왔다고 한다. 빈혈 기미가 있는 여성은 월경이 불순해지는 경향이 있다.

K부인은 오기노식에서 월경주기인 15일째까지는 임신이 되지 않는다고 생각해서 피임을 하지 않고, 제 16일째부터 계속 다음 월경 개시일까지 피임을 했었다.

그녀는 몇 년 동안 기록한 월경주기에서 가장 짧은 경우가 34일이라는 사실을 알아냈다. 오기노식에 의하면 배랑 예상기간이 다음번 월경개시일의 12일 전에서 16일전 까지의 5일간이기 때문에 배란일은 빨라도 월경 개시일에서 19일째가 된다. 그리고 정자의 생존 기간을 3일로 보면 16일째부터 피임하면 된다.

오기노식은 어디까지나 다음번 월경 개시일로부터 계산이므로 월경이 순조로운 34일형이라면 25일째 이후는 불임기가 되지만 K부인처럼 월경불순인 사람은 언제 배란기간이 뒤로 늦추어질지 알 수 없다.

> 오기노식은
> 어디까지나
> 다음번 월경 개시일로부터
> 계산이므로 월경이
> 순조로운 34일형이라면
> 25일째 이후는
> 불임기가 되지만
> 월경불순인 사람은
> 언제 배란기간이 뒤로
> 늦추어질지 알수 없다.

그러므로 16일째부터 다음번 월경 개시일까지는 거의 피임을 하고 있었던 셈이다.

그녀는 이 오기노식 피임법으로 세 번 실패했는데, 그 가운데 한 번은 출산을 하고 그 뒤 두 번은 임신중절을 했다고 한다.

월경불순이라도 배란일은 예정할 수 있다

월경이 불순한 경우, 배란일을 알아내는 방법을 요약하면 다음과 같다.

① 정상적인 여성으로서 아기에게 젖을 먹이고 있지 않을 때에는 반드시 일정한 배란기를 가지고 있으므로 누구든 배란일을 예정할 수 있다.

② 월경이 불순하다는 것은 배란일로부터 다음번 월경까지의 기간이 그때 그때의 신체나 정신의 상태, 생활 환경의 변화 등으로 말미암아 길어지도 하고 짧아지기도 한다. 한 여성을 놓고 볼 때 흔히 말하는 것처럼 다음번 월경이 빨라지고 늦어짐에 따라 배란일이 달라지는 것은 아니다.

③ 최초의 배란일을 예정할 때에는 보통 주기의 여성이라면 월경 개시일부터 제11일째부터 20일째까지의 몸의 상태를 주의해서 살핀다(늘 주기가 짧은 여성은 7일째 무렵부터).

④ 기초체온은 월경 개시일부터 기록하기 시작해서 최저 4개월은 기록한다. 아무리 월경이 순조로운 여성이라 하더라도 생활에 변화가 있다든지 정신적·육체적으로 과로를 한다든지 큰 병을 앓으면 월경주기는 달라진다.

하지만, 배란기는 변화하는 것이 아니기 때문에 염려하지 않아도 된다. 곧 배란일은 예정대로이며, 다만 배란일 이후가 길어진다든지 짧아지는 것뿐이다.

기초체온은 월경 개시일부터 기록하기 시작해서 최저 4개월은 기록한다.
아무리 월경이 순조로운 여성이라 하더라도 생활에 변화가 있다든지 정신적·육체적으로 과로를 한다든지 큰 병을 앓으면 월경주기는 달라진다.

남편의 협조가 필요하다

앞에서 설명한 것처럼 평소에 생리가 순조로웠던 여성도 근심거리나 고민이 있거나 또는 큰 충격을 받는다든지하면 생리의 리듬이 흐트러지는 경우가 있다. 예를 들면 어떤 재해를 당했다거나 남편의 불륜 관계를 알았다거나 또는 자녀가 중병에 걸렸다거나 하는 것이 원인이 되어 흔히 생리에 변화를 가져올 수 있다.

그러므로 아들·딸을 가려 낳는 일이 있어 여성이 수태하기까지 4개월 동안은 편안한 마음으로 지내야 한다는 사실에 유의하여야 한다.

남편이 집에 들어와서 짜증을 낸다든지 해서 아내의 마음을 어둡게 한다면 아내의 생리의 리듬을 깨뜨리는 결과를 가져올 수 있다. 따라서 아들·딸을 가려 낳고자 하는 시도에 있어 아내만의 노력만 가지고는 성공할 수 없으며 부부의 협력이 있을 때에 가능하다.

또한 시어머니를 비롯한 가족들의 도움이 필요하다. '딸밖에 낳지 못하는 며느리'라는 등 부주의한 말로 며느리의 마음을 그늘지게 하지 말고 언제나 다정스럽게 함께 의논하는 자세로 대해 주어야 한다.

배란일이 특수한 여성

여성의 배란일은 대부분 고온기가 되기 직전 체온이 내려갔을 때에 있다는 것은 앞에서 설명한 바와 같다. 그런데 드물게 고온기가 된 3일 뒤에 배란하는 예도 100명 가운데 4~5명은 있다고 한다. 그렇다로 해서 자신이 그 100명중의 4~4명축에 들어가는 것이 아닌가 하고 두려워할 것은 없다.

기초체온표를 기록하고 있는 여성이 고온기가 된 2~3일째에 임신했었다는 사실을 분명히 알고 있다면 그 기억을 지도 의사에게 말하면, 의사는 배란일을 판정함에 있어서 기초체온표에만 의지하지는 않는다.

배란일을 알아보는 방법으로는 기초체온표 말고도 몇 가지가 있다. 에를 들면 경관점액의 결정도를 조사한다든지 내시경으로 들여다보는 방법 등. 그러므로 배란일이 특수한 경우에 해당되지 않을까 하고 지레 두려워할 필요는 없으며 우선 매일 아침마다 기초체온을 정확하게 재어서 기록하는 일이 무엇보다 중요하다.

테스트 테이프로 배란일을 알아낸다

테스트 테이프라고 하는 것은 자궁경관 곧 자궁의 입구 부분의 알칼리도를 알아보는 테이프이있다. 방법은 여성이 스스로 손가락 끝에 테이프를 감고 고무 밴드나 셀로판 테이프로 고정시킨 다음 질 속에 깊이 짚어넣어 약 20초쯤 그대로 있다가 꺼내어서 색깔이 변화한 정도로 살펴본다. 여성의 배란일이 가까워지면 자궁경관에는 알칼리성 점액의 분비가 많아져서 배란일 무렵에는 테스트 테이프의 색깔이 아주 짙은 색으로 변한다.

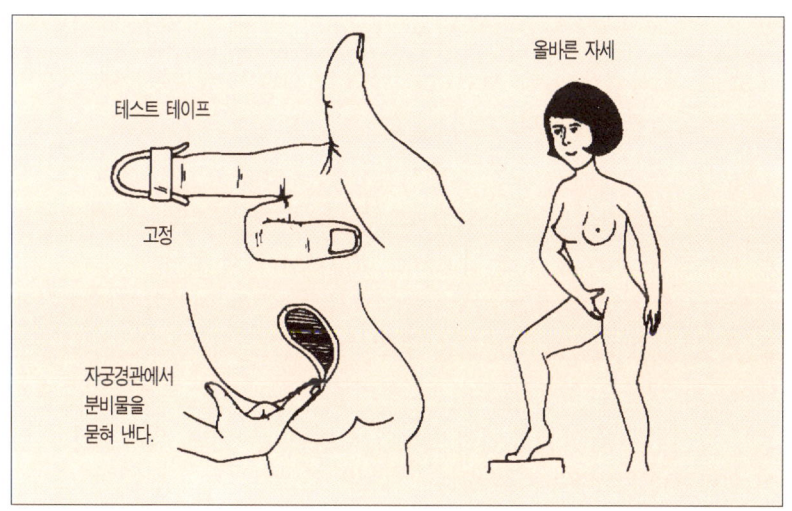

테스트 테이프는 pH4.5~7.5까지 일곱 단계의 색깔 변화로 금방 알수 있게 되어 있다. 언제 배란이 있을 것인지 알아보기 위해서는 이 테스트 테이프의 변화색과 컬러 차트(색비표)를 보면 된다. 그리하여 컬러차트와 같은 짙은 녹색을 띤 청색에 가까워지면 배란이 곧 있게된다고 쉐틀스 박사는 말하고 있다.

그러나 여성이 질 속에 깊숙이 손가락을 집어넣는 것은 여성들로서는 익숙하지 않을 일일뿐더러 우리 나라에서는 가정에서 혼자 할 수 있도록 편리하게 만들어진 배란일 측정용 테스트 테이프가 시판되고 있지 않다. 우리 나라에서 테스트 테이프를 사용하고자 할 때에는 산부인과 의사와 상의하는 것이 바람직하다.

기초체온표가 분명하게 이상성곡선을 나타내고 있으며 생리도 일정한 주기로 규칙적인 여성이라면 굳이 테스트 테이프를 사용하지 않더라도 기초체온표에 그래프만으로도 배란일을 결정할 수 있다.

다만, 생리의 리듬이 일정치 않는 여성의 경우에는 테스트 테이프를 사용함으로써 아들·딸 가려 낳기의 성공률은 훨씬 높아진다는 점을 말해두고 싶다.

분비물의 끈기 테스트

산부인과 의사들은 배란일을 확인하는 검사의 한 가지로 확률이 아주 높은 분비물 끈기 테스트를 실시한다. 배란이 되면 분비물의 양이 많아 진다는 것을 잘 알려져 있는 사실이다. 그 때 자궁경관에서는 마치 달걀 흰자위와 같은 약간 끈적끈적한 점액이 분비되는데 그것이 바로 자궁경관 점액이다.

손가락 끄트머리로 소량의 경관점액을 질 밖으로 꺼내어서 끈기를 테스트하면 끊어지지 않고 길게 늘어난다. 이 방법은 테스트 테이프를 손가락 끝에 감고 질 속에 삽입하는 방법보다 훨씬 쉽다.

아들 · 딸 가려 낳기를 지도하는 의사들은 먼저 여성의 기초체온표를 검토한 뒤 다음에 설명하는 중간통이 있었는지 알아보고, 테스트 테이프의 색깔을 검토하고 또 이 분비물의 끈기 테스트를 한다. 테스트를 해서 분비물이 10cm에서 15cm쯤 늘어나 끊어지지 않는다면 배란이 임박했다는 것을 알 수 있다.

여성이 혼자서도 할 수 있는 분비물의 끈기 테스트는 다음과 같은 방법으로 실시한다. 먼저 다리를 넓게 벌리고 아랫배에 힘을 주어 자궁을 밀어내듯이 해서 오른손의 인지와 중지를 질 속에 깊이 넣는다.

그래서 단단한 부분에 닿게 되면 그 부분이 바로 자궁질부의 경관이 있는 곳이다. 만일 배란이 있다면 그 곳에 점액이 많이 나와 있는데 그것을 손가락으로 끄집어낸다.

우리 나라 여성들은 자기의 성기에 손가락을 넣는 습관이 없지만 구미의 여성들은 탐폰이라든지 페서리 따위를 마음대로 넣었다 뺐다 하는데 익숙해 있다. 그런 까닭으로 해서 우리네 여성들이 테스트 테

경관점액의 테스트
분비물의 끈기로
배란일을 알 수 있다.

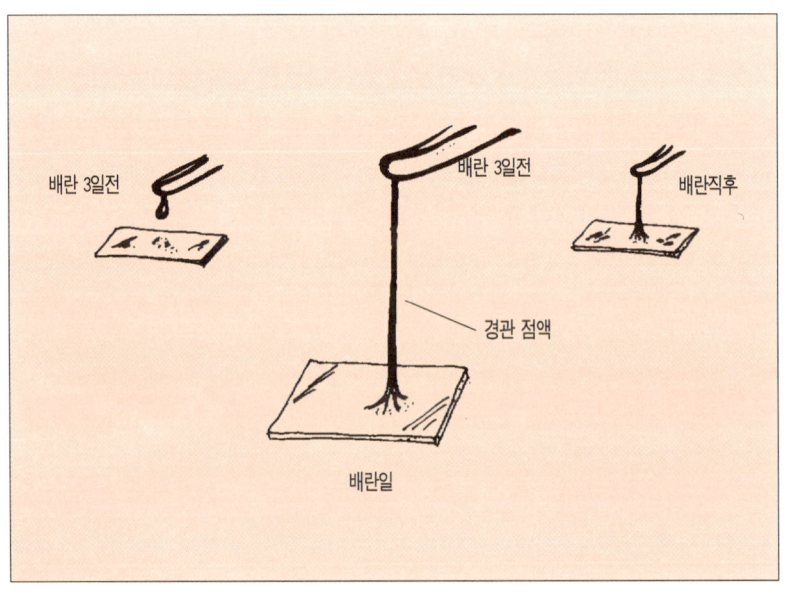

배란 3일전

배란 3일전

배란직후

경관 점액

배란일

이프를 사용하는 경우, '테스트 테이프의 색이 변하지 않는다'고 말하는 예가 많은데, 그것은 손가락 끝이 충분히 질 내부 깊숙이 들어가지 못하고 중간의 질벽에 분비액만 묻혔기 때문이다. 산부인과 의사들은 질경을 끼고 주사기로 분비물을 채취해서 다음과 같은 점을 관찰한다.

① 점액의 양
② 끈기 테스트
③ 점액의 맑은 정도(배란일의 분비물은 맑게 보인다)
④ 알칼리도 측정
⑤ 현미경으로 결정을 살펴본다

경관점액을 유리판 위에서 건조시킨 다음 현미경으로 들여다보면 양배추 잎처럼 보이는 결정체를 관찰할 수 있다. 배란일이 가까워짐에 따라 그것은 더욱 굵고 선명한 결정으로 나타난다.

중간통으로 배란일을 알아낸다

앞에서 설명한 바와 같이 배란일을 추정함으로써 아들과 딸을 낳을 수 있기 때문에 기초체온과 경관점액에 의한 정보는 아주 중요하다.

월경주기에 관해서는 최근 100년 사이에 다음과 같은 세 가지 징후가 있다는 것을 알아냈다.

① 기초체온 곡선이 이상성을 나타낸다.
② 경관점액이 끈기를 지니고 있다.
③ 중간통이 있다.

과거에는 까닭을 알 수 없는 현상으로 여겨졌지만, 생식에 관한 연구가 많은 학자에 의해 진전되어 여러가지 새로운 사실을 알게 되었다. 임신의 기능이라든지 불임증의 원인 등에 해명되었으며, 그런 것과 관련해서 아들·딸 가려낳기의 연구도 앞에 든 세 가지를 바탕으로 해서 발전되어 왔다.

여기서는 ③의 중간통에 관하여 설명하기로 한다.

여성들은 월경과 다음번 월경의 중간 무렵에 배란을 알려주는 중간통이라는 것이 있다. 중간통은 오른쪽 하복부에 느끼는 미약한 통증이다. 여성들 중에서 이 중간통을 자각하여 배란일을 정확하게 알 수 있는 사람은 약 15% 정도에 이른다고 한다.

중간통은 심한 통증이나 병이 아니기 때문에 걱정할 일이 아니다.

오히려 배란일을 알아보는 데 요긴하게 이용된다는 점에서 행운이라고 말할 수도 이다. 배란일을 자각하는 데 있어 가장 자연스럽고 정확한 방법이라고 많은 의사들은 생각하고 있다.

보통 중간통은 둔한 통증으로서 배란되기 2~3시간 전에 시작된다. 아주 민감한 사람은 하루 전부터 중간통의 조짐을 느낀다고 말하는 여성도 있다. 그래서 배란이 될 무렵에는 중간통이 더 한층 강해지며 그 결정은 30분에서 3시간 동안 계속된다. 그런 증상이 아주 없어지기까지는 24시간이 걸린다고 한다.

그 통증은 거의 오른쪽 하복부에 일어난다. 그 중에는 달마다 좌우의 하복부가 차례로 아픈 여성이 있는가 하면 사람에 따라서는 통증이라기보다는 팽만감쯤으로 거의 자각하지 못하고 넘어가는 경우도 있다.

그림은 이미 고인이 된 소피아 클리그맨 여사의 연구에 의한 것이다. 오른쪽 하복부의 통증을 느끼는 예가 많기 때문에 더러는 맹장염이라고 오진될 염려가 있다고 한다.

이 중간통은 물론 사람에 따라서 개인차가 있기는 하지만 신경을 쓰고 있노라면 거의 모든 여성이 느낄 수가 있다. 그러므로 기초체온표를 제대로 기록하면서 중간통을 느끼게 되면 배란이 가까워졌다는 것을 더욱 잘 알 수 있다.

● **중간통을 느끼는 곳**

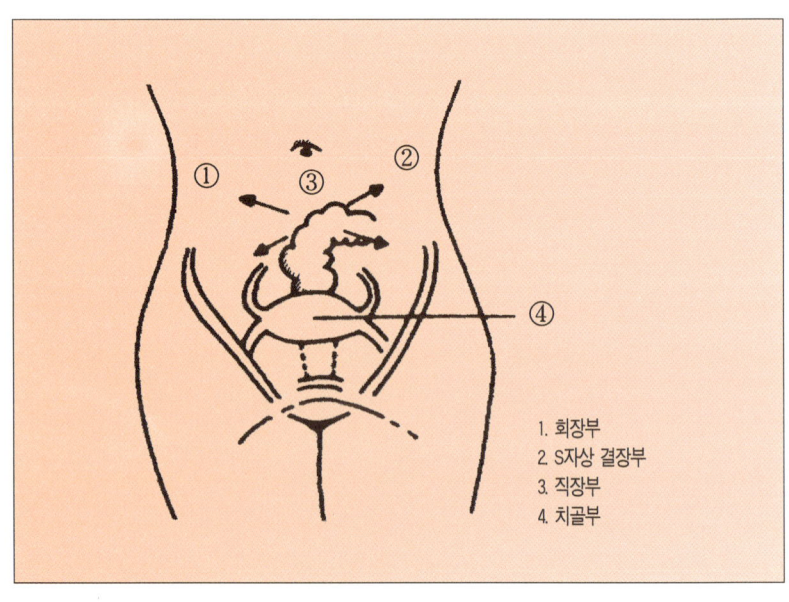

1. 회장부
2. S자상 결장부
3. 직장부
4. 치골부

곧 중간통이 있었을 때와 기초체온표의 그래프에서 체온이 뚝 떨어지는 날을 견주어 봐서 정확한 배란일을 추측 할 수가 있다. 그런데 그날을 경계로 해서 앞뒤로 12~24시간의 폭이 있다는 점에 유의하는 것이 좋겠다.

굳이 여기서 시간까지 따져 설명하는 것은 원래 난자란 배란되고 나서 24시간밖에 살아 있지 못하며 더욱이 수정이 될 능력을 갖는 것은 고작 6시간 안팎이라고 전문가들은 설명하고 있기 때문이다. 또 배란일에 더러 출혈이 있는 사람도 있다. 이것을 배란출혈이라고 하는데, 그 출혈의 양은 아주 소량이며 이틀 정도가 지나면 없어지는 생리적인 출혈이므로 조그도 염려할 일이 아니다.

아들·딸 가려 낳기에 있는 쉐틀스 박사와 더불어 개척자의 한 사람으로 손꼽히는 클리그맨 박사는 부인들에게 늘 이 중간통에 대해 신경을 쓰도록 충고했다. 클리그맨 여사가 중간통을 느끼지 못하는 여성들을 위해 고안해낸 방법을 소개하기로 한다.

여성의 배란일은 월경주기의 중간에 있기 때문에 월경주기의 8,9일째부터 매일 아침 저녁 두 차례씩 실시한다. 딱딱한 나무의자에 털썩 앉았다가 용수철에 튕기듯이 벌떡 일어나기를 서너번씩 계속한다. 이렇게 되풀이하는 동안에 하복부의 통증을 느끼거든 그 날을 기억해 두고, 다음 달 또 그 다음 달 월경주기의 중간에 같은 방법으로 실시한다. 이렇게 함으로써 중간통을 스스로 느끼는 날을 체크한다.

그래서 그 날이 월경이 끝나고 나서 몇 번째 날이라는 통계가 나온다면, 건강한 여성이 자신의 배란일을 매달 월경주기의 몇 번 째 날이라고 짐작할 수가 있다.

가려낳기에 앞서서 피임

가려낳기를 할 때의 피임 방법으로서는 남성 쪽에서 콘돔을 사용해야 한다.
그때까지 여성 쪽에서 경구피임약이나 자궁내 피임기구인 링(IDU)을
이용해 왔다면 그것을 중단하고 방법을 바꾸도록 한다.

**아들이나 딸을
가려 낳기로 마음먹어다면
곧바로 경구피임약의
사용을 멈추어서
호르몬의 조절을
자연에 맡기고 배란이
규칙적으로 일어나도록
몸을 원래대로
회복시켜 두어야 한다.**

경구피임약은 사용하지 않는다

아들 · 딸을 가려 낳기로 마음먹었다면 당일의 성교로 확실하게 임신하도록 해야 한다. 다시 말해서 그날까지는 절대로 임신을 해서는 안 된다는 점을 명심해야 된다. 만일 피임을 소홀히하는 경우, 몇 달 동안에 걸친 노력이 모든 헛수고가 되고 만다.

가려 낳기를 할 때의 피임 방법으로서는 남성 쪽에서 콘돔을 사용해야 한다. 그 때까지 여성 쪽에서 경구피임약이나 자궁내 피임기구인 링을 이용해 왔다면 그것을 중단하고 방법을 바꾸도록 한다.

경구피임약이란 여성의 몸을 임신하고 있는 상태(위임신 이라고 한다)로 만들어 호르몬을 조절하는 약이다. 여성이 임신을 하면 황체 호르몬과 난포 호르몬을 분비하게 되는데 경구 피임약에는 그 두 종류의 호르몬이 섞여 있다. 그래서 호르몬의 영향으로 가짜 임심을 하고 있는 상태이기 때문에 배란이 일어나지 않고 실제로도 임신이 되지 않는다. 아들과 딸을 가려 낳기 위해서는 배란일을 정확히 알기 위한 기초체온표를 기록해야 하는데 경구피임약으로 피임을 하고 있는 경우, 배란이 안 되기 때문에 기초체온표를 기록하는 일은 아무런 의미가 없다.

아들이나 딸을 가려 낳기로 마음먹어다면 곧바로 경구피임약의 사용을 멈추고 호르몬의 조절을 자연에 맡기고 배란이 규칙적으로 일어나도록 몸을 원래대로 회복시켜 두어야 한다. 실제로 일어난 일은 없지만 경구피임약이 몸 속에 남아 있는 3~4개월 안에 만일 임신을 하면 정상이 아닌 자녀가 태어날 가능성이 있다는 학문적인 논의도 있다.

어쨌든 경구피임약을 사용하다가 정상적인 상태로 되돌아가는 데는 적어도 3개월이 걸리기 때문에 아들·딸을 가려 낳는 데는 경구피임약에 의한 피임은 피해야 한다.

만일 사내아이를 낳고 싶다면 경구피임약을 사용하지 말고 콘돔을 사용하는 피임법으로 바꾸고 동시에 린칼을 복용하도록 해야 한다. 그렇게 4개월쯤 계속하면 기초체온표는 정상으로 되돌아가며 배란일을 추정하기도 쉬워진다. 부부는 콘돔으로 피임을 하다가 5개월째의 배란이 있는 당일에는 사내아이를 낳기 위해서 콘돔을 사용하지 않고 성교를 하도록 한다.

링은 2개월 전에 제거한다

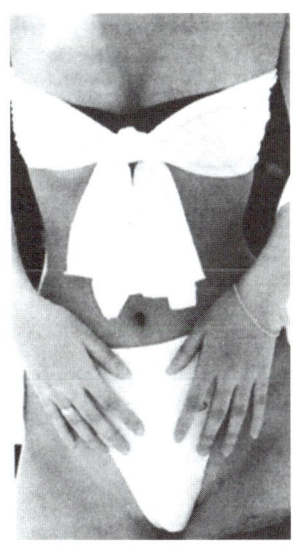

IUD 곧 자궁내 피임기구인 링을 사용해서 피임을 해 본 사람의 경우에는 임신하려는 날부터 2개월 전에 링을 제거하고 콘돔을 사용하는 피임법으로 바꿔야 한다. 링은 자궁 안에 단단히 부착되어 있기 때문에 자궁내막에 움푹 팬 자국이 생기게 된다. 그러므로 링을 사용하는 피임을 하다 임신하고자 할 때 제거한다면, 가령 임신이 되었다 하더라도 유산이 되기 쉽다. 그렇지만 링을 제거하고 나서 4개월쯤 지나면 링으로 말미암아 생겼던 자궁내막의 자국도 사라져서 자궁내에 건강한 태아를 발육시킬 수가 있다.

오늘날에는 경구피임약이나 링도 많이 개량이 되어 있다. 인체에 대해 나쁜 영향은 거의 없는 것으로 증명되고 있으며 피임법으로서 권장할 만한 방법으로 알려져 있다. 다만 아들·딸을 가려서 낳고자 하는 경우에는 적당하지 않다는 것뿐이다.

오늘날에는 경구피임약이나 링도 많이 개량이 되어 있다. 인체에 대해 나쁜 영향은 거의 없는 것으로 증명되고 있으며 피임법으로서는 권장할 만한 방법으로 알려져 있다.

콘돔에 의한 피임법이 안전

피임법으로서는 콘돔을 사용하는 것이 가장 안전하고 확실한 방법이라고 산부인과 의사들은 말한다. 콘돔 이외의 다른 피임법은 여성쪽의 노력에만 의존하는 셈인데, 가려 낳기에 있어서의 피임이란 어느시기에 확실하게 임신을 하기 위하여 실시하는 것이기에 되도록 아내쪽의 부담을 가볍게 해 주는 것이 바람직하다. 이런 점에서도 남편의 협조가 반드시 필요하다.

오늘날의 콘돔 제품은 품질이 개선되어 남성의 정액이 새는 일은 거의 없다. 다만 사용할 때의 부주의로 실패하는 경우가 많기 때문에 그점에 대해서는 특히 주의를 기울여야 한다.

콘돔의 올바른 사용법에 대해서 살펴보기로 한다.

① 콘돔은 남성의 성기를 충분히 발기시킨 다음에 착용해야 한다. 그렇게 하지 않으면 성교하는 도중에 빠지는 경우가 있다.

② 사용하기 전에 콘돔 끝부분의 정액을 담는 부분의 공기를 뺀다. 콘돔의 끄트머리를 손가락으로 가볍게 눌러서 공기를 빼낸 다음 그대로 남성의 성기 귀두에 씌운다. 이렇게 하면 성교 때에 콘돔이 찢어지는 것을 미리 방지할 수가 있다.

③ 콘돔의 열린 부분에 신축성이 있는 것을 사용한다. 그래야만 남성이 사정을 한 다음에 성기가 급속하게 위축하더라도 콘돔이 벗겨 지지 않는다.

④ 재차 성교를 하는 경우에도 새 콘돔을 사용해야 한다. 뒤집어서 사용하는 일은 어리석은 짓이다.

⑤ 두 번째 이후의 성교에서는 처음부터 사용해야 한다. 첫번째 사정 때의 정액이 소량이나마 요도 속에 남아 있다가 질 속으로 흘러 들어갈 염려가 있다는 점을 유의하지 않으면 안 된다. 아들·딸 가려 낳기를 하는 경우에도 성교를 한 번만 하도록 한다.

⑥ 콘돔의 안전도는 믿어도 되지만 만일의 경우, 예를 들면 사정을 한 다음에 콘돔이 찢어지거나 새는 등의 경우에 대비해서 깨끗한 가제나 탈지면, 세척기, 젤리, 정제 등을 준비하는 것이 좋다. 이러한 것들의 효과는 반드시 100%라고 할 수는 없다. 그렇지만 문제가 생겼을 때, 곧장 질안을 잘 씻어내고 가제나 탈지면으로 닦아 낸 다음 젤리, 정제를 넣어 두면 훨씬 효과적이다.

아들 · 딸 마음대로 낳을 수 있다

쉐틀스 박사에 의한 아들 낳는 방법

아들 · 딸 가려낳기의 실제

여성의 질 속은 산성으로 되어 있어 바깥에서 균이 칩입하는 것을 막아 주고 있다.
하지만 양쪽의 자궁경관이 있는 부분은 질 입구에 비해서 알칼리성이 강하다.
또 배란이 있는 날에는 알칼리성 분비물이 분비되어 질의 안쪽을 알칼리성 환경으로 만들고 있다.

90%의 확률을 보장

남성의 정자에는 아들을 낳게 하는 Y정자와 딸을 낳게하는 X정가 있다는 것은 앞에서 설명한 바와 같다. 아들을 낳기 위해서는 남성의 Y정자와 여성의 난자가 결합해야 하는데 그렇다면 어떻게 해야 Y정자만을 난자와 결합이 되게 할 수 있을까.

쉐틀스 박사의 연구에 의하면, Y정자는 X정자보다 수적으로 훨씬 많고 움직임이 활발하지만 산이나 열에 대해서는 약하다고 한다.

그렇지만 X정자는 Y정자와는 달리 산이나 열에 대해서 견디는 힘이 Y정자보다 강한 것으로 되어 있다.

여성의 질 속은 산성으로 되어 있어 바깥에서 균이 침입하는 것을 막아 주고 있다. 하지만 안쪽의 자궁경관이 있는 부분이 질 입구에 비해서 알칼리성이 강하다. 또 배란이 있는 날에는 알칼리성 분비물이 분비되어 질의 안쪽을 알칼리성 환경으로 만들고 있다.

쉐틀스 박사의 아들 · 딸 가려 낳는 방법은 이러한 여성의 생리를 이용해서 아들을 만드는 Y정자, 혹은 X정자를 골라서 난자 쪽에 쉽사리 헤엄쳐 갈 수 있게 해서 수정시키려는 원리로 되어 있다.

쉐틀스 박사는 그 기본 원리에다 몇 가지 보조적인 사항을 실천하게 해서 확률을 높이도록 했다. 맨처럼 쉐틀스 박사가 아들과 딸을 낳는 방법을 발표했을 때는 다섯 가지 실천 사항밖에 없었다. 그 뒤 7년 동안 새로운 연구가 이루어져 네 가지가 더 추가됨으로써 확률이 높아졌다. 그리고 쉐틀스 박사의 실천 사항을 바탕으로 해서 결정적인

한 가지를 더 개발해서 추가시킨 사람이 뒤에서 설명하는 일본의 스기야마 시로 박사와 영국의 포라드 박사이다.

일본의 스기야마 박삭의 방법은 쉐틀스 박사의 방법에다 추가해서 아들을 낳고자 하는 경우 생체철, 인, 칼슘을 정제로 한 린칼정을 복용하기를 권하고 있다.

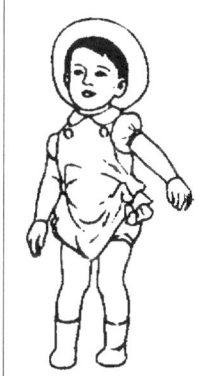

스기야마 박사의 주장에 의하면, 쉐틀스 박사의 아홉 가지 실천 사항을 지키면서 린칼정을 복용하는 경우, 아들을 낳을 확률이 훨씬 높아진다고 한다. 곧 쉐틀스 박사의 아들을 낳는 방법은 90%의 확률로 알려져 있지만 스기야마 박사는 5%를 더 높여서 95%의 확률을 장담하고 있다.

그런가 하면, 영국의 포라드 박사는 아들·딸을 가려 낳기를 원할 때, 자신이 개발한 〈초이스〉라는 젤리를 사용하라고 권한다. 스기야마 박사와 포라드 박사의 연구도 임상실험을 거쳐서 의학적으로 인정된 방법이다. 더 자세한 내용은 뒤에 설명하기로 한다.

쉐틀스 박사의 방법은 1972년에 출간된 책에서는 처음에 다음의 다섯 가지로 되어 있다.

① 월경이 끝난 날부터 부부관계를 금하고 있다가 배란일 당일에 성교를 한다.

② 부부관계를 갖는 15분 전에 질 안을 중탄산소다수로 씻는다.

③ 성교체위에 있어서 남편은 아내에게 깊이 삽입한 상태에서 사정을 한다.

④ 아내는 남편이 사정을 하기 전에 강한 오르가슴을 느끼는 것이 좋다.

⑤ 사전에 금욕을 해서 Y정자의 숫자를 증가시켜 둔다.

쉐틀스 박사는 당시 이 다섯 가지 실천 사항대로 한다면 아들을 낳을 수 있다는 확률은 약 80%라고 했다.

쉐틀스 박사는 그 뒤 연구를 계속하고 많은 임상연구를 거듭한 끝에 최근에는 아들을 낳기 위한 실천 사항을 아홉 가지로 늘렸다. 그래서 그 아홉 가지를 충실히 실행하면 아들을 낳을 수 있는 확률은 90% 이상이라고 말하였다.

다음에서는 쉐틀스 박사가 주장하고 있는 아홉가지의 새로운 방법에 관해서는 더 자세히 알아보기로 한다.

● **쉐틀스 박사의 아들 낳는 방법**

① 월경이 끝난날부터 부부관계를 금하고 있다
   가 배란 당일에 성교한다.
② 부부관계를 갖는 15분 전에 질을 중탄산소다
   수로 씻는다.
③ 성교 체위에 있어서 남편은 아내에게 깊이
   삽입한 상태에서 사정한다.
④ 아내는 남편이 사정하기 전에 강한 오르가슴
   을 느끼도록 한다.
⑤ 금욕을 해서 Y정자수를 증가시켜 놓는다.

아들을 낳기 위해 지켜야 할 아홉가지 사항

1. 월경이 시작되면서 배란일까지는 금욕을 하다가 반드시 배란일
   에 부부관계를 한다.

아들을 낳기 위해서는 배란일을 정확히 알아 두어서 배란하는 당일에 부부관계를 갖는 것이 기본 조건이 된다.

그리고 그에 앞서서 여성의 배란 주기가 시작되거든 배란일에 부부가 성교를 할 때까지 성교를 하지 말고 금욕해야 한다. 이것은 가능한한 딸이 임신되는 기회를 봉쇄하고 또 남편의 정자수를 최대한으로 증가시키기 위한 방편이다. 쉐틀스 박사가 연구한 바에 의하면 남편이 사정할 때 정자의 숫자가 많을수록 아들이 태어날 가능성이 많다고한다.

금욕생활을 하던 부부가 배란 당일에 성교를 하고 나서는 그 다음 3일 이상을 또 성관계를 해서는 안 된다. 그 이유에 관해서는 뒤에 설명하게 될 스기야마 박사의 '아들을 낳는 법'에서는 설명하기로 한다.

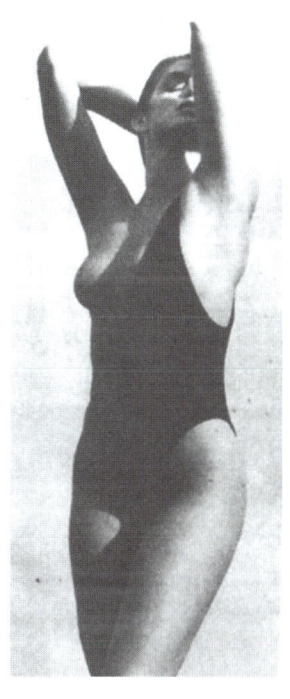

● **월경 후부터 금욕하다가 배란일 당일에 부부관계를 갖는다.**

월경이 멎은 날 부터 배란일 까지는 7~10일이므로 금욕을 하면 남자가 되는 Y정자가 수정할 확률이 높아진다. 그리고 XY정자의 생태로 보아 배란에서 가장 가까운 시간에 사정이 되어야 Y정자의 수정확률이 결정적으로 높아진다.

2. 경구피임약이나 루프를 사용해 왔던 여성의 경우에는 그런 피임법을 중지하고 몇 달 동안 상태를 살펴본 다음에 임신하도록 한다.

경구피임약을 늘 사용해 왔던 여성의 경우에는 약을 복용을 중단하고 4~6개월 동안은 임신을 피해야 한다. 경구피임을 복용하던 여성은 그것을 중단하고 곧바로 임신하거나 두, 세달 안에 임신을 하게 되면 그렇지 않은 여성을 비해서 유산을 한다든지 그밖에 임신 합병증을 일으키는 예가 많다.

그리고 또한 몸이 정상적인 상태로 되돌아가는 데도 시일이 많이 걸린다. 이 기간 동안에는 여성의 월경주기가 정상으로 회복된 것이 분명해질 때까지 기초체온표를 꼬박꼬박 기록해 두어야 한다.

한편, 자궁내 피임기구인 루프를 사용했던 여성의 경우에는 그것이 월경주기에 영향을 미치는 일이 없다. 그렇지만 오래도록 루프를 착용함으로써 그 부위에 자국을 남겨 여성의 수태에 한동안 지장을 주게 된다. 그러므로 루프를 빼낸 다음 2, 3개월쯤 지나서 임신한 것은 바람직하다.

● **19세기 후반 아프리카, 원주민 출산 광경**

3. 남편은 몸에 착 달라붙는 옷을 입거나 서포터를 하지 않는다.

만일 부부가 아들을 낳고자 한다면, 남편은 몸에 꽉 끼인 팬티나 청바지 따위를 입어서는 안 된다. 특히 승마복을 입는다든지 운동 선수가 국부에 착용하는 서포터 같은 것을 하지 않도록 한다.

그 까닭은 남성의 국부에 압력을 준다든지 공기가 잘 통하지 않는 옷을 입고 있으면 정자수가 눈에 띄게 줄어든다는 사실이 밝혀져 있기 때문이다. 남성의 정자수가 줄어들면 딸을 낳을 가능성이 많아진다. 그리고 또 그와 같은 옷을 입는 버릇이 있는 남성은 심한 경우 불

입증이 되는 예도 있다고 하므로 유의하는 것이 좋겠다.

그 까닭은 몸에 착 달라붙는 옷차림을 하고 있으면 몸의 열이 발산되는 것을 막아서 체온이 올라가게 된다. 그로 인해서 남성의 정자는 생명력을 잃게 되는데, 이 경우 아들이 되는 Y정자가 대부분 먼저 죽어 버린다.

이와 같은 현상을 이용하려는 연구도 현재 진행되고 있다. 미국의 미주리 대학 의학연구팀은 남성의 고환에 여러 가지로 열을 가함으로써 피임을 시키는 방법을 개발중에 있다고 한다. 그런가 하면 반대로 헐렁한 옷을 입게 해서 남성의 불임증을 치료하려는 연구자들이 있다는 사실을 참고로 적어 둔다.

정자의 숫자가 아주 적어 임신이 되지 않는 남성이 냉수욕을 자주하고 고환을 얼음조각이 담긴 그릇에 담그는 방법으로 정자수를 늘린 예가 있다.

아들을 낳기 원하는 남성이 고환의 온도를 내려가게 하기 위해 얼음을 사용하는 것은 지나친 방법이라고 하겠으나 몸에 밀착되는 바지, 팬티, 서포터는 착용하지 않는 것이 좋다.

그런데 아들을 낳기를 원하지만 남편 쪽에서 불가항력적인 조건을 가지고 있는 경우가 있다는 점도 알아 두면 참고가 된다. 즉 아주 소수이기는 하지만, 남편 쪽에서 한 가지 정자 쪽을 많이 생산하는 경우이다. 예를 들면서 남편의 형제들이 모두 딸만 두고 있는 예를 더러

정자의 숫자가 아주 적어 임신이 되지 않는 남성이 냉수욕을 자주하고 고환을 얼음조각이 담긴 그릇에 담그는 방법으로 정자수를 늘린 예가 있다.

보게 된다. 그런 경우, 어떤 유전적인 요인이 작용했다고 볼 수도 있을 것이다. 그렇기는 하지만 남편의 형제들이 딸만 두고 있다고 해서 미리 실망할 필요는 없다. 여기서 설명하는 아들을 낳는 방법을 정확하게 실천만 한다면 아들을 낳게 하는 Y정자가 비록 숫자상으로 열세라 할지라도 Y정자를 유리하게 해 주는 환경을 만들어 주면 상황을 역전시킬수도 있기 때문이다.

4. 배란일에 부부관계를 하기 15~30분 전에 남편은 진한 커피를 마신다.

쉐틀스 박사는, 배란일에 부부가 성교를 하기 15~30분 전에 진한 커피를 2잔쯤 마시라고 남편에게 권하고 있다. 남편이 커피를 마시면 아들이 되는 Y정자의 속도와 끈기가 증가된다고 한다. 커피 속에 함유되어 있는 카페인이 정자에 대해 자극하는 효과가 있다는 사실은 많은 연구자들이 논문으로 발표하고 있는 바이다. 카페인은 Y정자와 X정자 두 종류에 모두 효과가 있지만, 특히 Y정자에서는 유리하게 만들어 준다고 쉐틀스 박사는 확신하고 있다.

또 어떤 의사들은 남성의 정자가 활력이 부족한 데 기인하는 남성

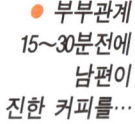

● 부부관계
15~30분전에
남편이
진한 커피를…

카페인은 Y정자와
X정자 모두에 효과가 있지만
특히 Y정자를
유리하게 만든다

불임증인 경우에는 성교하기 직전에 아내의 질 속을 커피로 씻어내면 효과가 있다고 주장한다. 그 이유는 역시 질 안에 남아 있는 카페인이 정자에 활력을 주기 때문이라고 한다.

쉐틀스 박사는 여성의 질을 커피로 씻으면 정자에 활력을 준다는 보고에 접한 뒤, 남성이 성교를 하기 전에 커피를 마신면 아들을 낳는 데 있어 보다 좋은 결과를 가져온다는 사실을 발견하기에 이르렀다. 정상적인 수정 능력을 지닌 남성이라면 카페인에 의해 Y정자가 더욱 활기를 얻게 된다는 점에 유의할 필요가 있다.

그렇지만 커피를 싫어한다든지 체질적으로 맞지 않는 사람도 있을 것이다. 다만 커피가 그런 작용을 하고 있으며 마시는 경우 효과도 입증되고 있다는 점을 참고하면 좋을 것이다.

5. 소량의 요화칼륨은 효과가 있다.

쉐틀스 박사와 다른 연구자들은 요화칼륨이 여성의 자궁경관 점액의 성질을 바꿔 넣는 힘을 지니고 있다는 사실을 알아냈다. 또 정자의 이동을 방해하는 힘을 약화시키는 작용이 있다는 점도 발견했다.

쉐클스 박사는 1976년 5월 〈약물 치료 저널〉지에 발표한 논문에서, 자궁경관 점액이 지나치게 강한 산성이어서 모든 정자를 죽이거나 마비시키는 원인 때문에 불임증이었던 몇 명의 여성이 의사의 지도 아래 요화칼륨을 5일 동안 복용한 뒤 임신하는 데 성공했다고 보고했다.

그렇지만 이 요화칼륨의 복용에 대해서는 반대하는 의사들도 있다.

그 까닭은 요화칼륨을 잘못 사용하는 경우 위험할 뿐더러 안전한 소다수로 씻으면 그와 같은 효과를 기대할 수 있기 때문이다.

6. 균형잡힌 식사를 하고, 특히 알칼리성 식품을 많이 먹는다.

아들을 낳기 위해서는 어떤 음식을 먹는 것이 좋은가 하는 문제에 대해 많은 사람들은 관심을 가지고 있다.

모든 영양을 골고루 섭취하는 균형잡힌 식사를 하는 것이 건강에 좋다는 것은 누구나 알고 있는 상식이다. 하지만, 우리가 먹는 음식이 몸의 미묘한 작용에 있어 중요한 영양을 끼치고 있는 것만은 틀림이 없다.

아들을 낳고자 하는 남성은 산성 식품보다는 알칼리성 식품이 좋다는 통계가 나와 있다.

쉐틀스 박사는 여성의 질을 커피로 씻으면 정자에 활력을 준다는 보고에 접한 뒤, 남성이 성교하기 전에 커피를 마시면 아들을 낳는 데 있어 보다 좋은 결과를 가져온다는 사실을 발견하기에 이르렀다.

또 센물(칼슘염, 마그네슘염 등 광물질이 많이 들어있는 경수)을 마시고 있는 부부가 칼슘이나 마그네슘을 포함하지 않는 연수를 마시고 있는 부부보다 더 많은 아들을 낳았다고 하는 보고도 있다. 경수의 성분은 알카리성이 강하다는 점에서 수긍이 간다.

쉐틀스 박사는 평소의 음식물 섭취에서도 알칼리성 식품을 많이 먹도록 하는 것이 좋은 것은 우리의 위가 다량의 산에 대해서 견디기 어렵다는 점에서도 그렇다고 설명한다.

하지만, 일본의 스기야마 박사의 방법에서는 이 실천 사항을 매우 중요하게 여기고 있다.

7. 부부관계를 하기 직전에 중탄산소다수로 여성의 질을 씻는다.

아들이 되는 Y정자가 알칼리성 환경에서 더 활발하게 움직이기 때문에 질 안을 알칼리성으로 해 주면 아들을 낳는 데 도움이 된다.

그 방법은 다음과 같이 하면 된다.

배란일에 성교를 하기 15분전 쯤에 두 스푼 정도의 소다를 900cc분량의 미지근한 물에 탄다. 15분쯤 전에 미리 타는 것은 소다가 물에

질세척 방법

질 세척 때의 네 가지 자세

아들을 원하는 소다 두 스푼을 물에 타서 잘 흔들어 15분 뒤에 사용

딸을 원할때는 식초 큰 스푼 둘을 타서 잘 흔들어 즉시 사용

약간 따뜻한물 1ℓ

완전히 풀어지게 하기 위해서이다. 소다가 완전히 풀어지면 성교를 하기 전에 그 물로 질 안을 씻는다.

이와 같은 소다수 세척법은 이미 몇 십 년 동안이나 실시되고 있지만 아직까지 나쁜 영향은 전혀 없는 것으로 알려지고 있다.

8. 남성이 성기를 깊이 삽입한 상태에서 사정을 한다. 그 때의 체위는 배위가 가장 알맞다.

배란일이 되면 자궁경관과 자궁에서는 알칼리성의 분비액이 많아진다. 또한 여성이 오르가슴에 도달한 때에도 알칼리성인 분비액을 많이 배출한다. 그러므로 아들을 원하는 경우, Y정자의 활동을 왕성하게 하기 위해서는 알칼리성 분비액이 증가한 자궁 입구에 직접 남성의 정액을 사정하는 것이 바람직하다.

그러기 위한 성교 체위는 배위로 해서 질 안에 성기를 삽입하는 것이 이상적이다. 이 체위는 남성의 성기가 자궁 입구에 정자를 떨어뜨리는데 가장 알맞다.

여성이 오르가슴에 도달할 때에도 알칼리성인 분비액을 많이 배출한다. 그러므로 아들을 원하는 경우, Y정자의 활동을 왕성하게 하기 위해서는 알칼리성 분비액이 증가한 자궁 입구에 직접 남성의 정액을 사정하는 것이 바람직하다.

이미 질 안을 소다수로 씻어 두기는 했지만 만일의 경우에 대비해서 남경을 깊이 삽입해서 자궁 입구에 직접 정자를 주입해 주는 것이 아들을 낳는 방법에 있어 하나의 요건이 된다.

● **아내는 되도록 강한 오르가슴을 느끼는 것이 좋다.**

여자가 오르가슴을 느끼면 자궁경관내부에서 알칼리성 분비액이 넘쳐나온다. 이 분비액은 중조수로 세척한 질속의 것보다 훨씬 강한 알칼리성이므로 남아가 되는 Y정자에게는 상당히 좋은 환경을 제공해 준다. 따라서 여자가 2회이상 오르가슴에 도달한 뒤 사정하면 남자를 낳을 확률이 높다.

9. 아내쪽에서는 오르가슴을 느끼도록 한다.

오르가슴을 경험한 일이 있는 여성이라면 부부관계에 있어 남편이 사정하기 전 또는 최소한 남편과 동시에 오르가슴에 도달하는 것이 바람직하다. 그렇게 하면 알카리성 분비액이 많아질 뿐만 아니라 오르가슴에 의한 수축으로 남편의 정자를 자궁경관의 깊숙한 곳으로 옮겨가는데 도움이 된다.

여성의 오르가슴은 여러 번 느끼면 효과는 더욱 커진다. 남성의 성기는 수축되어 다음번 흥분이 시작될 때까지 상당한 시간이 걸리게 마련이다. 그러나 여성의 경우는 다르다. 여성은 한 번 오르가슴에 도달하고 나서 이완되기는 하지만 그 과정이 서서히 진행되며 그 중간에 자극이 다시 가해지면 곧장 반응한다. 자극이 계속되면 여성은 또 다시 오르가슴에 도달하고 자극이 계속되는 한 두번, 세번 계속해서 오르가슴을 느끼는 것이 여성의 특징이다.

오르가슴에 의해서 여성의 질 내부에 일어나는 변화에 대해서는 여러 가지 자료가 있는데 일본의 시오미 껜이라는 사람이 쓴 〈아기를 가려 낳을 수 있다〉라는 책에 실려 있는 내용을 소개하기로 한다.

시오미씨는 일본 효고껜의 고등학교 생물 교사였는데 그는 축산학을 전공한 사람으로서 처음에는 가축의 번식에 관해 관심이 많았다. 축산의 경우에는 가축의 수컷이 많이 생산되느냐 암컷이 많이 생산되느냐에 따라 사업의 성패가 달려 있기 때문에 당연한 일이었다.

그런데 가축의 암수 가려 낳기 연구에서 그의 관심은 인간으로 옮겨져서 1966년에는 책을 내기에 이르렀다. 그 책에서는 성교 때의 질내산성도와 X정자, Y정자와의 관계를 서술하고 있으므로 그 역시 일본에서의 아들·딸 가려 낳는 방법을 연구한 선구자의 한 사람으로 손꼽을 수 있다.

시오미씨는 오르가슴과 질 안의 산성도의 변화에 관해 다음과 같이 설명하고 있다.

① 평상시의 질내 산성도는 pH4.0~5.6이다.

② 성교 때에 전희를 시작하면 질내 산성도는 차차 알칼리성으로 기울게 된다.

③ 여성의 첫번째 오르가슴 때에 질내는 pH6.4로서 아직도 산성의 범위 안에 있다.

④ 남성은 사정을 보류하고 여성이 다시 흥분하기를 기다린다. 얼마 뒤 두번째 오르가슴이 여성 쪽에 일어난다. 그 때에 질내의 상태는 pH7.2또는 pH7.0정도에 이른다. 중성이므로 질내의 산성도는 알칼리성으로 변하고 있음을 말해 준다.

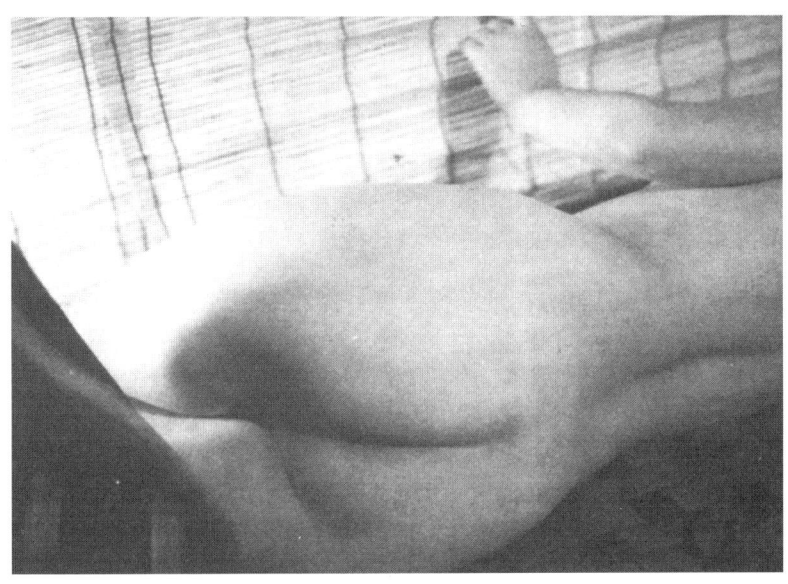

⑤ 그런 다음에 남성이 사정을 한다. 정액은 원래 알카리성이어서 pH8.4~8.8이다. 사정한 직후의 질내는 pH8.4가 되었다고 그 뒤 질내는 급속하게 산성으로 되돌아간다.

위에서 살펴본 데이터를 바탕으로 해서 그는 다음과 같은 결론에 도달하였다.

- 아내가 두 번의 오르가슴을 경험할 때에 남편이 보로소 사정을 하면 90%의 확률로 아들을 수태한다. 우리들의 관심은 쉐틀스 박사가 말하는 '중탄산소다로 질내를 씻는다'는 조건은 붙어 있지 않지만, 오르가슴이 필요한 환경을 만들어 주는가 하는 데 있다. 더욱이 질내의 산도나 정액의 산도는 사람에 따라 상당한 개인차가 있다.

다무라 이토노, 다무라 고이치 두 사람이 쓴 〈다무라식 사내아이를 낳는 법〉이라는 책 속에서도 다음과 같은 내용이 실려 있다. 아들을 낳지 못한다고 하소연하는 여성의 질내를 리트머스시험지로 측정해 본 결과 여느 사람보다도 훨씬 강한 산성을 나타냈다고 한다. 오르가슴으로 자궁경관에서 알칼리성 분비물이 많이 나오더라도 여성의 질내가 강한 산성을 지닌 경우에는 좀처럼 질 안이 알카리성으로 변하지 않는다. 또 변한다고 하더라도 시간이 많이 걸린다.

아들·딸 마음대로 낳을 수 있다

5

스기야마 박사에 의한
아들 낳는 방법

가려낳기의 확률을 더욱 높인 SS클럽 연구

스기야마 박사는 일본의과대학 부속병원의 산부인과 과장을 역임한 사람으로서
현재는 산부인과 병원을 개업하고 있다. 그는 일본에의 아들 · 딸 가려 낳기를 위한 연구 모임인
'SS클럽'을 이끌어 오면서 연구를 해 오고 있는 중진 의사이다.

95%의 확률을 장담하는 스기야마 박사의 방법

앞에서 쉐틀스 박사가 발표한 아들을 낳는 방법에 관해서 알아보았
다. 그것은 어디까지나 쉐틀스 박사의 독자적인 방법이다.

그런데 일본의 스기야마 박사는 쉐틀스 박사의 방법을 근거로 해서
연구를 거듭한 끝에 성공률을 95%로 높일 수 있다고 주장한다.

스기야마 박사는 일본의과대학 부속병원의 산부인과 과정을 역임한
사람으로서 현재는 산부인과 병원을 개업하고 있다. 그는 일본에의 아
들 · 딸 가려 낳기를 위한 연구 모임인 'SS클럽'을 이끌어 오면서 연
구를 해 오고 있는 중진 의사이다. 'SS란', Sex Selection의 약칭이다.

그는 혼자 힘으로는 이 연구가 불가능하다는 것을 깨닫고 동참하는
사람을 모았다. 일본의 산부인과 의사로서 아들 · 딸 가려 낳기에 관심
을 가지고 공동 연구에 참여하고 있는 SS회원은 643명에 이르고 있다.

회원들은 해마다 열리는 SS세미나에 참석해서 최신 정보를 교환하
며 연구를 해 오고 있다.

스기야마 박사는 쉐틀스 박사와 포라드 박사 세 사람의 좌담회에서
다음과 같이 말하고 있다.

"딸을 한두 명 낳은 부인에게는 그것이 하나님의 뜻으로 알고 체념
하도록 권고했지만, 열 명의 딸을 낳고도 아들을 꼭 하나 낳고자 하는
처참할 정도의 집념을 가진 부인을 보고 이래서는 안 되겠다고 생각
해서 아들 · 딸 가려 낳는 연구에 뛰어들었습니다."

일본인들의 아들 선호 사상을 하루 아침에 바로잡지 못할 바에는 그런 사람들로 해서 엄청나게 늘어나는 인구를 억제하기 위해서도 아들·딸 가려 낳기에 대한 연구는 반드시 계속되어야 한다는 주장이다.

그리고 자의든 타의든간에 아들을 낳을 때까지 계속되는 출산을 강요당하고 있는 여성들은 그 비참한 현실에서 해방시켜 주어야 하겠다고 그는 생각했다.

스기야마 박사는 먼저 그 분야의 여러가지 연구 보고 및 문헌을 모으기 시작했다. 그 가운데서도 미국의 쉐틀스 박사의 논문과 연구 보고에 공명을 했다. 그리하여 미국으로 직접 쉐틀스 박사를 찾아가서 보다 자세한 연구 내용을 문의했다.

쉐틀스 박사의 연구 성과를 도입해서 그것으 바탕으로 연구에 몰두하는 한편, 일본 국내의 연구 자료도 조사해 봤다. 그러다가 우연히 오카사의 산부인과 의사인 이데 다쯔오박사의 연구를 알게 되었다.

이데 다쯔오 박사의 보고에 의하면, 생체철, 인, 칼슘 복합정제를 부인들에게 복용시켰던 바 사내아이의 출산율이 90.4%나 되었다는 것이다.

스기야마 박사는 그 복합 정제에 대해서도 연구를 했다. 그래서 쉐틀스 박사의 연구에다 생체철, 인, 칼슘 복합정제의 연구와 식이요법에 관한 연구를 보태어서 '스기야마 법'을 발표하게 되었다.

그 '스기야마 법'을 제대로 실천하면 아들을 낳을 확률이 95%라고 하니 쉐틀스 박사의 방법보다 더 높은 성공률이라 하겠다.

● **배란일 10일전부터 아내는 알칼리성, 남편은 산성식사를 하는 것이 좋다.**

남자의 체액이 산성화하면 남자가 되는 Y정자의 수가 증식되고 여자는 알칼리성 분비액이 많아진다. 아들을 낳고 싶을 때는 배란일 10일 전부터 배란일 부부관계 직전까지만 이런 식사 관리를 하면 된다.

스기야마 박사는 1979년 3월에 아들·딸을 가려 낳는 방법을 해설한 〈남자와 여자는 가려 낳을 수 있다〉라는 책을 출판해서 베스트셀러가 되면서 일본 독자들을 놀라게 했다. 다음에 그 책의 내용을 간추려서 소개한다.

배란일 2일 전에 마지막 부부관계를 한다

딸을 낳으려면 월경이 끝난 날부터 하루 건너씩 부부관계를 하다가 배란 예정일 전전날 마지막 관계를 하고 금욕한다. 남자가 되는 Y정자는 배란일까지의 2일동안에 둔화되고 X정자만이 왕성한 상태로 배란을 기다렸다가 수정하게 되기 때문에 배란일 2일 전에 성교를 하고 금욕해야 한다.

부부관계의 날짜를 서택한다

여성의 질 속의 pH가 가장 높아지는 시기는 배란일이라고 한다. 그 당일에는 자궁경관에서 강한 알칼리성 점액이 분비되어서 질 속의 pH를 높이기 때문이다.

그런 까닭으로 해서 성교하는 날을 선택함으로써 아들·딸 가려 낳기를 시도해 볼 수 있다고 쉐틀스 박사가 설명해준 적이 있다. 그것을 요약하면 다음과 같다.

- 배란이 있는 당일 또는 그 후에 성교를 하면 남자 아이가 태어나기 쉽다.
- 배란일 2~3일 전에는 자궁경관으로부터 알칼리성 점액이 아직 분비되지 않아서 질 속은 산성을 그대로 유지하고 있다. 그런 상

태에서는 X정자가 Y정자보다 저항력이 강하기 때문에 수란관까지 헤엄쳐 가는 것은 Y정자보다 X정자 쪽이 보다 많은데 그 이유가 있다.

수란관에 도달한 X정자는 거기에 2~3일 동안 머무르면서 난소에 배출되는 난자를 기다린다는 사실도 연구에 의해 밝혀졌다.

쉐틀스 박사는 이 가설을 확인하기 위해 그런 사실을 모르면서도 결과적으로는 아들·딸 가려 낳기를 실행하고 있는 예는 없을까 하고 조사를 해 보았다. 그 결과 다음과 같은 사례를 찾아냈다고 한다.

그 하나는 세계의 여러 민족 중에서도 유태인의 경우에는 여성보다 남성의 비율이 더 많다는 사실이었다. 쉐틀스 박사는 그 까닭을 〈탈무드〉의 가르침에서 알아냈다. 〈탈무드〉는 서기 4~5세기 무렵에 집대성된 유태교의 율법책이다. 그 〈탈무드〉에는 다음과 같은 항목이 들어 있다.

-아내가 월경을 끝낸 뒤 1주일 동안에는 부부관계를 가져서는 안된다.

이것을 오늘날의 기초체온표에 적용시켜 생각해 보면, 부부가 다시 성교를 해도 되는 시기는 바로 배란이 있는 하루 전이나 당일에 해당된다. 그것이 마침 자궁경관에서 강한 알카리성 점액이 분비도는 시기와 맞아떨어지고 있다.

유태인의 경우, 신앙심이 두터우면 두터울수록 율법을 충실하게 지키기 때문에 사내아기가 태어나기 쉬운 시기에 맞춰 부부관계를 하는 습관이 몸에 배어 있다고 말할 수 있다. 〈탈무드〉는 또 다음과 같이 가르치고 있다.

● **탈무드에 의한 아들·딸 가려 낳는 법**

세계의 여러 민족 가운데서도 유태인의 경우에 여성보다 남성의 비율이 더 많은 것은 〈탈무드〉의 가르침이 오늘날의 과학적인 아들·딸 가려 낳기 이론과 맞아떨어지기 때문이다.

● 아들을 낳기 위해서는 일주일 동안의 금침으로 Y정자를 증가시켜 놓는다

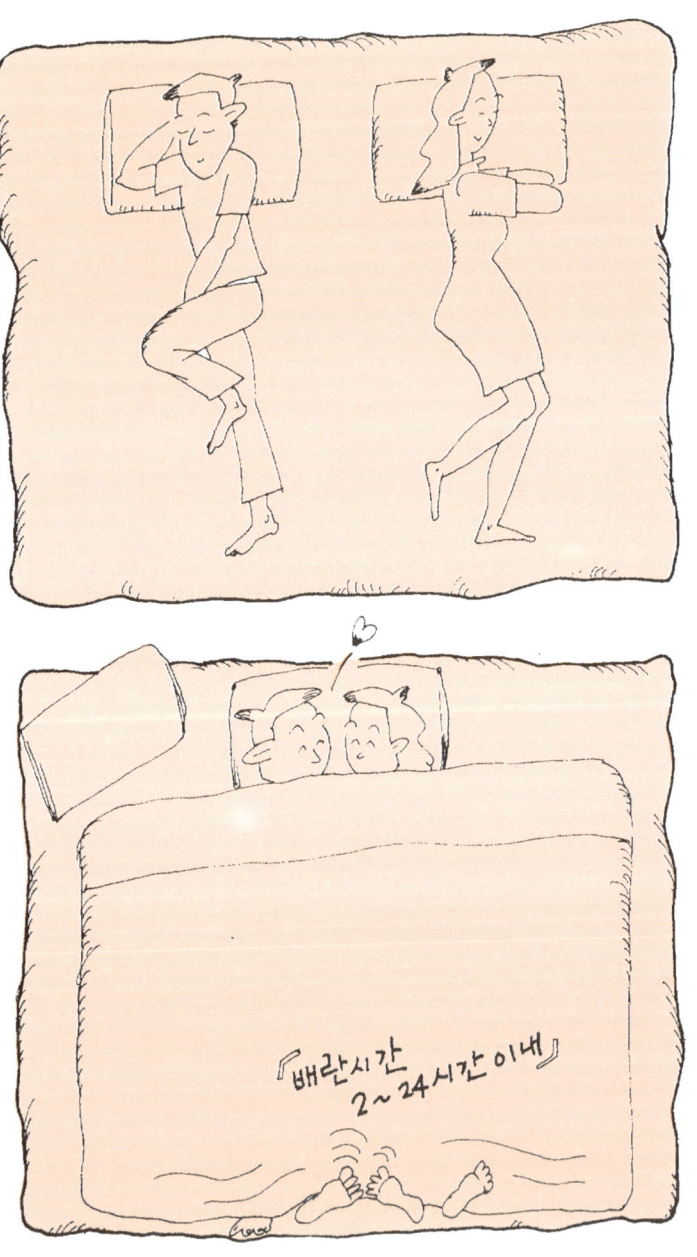

● 부부관계 타이밍은 과학적인 아들 낳기에 높은 확률을 나타내고 있다.

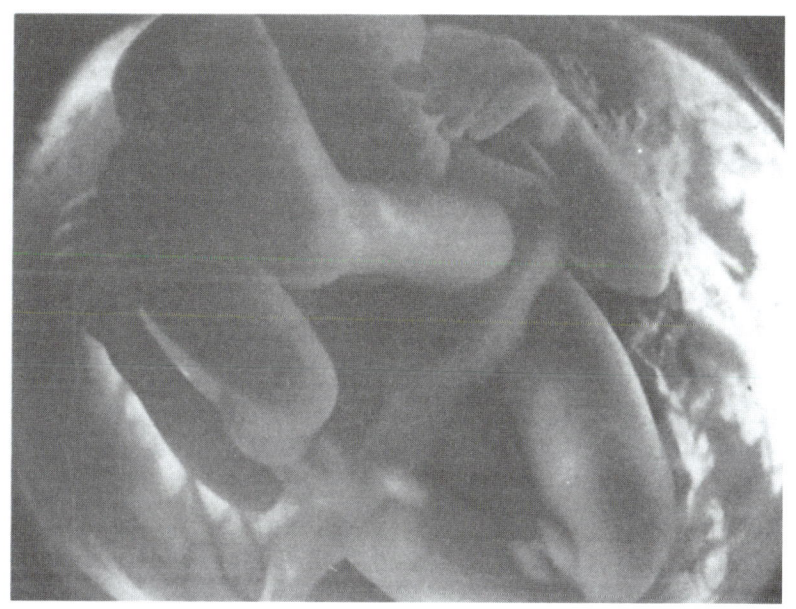

● 양막 안에 있는
임신 5개월째의 태아.
초단파 초점거리의
초확대경 렌즈로
찍은 사진

　-남녀의 성별은 남자와 여자가 한 몸이 되는 순간에 결정된다. 여성
이 남성보다 먼저 애액을 사출하면 태어나는 아기는 사내아이다. 그렇
지 않는 경우 여자아이가 태어난다.

　여성이 남성보다 먼저 애액을 사출한다는 뜻은 아내가 남편보다 먼
저 오르가슴에 도달한다는 것을 말한다. 곧 그 때 자궁경관에서 강한
알칼리성 점액이 나와 Y정자에게는 안성맞춤의 환경이 만들어진다.
반대로 아내가 오르가슴을 느끼기 전에 사정을 하게 되면 질 속은 아
직도 산성이 강하기 때문에 X정자에서 유리한 환경이다.

　신앙심이 두터운 유태인은 성교의 타이밍에 있어 과학적인 아들·
딸을 가려 낳기의 이론을 체험적으로 터득하고 있다는 점은 놀라운
일이다.

　쉐틀스 박사는 이와 같은 흥미로운 얘기를 몇 가지 스기야마 박사
에게 들려 주었다.

아들을 낳기위한 여섯가지 실천 사항

　쉐틀스 박사는 당초에서 식사법에 대해서는 그다지 중요하게 여기
지 않았다. 그러나 두 번째에 낸 책에서는 식사법을 실천사항으로 채
택하고 있다.

스기야마 박사의 아들·딸 가려 낳기 방법에 있어서는 처음부터 이 식사법에 비중을 두었다. 그리고 쉐틀스 박사의 아홉 가지 방법 중에서 번거로움을 피하기 위해 꼭 필요한 것만 네 가지를 권하면서 아울러 생체철, 인, 칼슘, 복합정제(린칼정-마이칼정)를 복용하도록 강조하고 있다.

스기야마 박사가 권하는 아들을 낳기 위한 아홉 가지의 실천사항은 다음과 같다.

① 아내 쪽에서는 린칼정을 하루 15알씩 석 달 이상 복용한 뒤에 임신을 한다.

② 배란일의 10일 전부터 아내는 알카리성 식사를 하고, 남편은 산성 식사를 한다.

③ 월경이 끝난 다음부터 계속 금욕을 하다가 배란일 당일에 부부관계를 갖는다.

④ 부부관계를 하기 직전에 아내의 질 안을 중탄산소다수로 씻는다.

⑤ 남편은 깊이 삽입한 상태에서 사정을 한다. 그리고 체위는 되도록 배위를 취한다.

⑥ 아내는 되도록 오르가슴을 느끼는 것이 바람직하다.

이 실천 방법 가운데 ③에서 ⑥까지는 쉐틀스 박사의 이론에 근거를 두고 있다.

이제 이 여섯 가지 실천사항에 대해서 자세하게 설명하기로 한다.

월경이 끝난 뒤부터 금욕하다가 배란일 당일에 관계를 갖는다.

아들을 낳기 위해서는 반드시 배란이 가까운 때에 부부관계를 갖는 것이 원칙이다. 더 정확하게 말한다면 배란의 순간이 가장 가까운 때에 성교를 할수록 아들을 낳을 적중률이 높다고 할 수 있다. 그리고 배란 직후보다는 배란 직전 쪽이 성공률은 높다.

소피아 클리그맨 여사는 미국의 불임증 연구의 대가로 알려져 있다.

클리그맨 여사도 역시 '성교 시간과 배란 시간가 가까울수록 아들이 태어나는 비율이 높다'고 말하고 있다. 소피아 클리그맨 여사는 자연스럽게 임신한 여성들의 성교시간과 배란 시간의 관계에 대해 조사한 결과 다음과 같은 확률을 그녀의 저서에서 발표했다.

① 배란 전 2~24시간 사이에 성교를 해서 임신한 여성 75명 중에서 58명은 사내 아이를, 17명은 여자아이를 출산했다. 사내아이가 태

어난 비율은 77.6%이다.

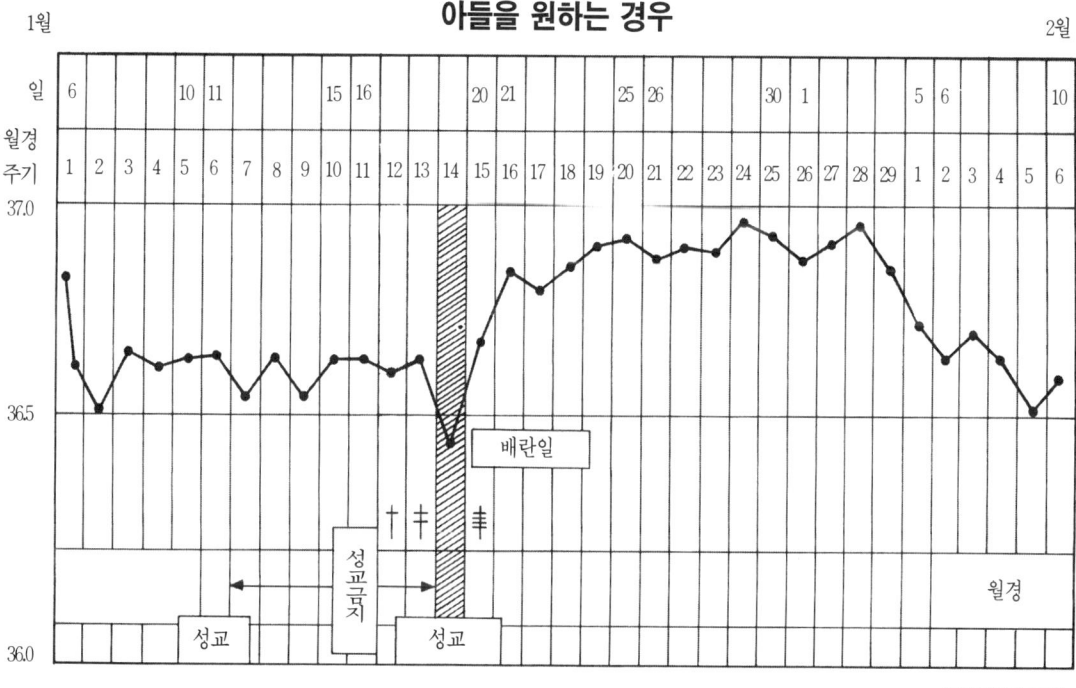

(기초체온의 이용)

② 배란하기 36시간 이전에 성교를 해서 임신한 42명의 부인 중에서 12명은 사내 아이를, 30명은 여자아이를 출산했다. 이 경우에는 여자 아이의 출산율이 높다.

③ 배란이 있었던 2~8시간 뒤에 성교를 해서 임신한 82명의 부인들은 모두 여자아이를 낳았다.

1966년 소피아 클리그맨 여사가 출간한 〈의사에게 있어서 섹스 계획이 가능한가〉라는 책에서 보면, 배란 전 24시간 이내의 성교가 아들을 낳는 데 큰 비중을 차지한다는 사실을 보여 주고 있다.

그런데 배란일까지 금욕을 하다가 배란일 당일에 부부관계를 하면 어째서 사내 아이가 태어나는 확률이 높은 것일까? 정자가 생존하는 시간은 보통 48시간까지로 알려져 있다.

또 남자가 되는 Y정자는 여자가 되는 X정자에 비해서 산성에 약하기 때문에 일찍 죽는다. 그래서 질 안의 산성환경속에서 오래 살아있던 X정자는 늦게 배란된 난자와 결합해서 수정이 될 가능성이 크다. 그런 까닭으로 해서 사내 아이를 낳기를 바란다면 이와 같은 가능성을 피해서 금욕을 하다가 Y정자가 수정될 가능성이 많은 배란일에 성교를 하도록 해야 한다.

또 일주일쯤 금욕을 해서 그 동안 남자의 정자 생성이 왕성해야 할력을 지닌 Y정자가 배출된다. 게다가 이 힘이 있는 Y정자가 활동하는데 알맞는 알칼리성 환경이 조성되어 있기에 Y정자가 수정될 확률이 높다.

부부관계를 하기 15분 전에 중탄산소다수로 여성의 질 안을 씻는다

여성이 오르가슴을 느낄 때에 알카리성 분비액이 나온다는 것에 대해서는 앞에서도 설명한 바와 같다.

그렇기 때문에 쉐틀스 박사는 부부관계를 하기 15분전 쯤에 알카리성 용액으로 2~3분 동안 여성의 질 안을 씻는 것이 보다 확실한 방법이라고 권장하고 있다.

특히 과학이라는 분야에 있어 어떤 학자가 독창적인 학설을 세워서 발표했다고 해서 그것이 모두 그 사람만의 창안이라고 말할 수 없는 경우가 많다. 어떤 형태로든지 선인의 실험이라든지 이론을 이어받아

서 성립이 된다고 하겠다. 쉐틀스 박사의 아들·딸 가려 낳기에 있어서 중탄산소다수로 질 안을 씻는다는 부분도 마찬가지이다.

중탄산소다수로 여성의 질 안을 씻고 성교를 하면 아들이 태어난다는 이론도 그것을 가장 먼저 발견하고 실험을 했던 사람은 독일의 운

터베르카라는 사람이었다. 그 사실을 별견했던 당시는 독일 의과대학의 산부인과 교수였다.

운터베르카 교수는 그때 불임증 환자를 치료하면서 중탄산소다수로 질안을 씻는 방법을 이용하고 있었다. 다행스럽게도 임신이 되어 출산하는 아기는 사내아이가 압도적으로 많다는 점에 착안했다. 1930년 당시 운터베르카 교수의 중탄산소다수 세척 치료에 의해 태어난 아기는 53명이고, 1932년에는 74명이었는데 사내아이의 출생률이 압도적이었다고 한다.

그와 같은 임상 결과를 보고 자신을 얻게 된 운터베르카 교수는 다음과 같은 결론에 이르렀다.

– 질속을 약한 알카리성으로 하면 남자를 유전케 하는 Y정자가 활발하게 운동해서 난자와 수정하기 쉬운 환경이 되기 때문에 여자 아기가 태어난다. 반대로 질 안이 약한 산성인 경우에는 여자를 유전케 하는 X정자를 활발하게 활동하게 함으로써 그것이 난자와 수정하기 쉬운 환경이 되기 때문에 여자아기가 태어난다. 그러므로 사내아이를 원할 때에는 여성의 질 안을 알카리성으로 하면 된다. 그 방법에 있어서는 1리터의 물에 중탄산소다수를 작은 스푼으로 하나쯤 넣어서 그 용액으로 질 안을 잘 씻도록 한다.

운터베르카 교수의 이 설은 쉐틀스 박사의 이론과 똑같다. 운터베르카 교수가 이 이론을 내세웠던 1932년경에는 이미 Y정자와 X정자가 있어서 그 가운데 어느 쪽이 수정되느냐에 따라서 태아의 성이 결정된다는 가설이 널리 알려져 있었다. 하지만 그것은 어디까지나 가설에 불과했으며 운터베르크카 교수 자신은 Y정자와 X정자를 현미경으로 직접 보지는 못했다.

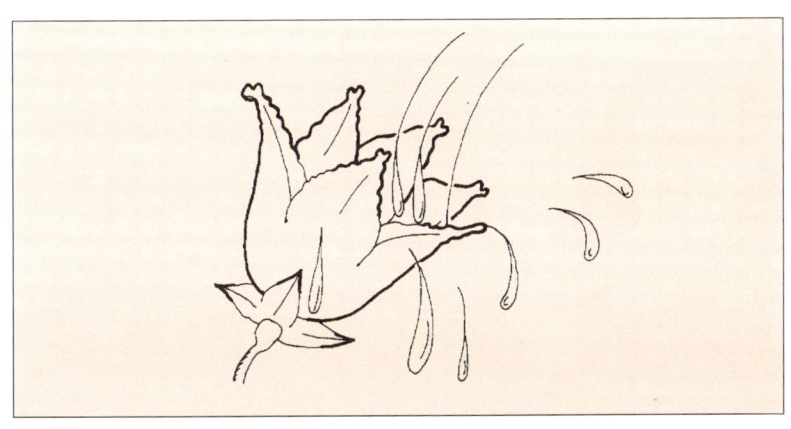

● 운터베르카 교수는 불임증 환자에게 중탄산소다수로 질 안을 씻는 방법을 권유하였다. 그 결과 임신되어 출산된 아기는 사내아이의 출생률이 압도적으로 많았다.

운터베르카 교수의 발표로 해서 당시 세상 사람들은 크게 놀랐다. 뒤따라 많은 학자들이 실제로 임상 실험을 해 보고 그의 이론이 맞는다는 것은 인정했다. 그래서 아들을 낳고 싶은 사람들이 약국에서 몰래 중탄산소다를 사용하는 것이 유행되었다.

그런데 이 운터베르카의 설은 그 뒤 순조롭게 발전하지 못했다. 그 까닭은 남·녀를 구별해서 출산하는 방법이 학문의 세계에 도입될 수 있는 분위기가 마련되지 못했기 때문이다.

이 운터베르카의 설은 그 뒤 30여 년이 지나서 쉐틀스 박사에 의해 다시금 빛을 보게 되었다. 그렇지만 쉐틀스 박사는 운터베르카의 설을 그대로 인용하지는 않았다.

운터베르카의 설이 나왔던 그 당시는 질 안을 알칼리성으로 만들어서 부부관계를 하면 좋다는 단 한가지 사실뿐이다. 그것은 오늘날의 수준에서 말한다면 다양한 과학적인 고찰이 모자란다고 말할 수 있다. 그래서 쉐틀스 박사님의 남·녀를 구별해서 출산하는 과학은 운터베르카의 설 중에서 과학적인 측면만을 흡수한 것이다.

배란일에 여성이 질 안을 중탄산소다수로 씻고 남성이 깊이 사정을 하는데, 아내가 강한 오르가슴을 느낀 뒤에 사정을 하면 사내아이가 수태될 확률이 더 높아진다. 그리고 가능하면 아내의 오르가슴이 두번쯤 지난 다음에 사정을 하면 가장 이상적이다. 그 이유는 사내아이가 되는 Y정자가 활동하기에 좋은 알칼리성 분비액이 여자가 오르가슴에 도달하면 대량으로 분비되기 때문이다.

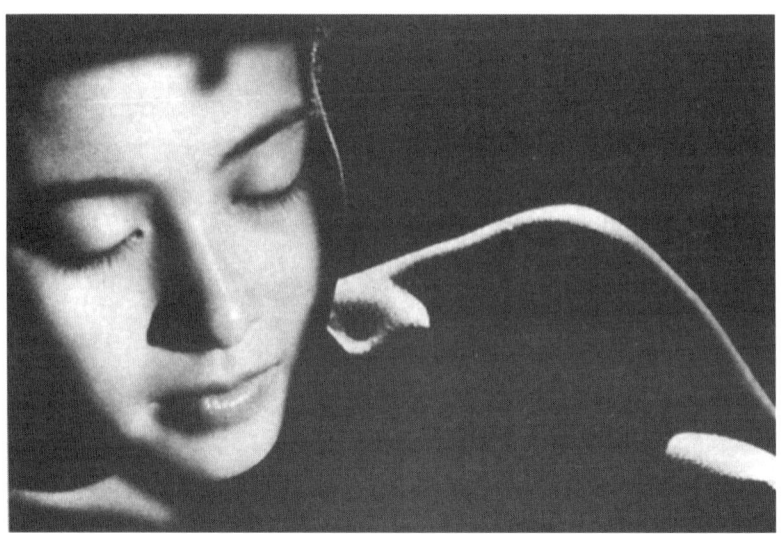

남편은 깊이 삽입을 한 상태에서 사정하고, 체위는 되도록 배위를 취한다.

배란일에 중탄산소다수로 아내의 질 안을 씻고 부부관계를 할 때에 남편은 아내의 오르가슴을 기다렸다가 깊이 삽입한 상태에서 사정을 하면 아들을 낳게 될 확률이 더욱 높아진다.

남성이 깊이 성기를 삽입해서 사정을 하면, 산성에 대해서 X정자보다 약한 Y정자는 산성인 질을 통과하지 않고 건너 뛰어 곧바로 알칼리성인 자궁경부에 사정에 도달하게 된다. 그래서 알칼리성에 약한 X정자는 활동이 둔화되고 알칼리성에 강한 Y정자가 난자에 수정될 확률이 커지게 된다. 결과적으로 Y정자를 더 많이 돕기 위해서는 1㎜라도 깊이 삽입을 해서 사정할 필요가 있다. 또 아들을 낳기 위해서는 부부관계를 할 때 남성의 배위로 해서 질 안에 성기를 삽입하는 것이 좋다. 이 체위는 남자의 성기가 깊이 삽입되고, 정자를 자궁 입구에 곧바로 떨어뜨려 주는 데 가장 알맞는 체위이다.

그렇지만 동양인의 경우에는 배위보다는 굴곡위가 더 적합하다는 의견도 있다.

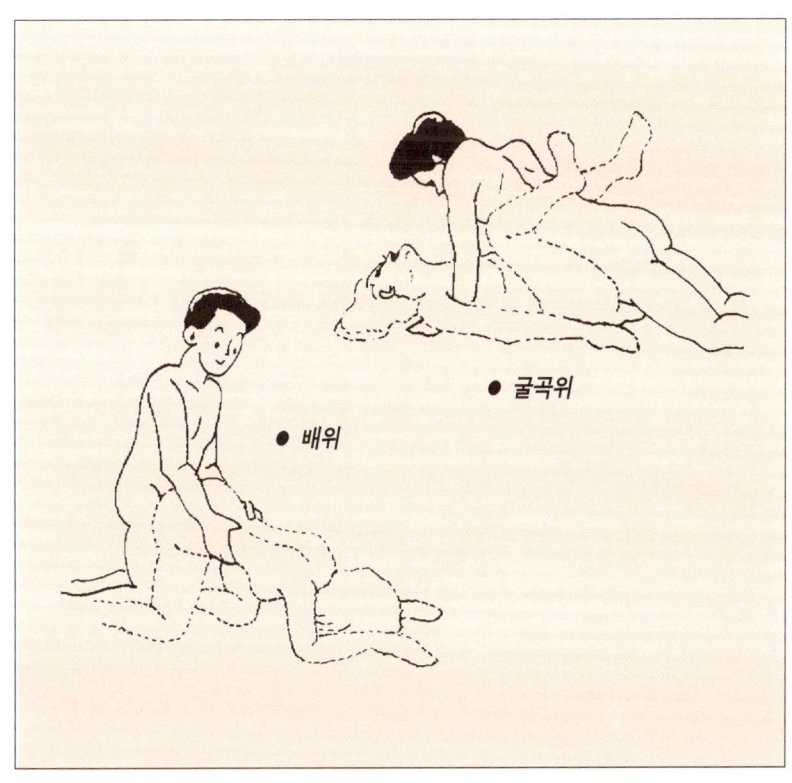

**스기야마 박사의
아들 낳는 방법**

굴곡위 체위가 동양사람의
아들을 낳기 위한 부부관계
체위로 이상적이라고 한다.

아내는 되도록 강한 오르가슴을 느끼는 것이 이상적이다.

여태까지의 설명으로 여성이 강하게 오르가슴을 느낄수록 아들이 태어날 확률이 높다는 것은 이미 알고 있으리라고 생각된다.

그런데 오르가슴을 느끼지 못하는 여성도 많이 있다. 그 이유는 여러 가지가 있겠는데 이 책에서는 성에 대한 지도가 목적이 아니므로 생략하기로 한다.

아들을 낳는데 있어 여성의 오르가슴이 절대적으로 필요한 것은 아니다. 쉐틀스 박사도 '오르가슴이 있는 것이 바람직하다'고 했지 여성의 오르가슴이 없으면 절대로 안 된다고 하지는 않았다. 여성이 오르가슴을 느끼면 자궁경관부에서 알칼리성 분비액이 나와서 질 속의 Y정자가 활동하는 데 활력을 주게 된다. 앞에서도 설명했듯이 질안을 중탄산소다수로 씻어서 여성이 질 안을 알칼리성으로 바꾸는 방법이 있기 때문에 오르가슴을 느끼지 못하는 여성이라 할지라도 염려할 필요는 없다.

● **질 안을 중조수로 씻을 것**

질 안을 알칼리성으로 바꾸어 X정자의 활동을 둔화시키고 남자가 되는 Y정자의 활동을 돕기 위한 방법이다. 성교하기 15분전에 2~3분 동안 씻는다. 세척액을 만드는 법은 세척기에 미지근한 물 1홉과 중조를 한 숟갈 가득 넣어 잘 흔들어 쓰면 된다.

그리고 또 오르가슴을 느끼지 못하는 불감증인 여성이라고 해서 알 칼리성 분비액이 아주 나오지 않는 것은 아니다. 오르가슴을 느끼지 못하는 여성은 다음과 같은 방법으로 해 보기 바란다.

부부관계를 할 때 남편은 시간을 두고 충분히 아내에게 전희를 해 야 한다. 그러면 아내는 강한 쾌감을 느끼지는 못하더라도 그 자극이 자궁근의 움직임을 유발해서 경관점액이 많이 분비된다. 여성의 오르 가슴은 질의 아래쪽 부분의 약 3분의 1과 자궁에 있는 평활근의 수축 현상이 일어나는 것으로 시작된다. 그 수축은 6번에서 13번쯤 되풀이 된다. 이 수축 현상이 일어나는 동안 여성의 몸에서 쾌감이 전신에 파 정적으로 퍼지면서 의식이 몽롱해진다.

불감증인 여성은 어느 부위를 자극해 주면 기분이 좋아지는지 남편 에게 일러주어야 한다. 부부관계에 관해서 남편과 아내가 터놓고 얘기 를 나누는 것은 쾌감을 오르가슴으로 끌고가는데 있어 가장 중요한 분위기이다. 오르가슴은 아들을 낳는 데 있어 강력한 보조 수단이라는 점을 유의하는 것이 좋다.

배란일 10일전부터 아내는 알칼리성을 그리고 남편은 산성 식사 를 한다.

쉐틀스 박사도 최근에 와서는 아들·딸을 가려 낳기 위해서 식사 요법이 보조 수단으로 효과가 있다고 권장하고 있다. 하지만 스기야마 박사는 처음부터 이 식사법에 관해서 비중을 두고 권하고 있다.

물론 이 식사에 대한 관리는 아들을 낳는 데 있어 결정적인 요소는 아니다. 실천하지 않은 것보다는 그대로 하는 편이 더 효과적이라는

것이다. 이 식사법은 보조 수단이라는 점에 유의해서 식사 관리에 대해서 너무 집착하지 않는 편이 좋겠다.

아들을 낳기 위한 식사는 아내의 경우에는 알칼리성 식품을, 그리고 남편은 산성 식품을 중심으로 해서 먹는 것이 원칙이다.

아들을 낳기 위해서 식사 방법을 실천하는 목적은 다음의 3가지이다.

① 아내의 체액을 알칼리성으로 기울게 해서 아들을 낳는 Y정자가 얼마쯤 활동하기에 알맞은 환경을 만든다.
② 남자의 체액을 산성으로 만들어 정자 중에서도 Y정자의 숫자를 늘리는데 효과가 있다.
③ 부부의 체액의 차이를 크게 만들면 정자의 활동이 활발해지는 것으로 알려져 있다.

아내가 먹어야 하는 알칼리성 식품으로는 현미, 녹차, 오이, 미역, 당근 등이 있으므로 이런 것을 중심으로 해서 먹으면 좋을 것이다.

또 남편이 먹어야 할 산성 식품으로서는 백미, 육류, 생선, 땅콩, 달걀 노른자등을 손꼽을 수 있다. 그러므로 아내 쪽에서는 이런 식품을 피하고 남편 쪽에서 이 산성 음식을 많이 먹도록 한다. 그 밖에도 알칼리성 식품과 산성 식품은 많이 있다. 참고로 여러 가지 식품을 산성과 알칼리성 으로 분류해서 표로 제시한다.

이 식품표에 있는 식품 가운데서 알맞게 골라서 먹으면 되는데, 여성의 배란이 있기 10일 전부터 배란의 다음날까지 먹는다는 점에 유의해야 한다. 식품을 선택함에 있어서는 산성인지 알칼리성인지 얼른 판단이 되지 않는 것은 피하고 구하기 쉬운 것을 먹으면 된다. 그리고 꼭 먹고 싶은 것이 있더라도 참는 기간은 열흘 정도니까 확실한 것만 먹도록 한다.

그리고 알아 두어야 할 사실은, 알칼리성 식품을 먹는다고 해서 산성 식품은 절대로 입에 대어서는 안된다는 얘기는 아니다. 시금치, 오이, 토마토 등 알칼리성 식품을 많이 먹을 때 밥 한 공기쯤을 먹는 것은 괜찮다. 반대로 산성 식품을 먹으면서 상추, 양파 등을 조금씩 먹는 것은 별다른 지장을 가져오지 않는다.

하지만 배란이 있기 10일 전부터 배란일 다음까지는 10일에 불과하므로 입맛이 당기는 식품이 있더라도 되도록 참으면서 원칙대로 실천하는 것이 바람직하다.

옛날부터 부인네들이 절에 가서 2~3주일 동안 불공을 드리고 와서 아들을 임신하는 예가 있었다. 부처님에게 간절하게 기도하는 정성도 정성이려니와 절에서 고기나 생선을 먹지 않고 산나물 같은 것을 먹는 조잡한 식사, 곧 알칼리성 식품으로 식사를 한 것이 아들을 낳는데 도움이 되는 경우도 없지 않았을 것이다.

식사관리에 의한 방법은 그 10일이 지난 다음에는, 곧 배란 당일에 부부관계가 있고 나면 곧 원래대로 식사로 되돌아간다. 우리 나라 실정에 알맞게 생각해 본 아들을 낳기 위한 식사법의 한 예를 다음에 소개하기로 한다.

남편은 주식을 쌀밥이나 쌀로 된 떡으로 한다. 반찬으로는 쇠고기, 돼지고기, 닭고기 등 육류, 양파 등 식품을 먹는다. 과일은 귤, 복숭아, 딸기를, 음료는 커피, 홍차, 맥주 등이다.

아내는 주식으로 현미밥이나 보리가 70%이상이면 좋겠고 반찬으로는 미역, 오이, 호박, 가지, 미나리 등을 먹는다. 과일은 바나나, 감, 수박, 그리고 우유, 요구르트 등 유산균 음료, 와인 등을 마신다.

아내는 생체철, 인, 칼슘 정제를 하루 15정씩 3개월 이상 복용하고서 임신하도록 한다.

생체철, 인, 칼슘 복합 정제는 원래 일본의 가쯔누마 박사가 무뇌아를 예방하기 위한 약으로 개발한 것이다. 그런데 지금은 임신한 여성이나 젖을 먹는 아기의 영양제로 쓰이고 있다.

생체철, 인, 칼슘 복합 정제를 복용해도 안전해서 사람의 몸에는 해를 끼치지 않는다.

아들을 낳고 싶을 때에 임신 3개월 전부터 복용하고, 임신을 한 뒤에도 태아와 임산부의 영양제로서 사용되기도 한다.

스기야마 박사는 아들·딸을 가려 낳는 연구를 해 오다가 오사카에 있는 이데 다쯔오 박사가 아들을 낳는 방법으로 유명하다는 소문을 듣게 되었다. 스기야마 박사는 곧장 이데 박사에게 연락을 취해 그 때까지의 아들을 낳는 방법에 대한 내용을 알려달라고 부탁을 했다.

이데 박사가 스기야마 박사에게 보내 온 회신을 보고 스기야마 박사는 크게 놀랐다. 이데 박사는 아들을 낳는 방법에 있어 90.4%라는 높은 확률을 얻고 있었다. 그리고 그것은 쉐틀스 박사의 연구 성과와는 아무런 관계가 없는 간단한 방법이었기에 더욱 그랬다.

이데 박사가 채택하고 있는 방법이란 것이 바로 이 생체철, 인, 칼슘의 복합 정제였다. 이 정제를 일정기간에 걸쳐 여성에게 복용하게 한 뒤에 그 여성이 임신을 하면 대부분 아들이 태어났던 것이다.

산성식품 (산성도가 높은 차례대로)	알칼리성식품 (알칼리도가 높은 차례대로)
백미밥, 밀가루 음식, 빵, 메밀국수	보리밥, 현미밥, 팥, 푸른콩, 옥수수, 감자
완두, 땅콩, 김, 버터, 치즈, 아스파라거스, 샐러드유	미역, 다시마, 시금치, 당근, 호박, 달걀 흰자, 오이, 가지, 부추, 양파, 양배추, 고추, 무, 감자, 무청, 상추, 쑥갓, 송이버섯, 토란, 팥, 죽순
달걀 노른자, 닭고기, 뱀장어, 돼지고기, 쇠고기, 오징어, 미꾸라지, 전복, 장어, 새우, 잉어, 도미 등 육류 전부와 물고기류, 날짐승 고기 모두	수박, 토마토, 포도, 건포도, 딸기, 사과, 바나나(완전히 익은 것), 감, 배
알콜 음료(포도주는 제외한다), 코코아, 콜라 등 청량음료, 향신료, 식초, 담배	녹차, 우유, 커피, 홍차, 포도주

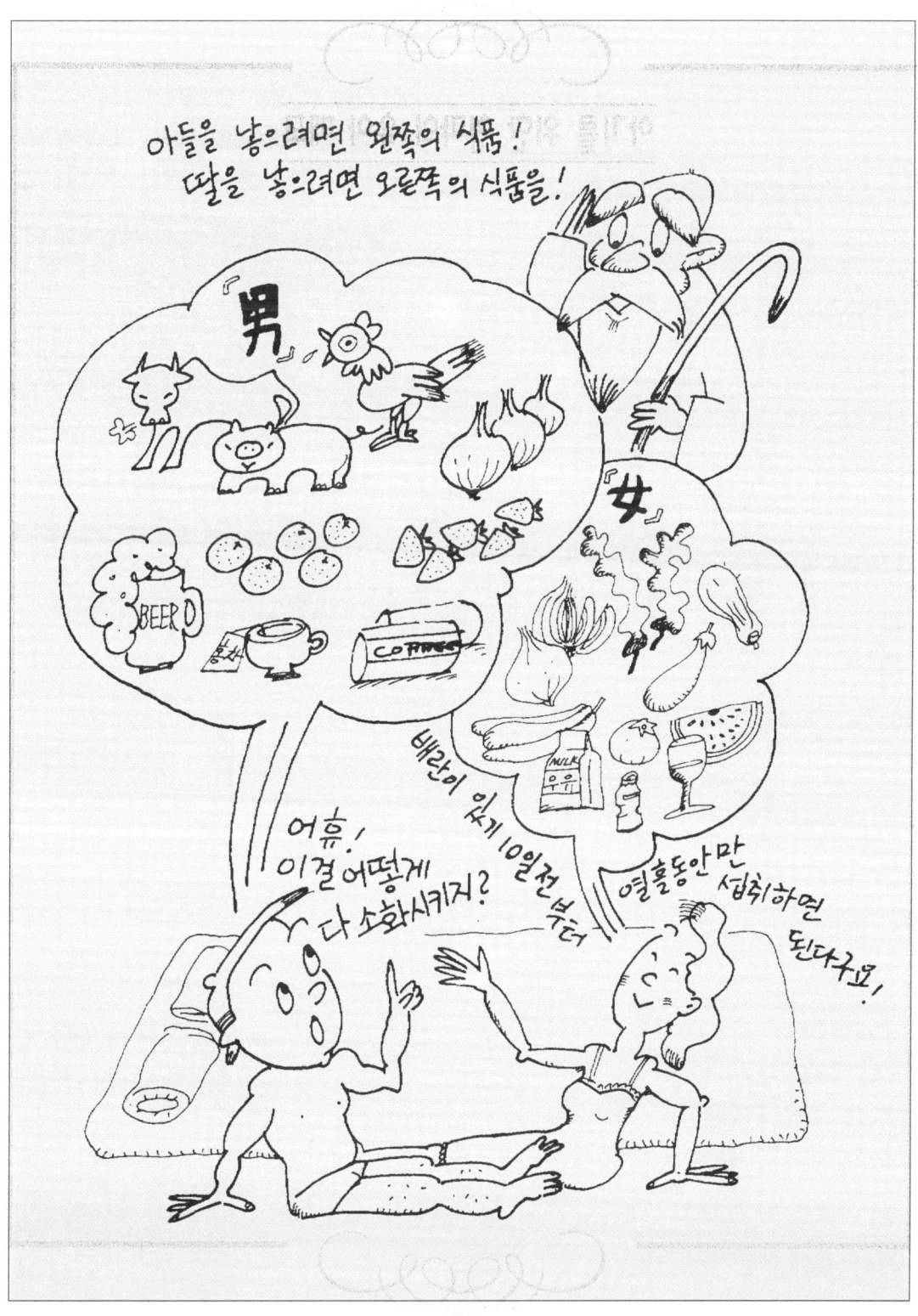

아기를 위한 엄마의 육아 메모

아들 · 딸 마음대로 낳을 수 있다

6

이데 박사에 의한
아들 낳는 방법

건강한 아들 만들기

이데 박사는 특별히 아들 · 딸 가려 낳기에 대해서 연구한 적은 없었다.
그렇지만 다른 산부인과 의사들과 마찬가지로 아들을 낳고자 하는 간절한 소망을 지닌
부인들과 만날 때마다 어떻게 도와줄 방법이 없을까 하고 관심을 가지고 있었다.

사내아이의 출생비율은 90.4%

이데 다쯔오 박사는 일본 오사카 병원의 산부인과에서 근무하는 의사였다. 그는 오사카 의과대학을 1949년에 졸업하고 산부인과에서 일하고 있는 전문의이다.

이데 박사는 특별히 아들 · 딸 가려 낳기에 대해서 연구한 적은 없었다. 그렇지만 다른 산부인과 의사들과 마찬가지로 아들을 낳고자 하는 간절한 소망을 지닌 부인들을 만날 때마다 어떻게 도와 줄 방법이 없을까 하고 관심을 가지고 있었다.

그런데 1960년에 그는 우연히 한 연구논문을 접하게 되었다. 그것은 도쿄의과대학에서 인간의 유전학에 대해 연구하던 다나카교수가 산부인과 논문집에 기고한 〈선천적 기형의 성인에 대하여〉라는 글이었다.

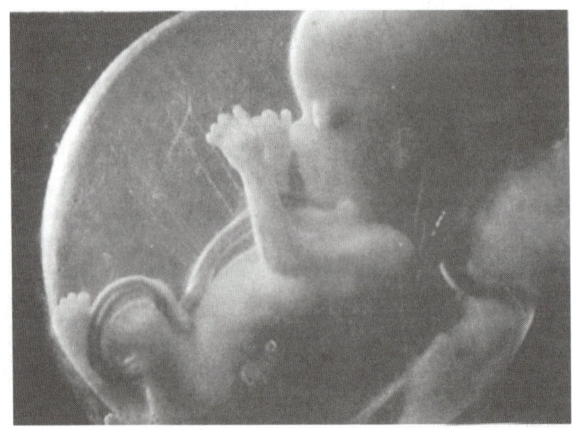

● 임신 3개월째의
태아 키는 약 8cm,
몸무게는
약 25g, 머리가
비교적 크지만
얼굴은 사람의
모습을 하고 있다.

그 논문 속에는 다음과 같은 대목이 있었다.

-생체철, 인, 칼슘 정제는 전 도쿄대학의 명예 교수인 가쯔누마 박사가 무뇌아(뇌가 비정상으로 태어나는 불구아) 출생의 예방약으로 부인들에게 복용하게 하기 위하여 개발한 임산부용 영양제였다. 가쯔누마 박사는 무뇌아나 척추 파열아 (척추가 정상이 아닌 상태로 태어나는 아기)를 낳은 일이 있는 부인에게 이 정제를 먹게 한 결과 그 논문이 작성된 시점까지 38명 중 모두가 정상아를 낳았다.

이처럼 무뇌아를 예방하는 데 성공했다는 사실을 서술하고 나서 다나카 교수는 다음과 같이 또 밝히고 있었다.

-여담이지만, 위에 적은 무뇌아 예방약을 복용시켜서 정상아 분만에 성공한 38명은 모두 사내아이였다. 일반적으로 조사한 통계에 의하면 사내아이의 출생 비율은 51.5% 전후이기 때문에 38명 모두가 사내아이라는 사실은 결코 우연은 아니다. 그래서 이번에는 본인이 사내아이를 낳게 할 목적으로 이 약을 이용하기 시작했는데 최근 그 제1호가 출생했고 역시 사내아이였다.

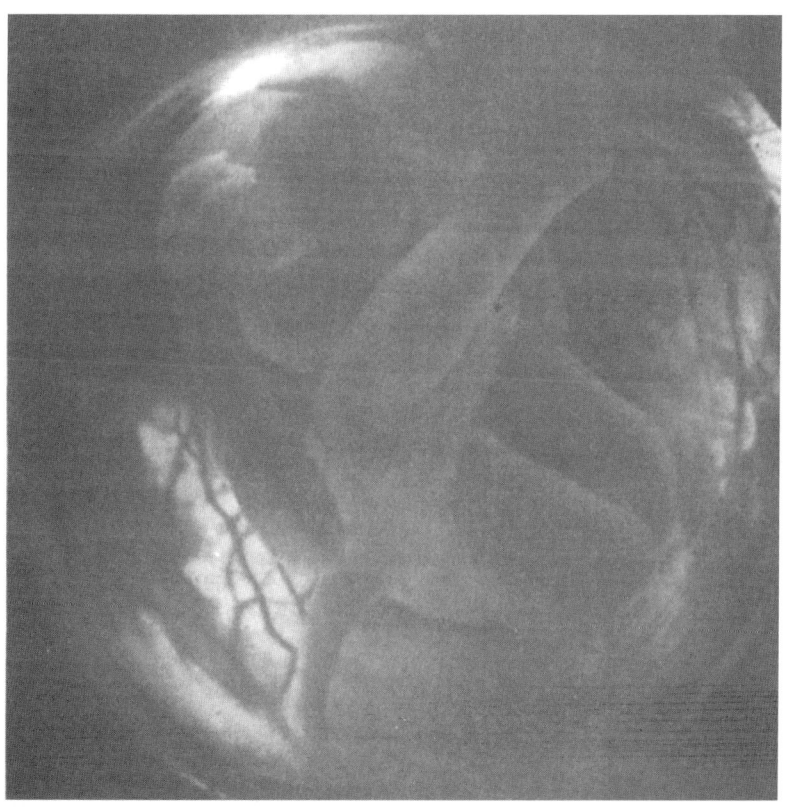

이데 박사는 오사카에서 이 연구논문을 보고 그 이후로 18년 동안 사내아이를 원하는 여성들에게 생체철과 인, 칼슘의 복합 정제를 복용시켜 왔다. 그 결과 사내아이를 낳은 배율은 90.4%라고 보고하고 있다.

이데 박사의 오랫동안에 걸친 임상 결과는 사내아이를 낳는 데 있어 아주 중요한 데이터를 제공해 주었다.

이데 박사가 다나카 교수의 논문이 발표되던 해부터 19년 동안, 원하는 부인에게만 생체철과 인, 칼슘의 복합 정제를 복용시켜서 출생한 아기의 남녀 성별 비율을 보면 다음과 같다.

- 이데 박사가 근무하는 병원 산부인과에서 지시한 대로 그 정제를 복용하고 아기를 분만했거나 또는 유산한 부인의 수는 122명.
- 유산으로 말미암아 성별을 분별할 수 없었던 예-8명.
- 성별을 알 수 있었던 114명 가운데서(122명에서 8명을 빼고)
  사내아이-103명
  여자아이-11명.
- 결과적으로 사내아이가 태어난 비율은 90.4%

이 비율은 참으로 놀라운 숫자이다. 이처럼 가쯔누마 박사의 임상 실험을 18년 동안이나 실증해 온 이데 박사의 노력이야말로 아들·딸 가려 낳기에 관심을 가진 의사들로부터 높은 평가를 받고 있다.

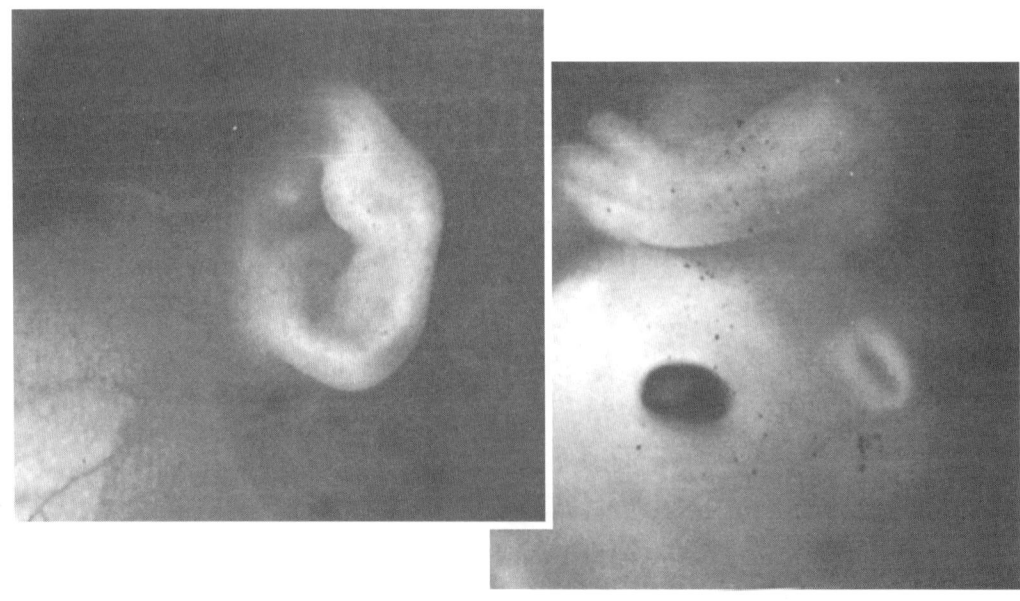

그런데 이 복합 정제를 여성이 복용하는 경우 90%이상이 사내아이를 출산할 수 있다는 임상 결과는 인정되고 있지만 유감스럽게도 그 이유는 밝혀져 있지 않다. 가쯔누마 박사를 비롯해서 다나카 교수, 이데 의사 그리고 그 문제에 대해 관심을 지닌 의사들도 생체철과 인, 칼슘 복합 정제를 복용하면 어째서 사내아이가 태어나는지 의학적으로 알아내지 못하고 있다.

하지만 이 복합 정제를 복용하면 아무런 부작용이나 해독이 없이 건강한 사내아이를 낳을 수 있다는 결론을 얻기에 이르렀다.

여러 가지로 장점을 지닌 약

처음에 가쯔누마 박사가 무뇌아을 예방하기 위한 약으로 개발했던 생체철, 인, 칼슘의 복합 정제가 지닌 장점은 무엇보다도 안전해서 조금도 인체에 해롭지 않다는데 있다. 그래서 지금은 임신부나 젖먹이의 영양제로서도 사용이 되고 있다.

그러므로 이 복합 정제는 사내아이를 낳고 싶을 때에 임신 2,3개월 전부터 복용하고 임신한 뒤에도 태아와 임신부의 건강을 위해서 계속해서 먹을 필요가 있다.

이 복합 정제 1g 속에 함유되어 있는 성분은 다음과 같다.

인산수소 칼슘 0.18 g

탄산칼슘 0.81 g

건조수산화 제1철 겔 0.01 g

이상과 같이 들어 있는 이 복합 정제의 하루 복용량은 3g이다.

일본에서는 아들·딸 가려 낳기에 관심을 가지고 남녀 구별 출산을 돕고 연구하는 산부인과 의사 모임에 소속되어 있는 병원에서는 조제한 정제를 주고 지도를 해 주고 있다.

여기서 칼슘, 인, 철분이 각각 인체에 미치는 효능에 대해 알아보기로 한다.

칼슘은 잘 알려져 있다시피 뼈와 이를 만들어 주고 있는 중요한 성분이다. 여성들이 임신을 하면 의사들은 누구나 칼슘을 많이 섭취하라고 권장한다. 흔히 아기를 낳은 부인들은 뼈가 녹는다는 말이 있다. 뱃속의 아기는 엄마에게서 칼슘분을 흡수해서 뼈를 만든다.

이처럼 중요한 칼슘은 사람의 몸 속에서 저절로 만들어지지 않는다.

그것도 철분이나 인도 마찬가지이지만 음식으로 섭취해서 보급해야만 한다. 잔뼈 생산이라든지 강제로 파는 칼슘제라도 괜찮다.

칼슘은 이온의 형태로 혈액 속에 포함되어 있다. 우리의 몸이 상처를 입어서 피가 나오는 경우, 저절로 멎게 되는 것은 칼슘 이온이 피의 응고에 큰 역할을 하기 때문이다.

또한 칼슘 이온이 부족하게 되면 피가 산성으로 기운다. 칼슘 이온을 보급함으로써 혈액이 산화되는 것을 막고 피를 깨끗이 해서 건강을 유지해나갈 수 있다. 따라서 칼슘을 섭취하는 일은 아들을 낳는 데만 작용하는 것이 아니라 건강을 지키는 데도 크게 도움이 된다고 할 수 있다.

철분은 혈액의 성분 중에서 적혈구 헤모글론의 중요한 성분이다. 헤로글론이라고 하는 것은 폐에서 산소를 받아들여서 우리 몸의 구석구석까지 옮겨 주고 또 거기서 배출되는 탄산가스를 폐에까지 날라다주는 일을 하고 있다. 그리고 모든 세포에서 호흡 작용을 돕고 있는 치토크롬이라는 효소를 활성화시키는데 중요한 구실을 한다.

그리고 인은 칼슘과 더불어 혈액을 일정한 산성도로 유지하게 하며 대뇌 및 생식과도 관계가 깊다.

위에서 설명한 각 성분의 작용은 그러한 것이 우리 몸 안에서 어떤 일을 하고 있는지 설명하는 것이지 어떻게 해서 사내아이를 만드는 Y정자만을 난자와 수정하기 쉽게 해 주는지는 설명하고 있지 않다. 이들 영양제를 복용하면 여성의 질 안이나 자궁 속에서 Y정자와 X정자가 똑같은 저항력과 지구력을 지니게 되는 것인가? 혹은 여자아이가 태어나게 만드는 X정자의 활동을 아주 둔하게 만드는 환경이 되는 것인가?

그 까닭은 아직도 밝혀내지 못하고 있는 실정이다. 다만 알려져 있는 것은 칼슘이나 철, 인이 공급되면 몸 안에서 영양제로서 작용을 하고 무뇌아를 낳지 않게 된다는 사실 등이다. 무뇌아란 1천5백 명 중에서 한 명꼴로 생겨나는 기형아로서 이 영양제는 그것을 예방하는 생체철, 칼슘, 인의 복합제로 이용되고 있다.

그밖에도 이 정제는 몇 가지의 병에 대해서 효과가 있다는 것이 확인되어 있다.

이를 테면 골절이나 골연화증, 결핵을 수술하느라 갈비뼈를 잘라냈을 경우에도 알맞은 약이 되고 있다. 또 빈혈이 있어 혈색이 좋지 못한 사람이라든지 빈혈로 말미암은 천식이나 가슴이뛰는 증상이 있는 사람에게도 효과가 있다. 또한 신장병이 있는 사람도 이 정제를 복용하면 좋다.

그것은 산소가 많이 필요한 신장에 피 속의 산소를 운반하는 능력이 높아지기 때문으로 알려지고 있다.

음식을 많이 가려 먹는 아이는 흔히 칼슘과 인, 철분 따위가 부족한 경향이 있다. 그런 때에도 영양이 편중되는 것을 바로잡아 주기 위해서 의사와 상의해서 이 복합 정제를 먹는 경우가 있다.

생체철·인·칼슘의 복합 정제는 이유는 잘 알 수 없지만 어쨌거나 여성의 몸 안 구석구석에 이르기까지 약알칼리성으로 바꿈으로써 사내아이를 낳기 쉽게 만드는 영양제라는 것만은 틀림이 없다. 특히 다른 해로운 점 없이 몸에 유익한 효과를 가져다 주는 약이라고 알면 되겠다.

임신하기 두 달 전부터 복용

이데 박사의 보고에 의하면 꼭 사내아이를 낳고 싶다고 열망해서 찾아오는 부인에 한해서 생체철, 인, 칼슘 복합정제를 매일 15정씩 복용하게 했다고 한다. 이 복합 정제만 먹게 했을 뿐이고 일절 다른 지도는 하지 않았다. 다만 그 알약을 복용한 지 두 달 이상이 지난 뒤에 임신하라는 주의만 주었다.

두 달 이상 지난 뒤에 임신을 하며, 그 동안에는 피임을 해야 할 까닭은 이 정제를 사용한 뒤로 열 사람째에 뜻밖에도 여자아이가 태어났는데 조사를 해 봤더니 약을 복용한지 1개월 만에 임신했다는 사실을 알아냈기 때문이다.

그래서 충분한 기간을 두고 복용한 뒤에 임신하는 것이 사내아이를 낳을 확률이 높은 것으로 생각되어 정제를 복용하는 기간을 두 달 이상으로 늘리도록 주의를 준다고 한다.

그런 방법으로 90.4%의 높은 비율로 아들을 낳게 할 수 있었다고 이데 박사는 말하고 있다. 이데 박사는 자기에게 와서 정제는 받아 갔어도 출산할 때에 자기 병원에 와서 출산을 하지 않는 부인이 낳은 아기의 성별은 알 수 없다고 덧붙여서 말하고 있다.

이데 박사가 하고 있는 방법대로 복합 정제를 두 달이상 복용하면서 쉐틀스 박사가 일러주는 아들 낳는 방법, 곧 배란일에 부부관계를 갖는 것을 비롯해서 여러 가지 사항을 실천하면 아들을 낳을 확률은 95%이상이라고 스기야마 박사는 주장한다. 그는 아마도 100%에 가깝다고 말하고 싶겠지만, 과학이 세계, 특히 의학에 있어서는 모든 사람의 체질이 조금씩 차이가 있기에 100%라는 표현은 어느 분야에서나 영원히 불가능한 것이라고 스기야마박사는 말하고 있다.

이데 박사 자신도 꼭 아들을 낳겠다고 바라는 부부에게 생체철, 인, 칼슘 정제를 복용시키면서 100%로 정확하지는 않다고 말했다.

"완전하지 않는 데 묘미가 있다. 부인네들도 여기에 공감해주면 좋겠는데 아들을 낳는 데 대한 집념이 아마도 100%를 원하게 하는 모양이다"

그렇지만 90~95%까지 확실하다고 한다면 여태까지의 다른 적중률과 비교해 볼 때 비교도 되지 않을 높은 비율이라는 것은 누구라도 인정하지 않을 수 없다.

이 복합 정제를 복용하는 데 있어 주의해야 할 점은 다음과 같다.

이 정제는 여성 쪽에서만 복용하면 된다. 그런데 3개월 계속 복용하다가 4개월째에 중단하면 안 된다. 3개월째 배란일에 부부관계를 해서 정확히 임신이 되었다는 진단을 받을 때까지 4개월째에도 복용을 계속해야 한다. 그 달에 임신하는 데 실패했다면 그 다음 달에 임신이 확인될 때까지 복용을 계속한다. 이 정제는 임신부에게는 훌륭한 영양제이기 때문에 경제적인 사정만 허락된다면 임신이 확인된 뒤에도 계속해서 복용하는 것도 좋다.

부인이 이 정제를 복용하기 전에, 또 복용하면서 꼭 실천해야 할 사항은 앞에서도 말한 것처럼 자신의 배란일을 정확하게 알아야 한다는 점이다.

이테 다쯔오 방법에서는 이 정제를 3개월 이상 복용했다면, 배란일과는 상관없이 임신이 가능한 때라면 아무 때나 부부관계를 해도 아들이 태어난다지만, 더욱 효과를 높이기 위해서는 배란이 있는 당일에 여성의 질 안을 소다수로 씻고, 남성의 성기를 깊이 삽입한 성태에서 아내가 오르가슴을 느낀 다음에 사정을 하는 것이 바람직하다.

이 생체철·인·칼슘의 복합 정제는 아들을 낳는데 있어 커다란 공헌을 했다.

스기야마 박사는 이 정제를 복용시킨 임상 데이터를 계속해서 모으고 있다. 스기야마 박사에 으한 복합 정제 복용의 성공률은 1981년에 92.5%였다. 또 아들·딸 가려 낳기를 위한 연구 모임의 회원인 디니키 박사의 데이터는 놀랍게도 97.2%라는 높은 확률이었다고 한다.

또 이 복합 정제를 여성이 복용할 때에 가장 주의해야 할 점은 정제 복용을 시작해서 3개월째의 배란일에 부부관계를 할 때까지 피임을 해야 한다는 사항이다. 정제의 효능이 복용한 여성의 몸에 완전히 확산된 다음에 임신을 해야 아들이 태어날 확률이 더 높아진다.

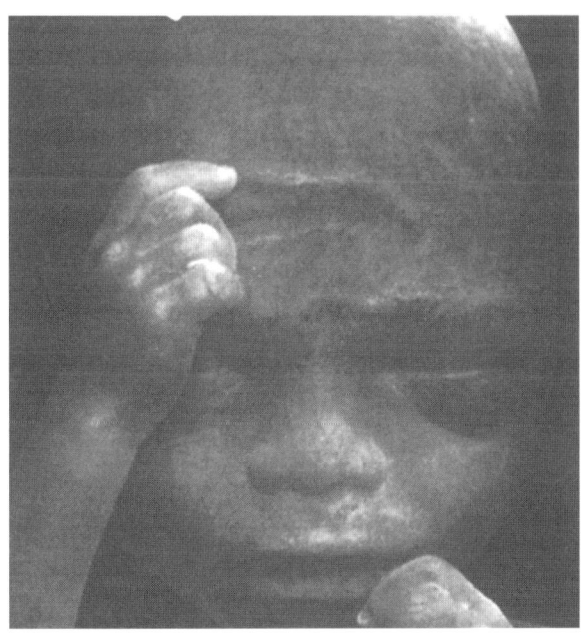

아기를 위한 엄마의 육아 메모

아들 · 딸 마음대로 낳을 수 있다

포라드 박사에 의한
아들 · 딸을 낳는 방법

젤리를 이용한 아들 · 딸 낳기

젤리는 배란일에 부부관계를 갖기 5분 전에 아내의 질 속에 주입해서 질 안의
산성과 알칼리성의 균형을 조절하는 약이다. 아들을 낳는 젤리를 사용하면 아들이,
또 딸을 낳는 젤리를 사용하면 딸이 수태되어 부부가 바라는 성별의 아기가 태어난다.

아들을 낳는 그린 젤리, 딸을 낳는 핑크 젤리

1979년 9월 23일자 영국의 일요신문〈선테이 피플〉1면 머리기사로 다음과 같은 사실이 보도되었다.

-영국 맨체스터 시의 부츠홀 소아전문병원의 마취의사인 존 포라드 박사는 최근에 아들 · 딸을 마음대로 선택해서 낳을 수 있는 약품을 개발하였다-

이 약은 포라드 박사가 3년 전부터 연구를 시작해서 개발한 젤리인데, 아들을 낳는 젤리와 딸을 낳는 젤리로 구별해서 사용하도록 되어 있다.

이 젤리는 배란일에 부부관계를 갖기 5분 전에 아내의 질 속에 주입해서 질 안의 산성과 알칼리성의 균형을 조절하는 약이다. 아들을 낳는 젤리를 사용하면 아들이, 또 딸을 낳는 젤리를 사용하면 딸이 수태되어 부부가 바라는 성별의 아기가 태어난다.

포라드 박사는 산부인과 전문의사의 협력을 얻어서 250쌍의 부부를 대상으로 그 부인에게 임상시험을 실시하고 있는 중이라고 하며, 현재까지 출산한 5명의 부인이 모두 희망하는 성별의 아기를 낳았다.

그러나 포라드 박사는, 이 5명의 부인으로부터 얻은 결과는 자신의 연구가 헛되지 않았다는 것을 증명하는데 지나지 않으며, 앞으로 더 많은 성공 사례가 나와야 통계적으로 의의가 있는 발표가 될 것이라

고 신중한 태도를 보이고 있다.

이 기사가 런던의 〈시사통신〉을 통해서 온 세계에 알려지자 많은 사람들의 관심을 불러일으켰다.

일본에서는 그 해 9월 26일저 〈마이니치 신문〉에 보도되었는데, 그 기사를 본 일본의 스기야마 박사는 같은 해 12월 26일에 영국으로 포라드 박사를 찾아갔다. 그래서 포라드 박사의 연구 내용을 자세히 알아보고 그 젤리를 얻어왔다고 한다.

포라드 박사가 개발한 젤리는 '초이스'라고 이름붙여졌는데, 아들을 낳는 젤리는 '그린젤리', 딸을 낳는 젤리는 '핑크 젤리'라고 한다.

포라드 박사가 '초이스'를 개발하기까지

포라드 박사는 어떤 계기로 해서 '초이스'를 개발하게 되었는지 그 경위를 살펴보기로 한다.

포라드 박사가 아들·딸을 가려 낳는 일에 관심을 갖게 된 것은 아주 우연한 일이었다.

포라드 박사가 초이스를 개발하기 3년 전에 우연히 친구가 가지고 온 미국의 시사 주간지 〈뉴스위크〉에 쉐틀스 박사의 아들·딸을 가려 낳는 기사가 실려 있었다.

그 기사를 읽고 포라드 박사는 크게 흥미를 느꼈다. 그렇지만 쉐틀스 박사가 설명하는 방법은 복잡할뿐더러 상당한 인내력이 있는 사람이라야 실천할 수 있다고 생각되었다. 그래서 쉐틀스 박사의 방법보다 좀더 간편하게 할 수 있는 방법은 없을까 하고 관심을 가지게 되었다.

포라드 박사는 먼저 쉐틀스 박사의 연구 성과를 모으기 시작했다.

그리하여 쉐틀스 박사의 방법에 있어서 기본 원리가 되는 것은 질 안의 산성도를 조절하는 일이며, 그 조절을 완벽하고 간편하게 하는 것이야 말로 아들·딸을 뜻대로 낳을 수 있는 열쇠라는 결론에 이르렀다.

-질 안의 분비액처럼 산성이 강한 환경에서는 X정자와 Y정자가 모두 약화된다. 그런데 X정자는 Y정자보다도 더 지구력이 있어서 오래 버틴다. 반대로 자궁 속이나 자궁경관에서의 분비액과 같은 알칼리성이 강한 환경에서는 X정자나 Y정자가 모두 활발하게 움직이지만 Y정자는 X정자보다 훨씬 더 활발하게 움직인다. 그러므로 아들을 낳고자

질 안의 분비액처럼 산성이 강한 환경에서는 X정자와 Y정자가 모두 약화된다. 그런데 X정자는 Y정자보다도 더 지구력이 있어서 오래 버틴다. 반대로 자궁 속이나 자궁경관에서의 분비액과 같은 알칼리성의 강한 환경에서는 X정자나 Y정자가 모두 활발하게 움직이지만 Y정자는 X정자보다 훨씬 더 활발하게 움직인다.

원한다면 부부관계를 하기 직전에 이 질안을 알칼리성으로 해 두기 위해 소사수로, 또 딸을 낳기 위해서는 질 안을 더 강한 산성으로 만들어 두기 위해 식초수로 씻는다.

쉐틀스 박사가 권장하고 있는 이론을 바탕으로 해서 포라드 박사는 연구를 시작했다.

포라드 박사는 여느 가정집 부엌에 있는 소다나 식초보다 좀더 화학적으로 개량된 약품을 만들기로 했다. 포라드 박사는 산성과 알칼리성에 대한 것을 연구한 끝에 마침내 '초이스'라는 젤리를 개발하는데 성공했다.

포라드 박사가 개발해 낸 초이스의 기본 물질은 젤리이며 거기에는 인산나트륨과 인산수소칼륨이라는 두 종류의 화학물질이 포함되어 있다. 포라드 박사는 그 화학물질에 대하여 다음과 같이 말하고 있다.

"초이스를 만들면서 나는 무엇보다도 그것이 인체에 대해 안전해야 된다고 생각했죠, 초이스의 기본 물질은 젤리인데 그 속에서는 인산나트륨과 인산수소칼륨이라는 화학물질이 함유되어 있습니다. 이 물질은 통상 우리 몸 안에서 볼 수 있는 것으로서 특히 정액 속에는 산성과 알카리성의 밸런스를 유지하기 위해 이 두가지 화학물질이 함유되어 있습니다. 그러므로 내가 개발해낸 초이스는 사람의 몸에 아무런 해를 끼치지 않습니다."

포라드박사는 영국 정부의 안정규정위원회가 검사를 마치는 대로 제조 판매에 들어가겠다고 말했다.

사람이 정액과 비슷한 성분

포라드 박사의 초이스는 사람의 정액 중에 포함되어 있는 인산나트륨과 인산수소칼륨이 산성과 알칼리성의 균형을 조절하는 일에 관여한다는 원리를 이용해서 만들어졌다. 초이스의 성분이 인간의 정액과 성분이 거의 같다는 점에서 소다수나 식초수를 사용하는 것보다 훨씬 낫다고 말할 수 있다.

포라드 박사의 주장에 의하면 아들·딸을 가려서 낳는 문제는 자기가 개발한 초이스의 젤리만 사용해도 그 성공률이 아주 높다고 한다.

포라스 박사의 방법에 있어서의 성공률에 관한 통계는 시일이 더 지나야 나올 것으로 생각된다. 그런데 일본의 스기야마 박사가 1979년

아들을 낳는 〈그린젤리〉와
딸을 낳는 〈핑크젤리〉

우리는 포라드 박사가
만드셨지!
우리는 아주 간편
하다구…

에 영국의 포라드 박사를 찾아가서 가져온 초이스를 18명의 여성에게 임상시험을 해 봤더니 16명이 성공을 해서 88%의 성공률을 거두었다고 그 뒤 포라드 박사에게 보고한 바 있다.

초이스의 사용 방법은 그린 젤리나 핑크 젤리를 주입하기만 하면 되므로 무척 간단하다. 그런데 초이스를 사용할 때에도 반드시 자기의 배란일을 알아야 한다는 점에 있어서는 다른 방법과 다를 바가 없다.

그 사용 방법은 다음과 같다.

배란일에 부부가 성교를 하기 5분전에 아들을 원하는 부부는 여성의 질 안에 그린 젤리를 주입하고 딸을 낳고 싶다면 핑크 젤리를 주입한다. 젤리를 주입하고 나서 5분쯤 경과하면 젤리가 질 안 구석구석까지 퍼진다. 거기에 남편의 정자가 사정되면 그린 젤리는 Y정자를, 또 핑크 젤리는 X정자를 난자와 수정하게 해서 아들이나 딸을 바라는 대로 임신하게 만든다.

포라드 박사는 더 높은 성공률은 얻기 위해서는 쉐틀스 박사의 방법과 스기야마 박사의 방법에다 자기의 초이스법을 함께 실시하는 것도 좋다고 말한다.

딸을 원하는 경우

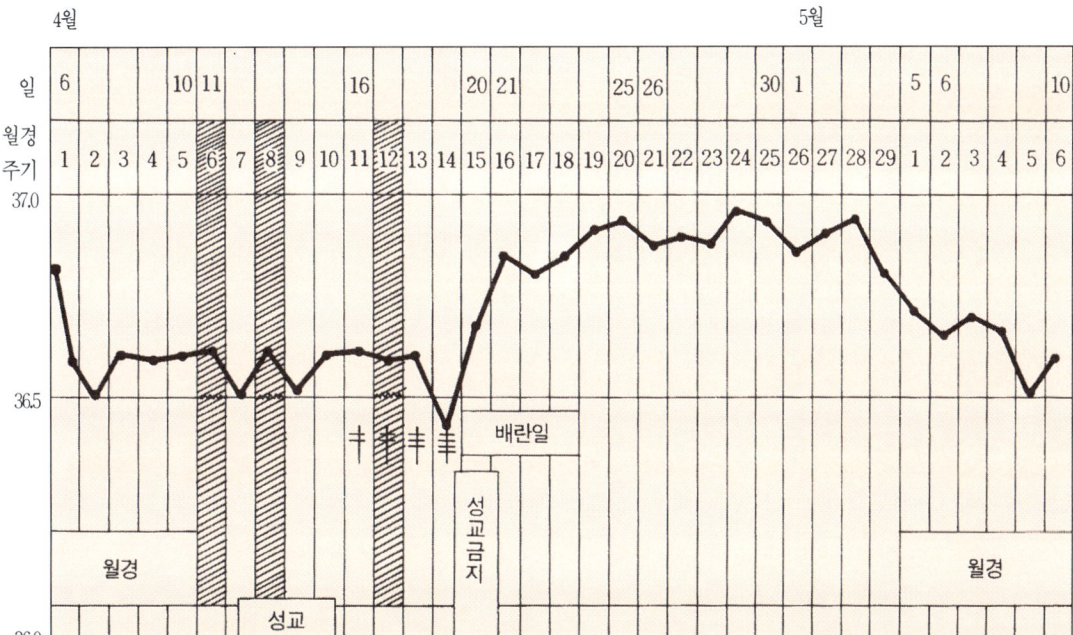

* 이날에는 초이스(핑크젤리)를 사용하여 관계를 갖는다

스기야마 박사도 초이스 사용을 권장한다

일본의 스기야마 박사는 앞에서도 설명했다시피 아들·딸을 가려 낳는 연구에 있어 그 누구보다 적극적인 의사이다. 스기야마 박사는 포라드 박사의 초이스를 사용하는 방법을 시험해 보고 그 효과가 크다는 사실을 인정하고, 아들·딸 가려 낳기를 원하는 사람들에게 초이스를 사용하라고 권장하고 있다. 그렇지만 초이스 한 가지만을 사용하라는 것은 아니다.

스기야마 박사는 쉐틀스 박사의 방법 중에서 그 실천 사항의 한 가지, 곧 아들을 낳고자 원할 때 부부관계를 하기 전에 소다수로 질 안을 씻고, 딸을 낳기를 원할 때에 식초수로 씻는 것에 대신해서 이 초이스를 사용하라고 권하고 있다. 다시 말해서 아들 낳기를 원할 때에는 질 안을 중탄산소다수로 씻는 대신에 초이스의 그린 젤리를 질 안에 주입하고, 딸 낳기를 원하면 식초수로 씻는 대신에 핑크 젤리를 주입하는 것이 효과가 있다고 한다. 이것은 원하는 성별의 아기를 낳기 위해 조금이라도 더 확률을 높이려는 것이다.

쉐틀스, 스기야마, 포라드 등 이 방면의 연구에 있어서 정상에 있는 의사들의 방법 가운데 어느 한 가지라도 100%의 성공률을 거두었다면 스기야마 박사가 권하는 것처럼 '안전한 방법이라면 어떤 것이든지' 실천하라고 하지는 않을 것이다. 어쨋거나 이들의 연구에 의해 100%의 완전한 아들·딸 가려 낳기 방법의 나오기를 기대한다.

쉐틀스 박사와 포라드 박사의 일본의 SS클럽(아들·딸을 가려 낳는 연구를 위한 의사들의 모임)의 초청을 받고 일본에 가서 자기들의 연구 성과를 교환하고 토론을 하는가 하면 강연회도 개최하는 등 계속 연구에 정진하기로 의견을 모았다.

아들 · 딸 마음대로 낳을 수 있다

쉐틀스 박사에 의한
딸을 낳는 방법

아들보다 확률이 적은 딸 낳는 방법

흔히 아들 낳기를 바라는 부부들이 많지만 딸 낳기를 원하는 부부가 늘어남에 따라
딸 낳는 방법에 대한 문의가 쇄도하고 있다.

딸을 낳기 위해서는
인내심이 필요하지만
그대신에 아들을
낳는 것보다 보람이 있다.
아들을 낳기 위해서는
한달에 2주일쯤 부부관계를
하지 않아야 된다.
그렇지만 딸을 원하는 경우에는
그럴 필요가 없다.

딸을 낳기 위한 방법에 있어서는 쉐틀스 박사의 연구 이외에는 이렇다 할 방법이 나와 있지 않다. 일본의 스기야마 박사 역시 딸을 낳는 방법으로는 쉐틀스 박사의 방법을 그대로 이용하고 있다. 그 방법을 올바르게 실천하기만 하면 누구든지 82%이상의 확률로 원하는 딸을 낳을 수 있다. 아들 낳기를 바라는 부부가 아들을 선호하는 우리나라의 경우 더 많은 것은 사실이지만 인식이 차차 바뀌어지면서 딸을 낳기를 바라는 부모도 상당수 있다.

그런데 딸 낳기를 원하는 경우, 여기서 설명하는 딸을 낳는 방법을 실천하도록 해야 하지만, 앞에서 말한 아들을 낳는 방법에 대해서도 읽어 보고 참고로 해야 한다. 왜냐하면 아들을 낳는 방법과 딸을 낳는 방법은 서로 정반대인 부분이 적지 않기 때문이다.

딸을 낳는 방법은 82%이상의 확률

쉐틀스 박사는 이렇게 말한다.

"딸을 낳기 위해서는 인내심이 필요하지만 그 대신에 아들을 낳는 것보다 보람이 있다."

아들을 낳기 위해서는 한 달에 2주일쯤 부부관계를 하지 않아야 된다. 그렇지만 딸을 원하는 경우에는 그럴 필요가 없다. 그런데 딸을 낳기 원하는 경우 부부관계의 타이밍을 맞추는 일은 아들을 낳으려고 시도하는 때보다 더 어렵고 기간이 걸린다.

그 까닭은 아들을 가려 낳으려고 할 때에는 배란이 있는 당일에 부

● 딸을 낳기 위해서는 아들을 낳으려고 시도하는 때보다 더 어렵고 긴 시간이 걸린다.
그 까닭은 딸을 낳기 위해 배란일의 2, 3일 전날에 마지막으로 부부관계를 하고
배란 2, 3일 동안 성교를 중지해야 되기 때문이다.

부 관계를 해야 하기 때문에 기초체온표라든지 그밖의 방법으로 배란일만 안다면 실행할 수 있지만, 딸을 가려 낳으려고 하는 경우에는 배란일의 2,3일 전날에 마지막으로 부부관계를 하고 배란 2,3일 동안 성교를 중지해야 하기 때문이다.

매 주기마다 배란일이 흐트러지지 않고 일정한 여성의 경우에는 그 날을 예측해서 2, 3일 전날에 부부관계를 하고 금욕을 할 수 있다. 그러나 월경이 불순하거나 기초체온표상에 배란일이 일정하게 나타나지 않는 여성은 어느 날을 배란일이라고 예측해서 부부관계를 해야 하는지 예측할 수 없기 때문에 어렵게 된다.

딸을 임신할 가능성을 더 크게 하기 위해서는 배란 2, 3일 전에 부부 관계를 하고 성교를 중지해야 한다. 만일 성교를 할 때에 여성 쪽의 난자가 먼저 배출되어 있는 경우에는 Y정자가 재빠르게 먼저 난자가 있는 곳으로 헤엄쳐 가서 수정될 가능성이 크다. 그러므로 딸을 가려 낳으려고 하는 경우에는 배란이 있기 2, 3일 전에 성교를 끝내어서 생명력이 더 강해서 오래 살아 남아 기다리고 있다가 난자가 배출될 때 수정하도록 하는 것이 요령이다.

조금이라도 배란일에 가까운 시점에서 성교를 하면 아들을 낳을 가능성이 그만큼 커진다. 그런 까닭으로 해서 성교는 월경이 끝난 직후부터 시작해서 배란 2, 3일 전날에는 중지해야 한다.

그리고 배란 3일 전까지의 부부관계에서 임신이 되지 않으면, 다음달에는 2일, 2일 반 전에 시도해 보고, 그래도 임신이 안 되는 경우에는 2일 전으로 더 다가서서 부부관계를 하도록 한다. 그렇게 해도 임신이 안 되는 경우에는 모험을 하는 길밖에는 없다고 쉐틀스 박사는 말한다. 2일보다 더 가까워진다면 Y정자가 살아 남아 있을 가능성이 있어서 아들을 낳을 위험을 무릅쓰고 부부관계를 할 수밖에 없다.

만일 딸을 낳기를 바라는 부부라면 여기서 설명하는 대로 실행하면 딸을 낳을 확률은 82%가 된다고 쉐틀스 박사는 일러 준다.

딸을 낳으려는 경우에도 배란일은 정확히 알아야 한다

딸을 낳고자 하는 부부의 경우에도 아들 · 딸 가려 낳기에 대한 기본적인 개념과 여러 가지 테스트와 실천할 사항, 또 배란일에 관한 내용을 잘 알아두는 일이 중요하다. 그러한 사항들은 마찬가지로 딸을 낳는 방법에도 그대로 적용한다.

앞에서 살펴본 아들을 낳는 방법에서는 여러 가지의 피해야할 사항들이 있었다. 그런데 딸을 낳고자 할 때에는 아들을 낳기 원할 때 피해야 할 사항들이 반대로 적용이 되는 경우가 많다.

특히 강조해 두는 것은 딸을 낳기를 원할 때에도 여성 자신의 배란일을 정확하게 알아 두는 것이 첫번째 조건이 된다. 배란일이 언제인지 알고 나면 배란이 있을 예정의 3일 전까지 부부관계를 하고 그 뒤에는 중지한다. 그리고 배란일의 사흘 전까지의 부부관계를 하는 횟수가 많을 수록 좋은데 그 이유에 대해서는 뒤에 설명하기로 한다.

딸을 낳는 방법에 관한 설명은 아들 낳는 설명에 비해서 분량이 적다. 그것은 아들을 낳기를 원하는 부부가 많아서 그것을 강조하기 위한 것을 결코 아니다. 설명에 있어서 중복이 되는 부분을 피하였기 때문이다.

딸 낳기를 원할 때에는 배란일을 알고자 할 때의 한 가지 방법인 테스트 테이프는 사용하지 않는 것이 바람직하다. 그 까닭은 남자의 정액은 여성의 질 안에 오랫동안 남아 있게 마련인데 그 남자의 정액은 알칼리성이 매우 강하기 때문이다. 질 안에 남아 있는 정액은 테스트 테이프를 마치 배란일의 경우처럼 변색시키는 일이 있다.

그렇지만 남편 쪽에서 부부관계를 할 때에 콘돔으로 피임을 하고 있는 경우에는 테스트 테이프를 사용해도 된다. 여성의 배란일을 정확히 알아내는 데는 쉽사리 알 수 있는 혜택받은 예도 있지만, 경우에 따라서는 6~7개월이 걸리는 여성도 있다. 그런 여성은 상당한 노력이 따라야 한다는 점을 유의하는 것이 좋겠다.

월경 불순인 여성의 배란일 계산

여성들 가운데는 월경주기가 불규칙적인 사람도 있다. 그런 여성의 경우에는 배란일의 며칠 전에, 곧 월경주기의 며칠째에 부부관계를 하고 그 뒤에는 중단을 해야 하는지 어려움을 겪게 된다. 다음에 쉐틀스 박사에게 지도를 요청한 여성의 편지를 박사가 회신을 한 글에서 그 지도 내용을 알아보기로 한다.

● **얇게 삽입한 상태에서 사정한다**

남자가 되는 Y정자는 산성에 약해서 산성인 질속을 오래 헤엄쳐 다니게 되면 크게 둔화된다.

여자가 되는 X정자는 산성에 강하다

린다 부인의 경우

저는 월경이 아주 불규칙합니다. 월경주기의 19일째 이전에 배란이 있었던 경우도 한번도 없었지요. 매일 아침 잠에서 깨어나면 자리에서 일어나기 전에 체온을 측정하고 있는데, 체온을 기록하는 일은 잘 되어 나가고 있답니다. 배란일의 온도는 언제나 대게 36.4~36.9도 쯤 입니다. 그러나 어느달에는 19일째에 배란이 있는가 하면 또 어느달에는 25일째에 배란이 있습니다. 저의 배란일은 이렇게 종잡을 수 없이 불규칙 적입니다. 월경 주기는 28일 전후가 보통인데 어떤 달에는 엉뚱하게도 45일인 경우도 있답니다. 이런 저도 딸을 낳는 일을 가능한지요? 아니면 절망적일까요?

저는 꼭 딸을 낳고자 해서 박사님의 책을 읽고 말씀을 드립니다. 딸을 낳으려면 5, 6개월은 17일째에 박사님이 지도하시는 방법에 따라서 식초로 씻어서 부부관계를 하고, 그 뒤에는 18일째와 19일째에 부부관계를 하면 어떨까 하고 생각하고 있습니다.

만일 딸만 낳을 수 있다면 4년이든 5년이든 저는 참고서 실천해 보고자 합니다.

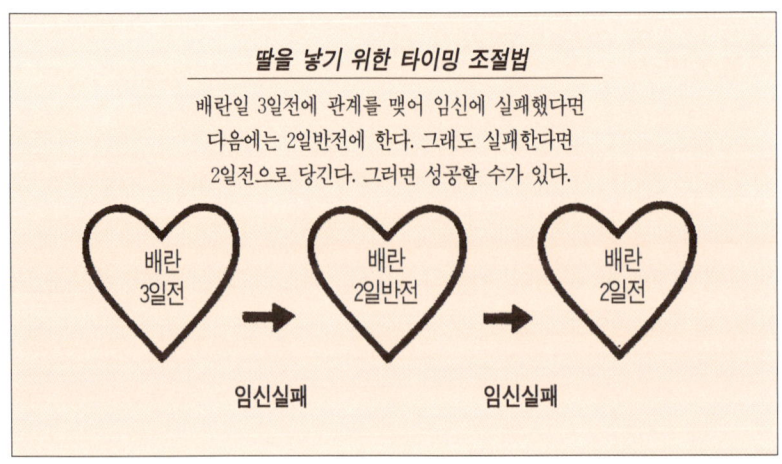

딸을 낳기 위한 타이밍 조절법

배란일 3일전에 관계를 맺어 임신에 실패했다면 다음에는 2일반전에 한다. 그래도 실패한다면 2일전으로 당긴다. 그러면 성공할 수가 있다.

배란 3일전 → 배란 2일반전 → 배란 2일전

임신실패 　　　 임신실패

쉐틀스 박사는 이 린다 부인의 편지를 통한 문의에 대해 두가지의 방법을 제시하고 있다.

첫번째 방법은 4~6회의(주기수가 많을 수록 좋다) 월경주기에 관한 기초체온 기록을 조사해 봐서 가장 빠른 배란일을 택하여 그 날로부터 3일을 앞당겨서 마지막 부부관계로 하는 날로 정해본다. 이 방식에 의하면, 린다 부인의 경우에는 19일에서 사흘을 앞당긴 16일째가 딸을 낳기 위해 마지막으로 부부관계를 하는 날이 된다.

두 번째 방법은 가장 짧은 월경주기의 일수에서 14를(배란일에서 다음 월경의 출혈이 시작될 때까지의 기간이 14일 간인 경우가 많기 때문인데, 언제나 그렇다고는 할 수 없다)빼어서 어느 달에도 예상할 수 있는 가장 빠른 배란일을 알아보는 일이다.

이 린다부인의 예에서는 28일 주기인 경우도 있기는 하지만 월경주기가 워낙 불규칙적이기 때문에 배란일을 예측하기 어렵다. 그러므로 쉐틀스 박사는 그런 경우 28에서 14를 뺀 14일째를 가장 빠른 배란일로 간주해서 그보다 3일 전인 11일째를 목표로 해서 부부관계를 시작하라고 일러 준다.

다시 설명하자면, 월경주기가 시작되고 나서 11일째까지 되도록 많은 횟수의 부부관계를 갖고 11일째 아침에 마지막 부부관계를 반드시 가져야 한다. 그 다음에는 안전한 기간(보통 배란 후 2일 동안)이 될 때까지 성관계를 가져서는 안 된다. 그런데 린다 부인의 경우에는 월경 주기가 불규칙적이기 때문에 안전한 시기가 언제인지 정확하게 알 수 없다. 그러므로 배란 2일 후에 부부관계를 다시 시작하려면 반드시 콘돔을 계속 사용해야 한다고 쉐틀스 박사는 지도하고 있다.

린다 부인은 17일째를 목표로 해서 부부관계를 시작하면 안 된다.

그리고 또 매달 11일째를 목표로 하여 부부관계를 시작해서 3, 4개월을 계속해도 임신이 되지 않는다면 12일째를 목표로 해서 몇 번 동안 시도해 보는 것이 좋다고 쉐틀스 박사는 말한다.

그래도 임신에 성공하지 못하면 13일째, 다음에는 14일째, 또 실패하거든 15일째로 목표일을 하루씩 늦춰 나가는 것이 안전한 방법이다.

이 린다 부인의 경우는 아주 정상이 아닌 경우이다. 대부분의 여성은 그런 곤란한 상황을 경험하지 않아도 된다. 하지만 린다 부인과 같이 비정상인 경우라 할지라도 인내심을 가지고 실천하는 동안에 반드시 성공할 수 있다고 쉐틀스 박사는 말하고 있다.

메어리 부인의 경우

메어리 부인의 월경주기는 린다 부인의 경우처럼 불규칙하지는 않았으나 6개월 동안 기록한 기초체온표를 보았더니 11일째와 15일째 사이에 배란이 일어나고 있었다. 가장 빠른 배란일은 11일째이며 가장 짧은 월경주기는 26일이었다. 이 경우에도 앞에서 설명한 린다 부인의 방법처럼 두 가지 방식에 맞춰서 어느 날까지 부부관계를 하고 중지해야 할 것인지 조사해 봐야 한다.

첫번째 방식에 따라, 26일에서 14를 빼면 12가 남는다. 다음에 여기서 3일을 빼면 9가 남게 된다. 린다 부인의 경우에서 가장 빠른 날을 찾아낸 것이 이 방법이다.

그런데 두 번째 방법을 메어리 부인의 경우에 적용해 보기로 한다. 메어리 부인의 가장 빠른 배란일인 11일째에서 3을 빼면 8이 남는다. 이것이 메어리 부인이 실천하도록 해야 하는 방식이 된다.

메어리 부인과 그 남편은 8일째 아침에 마지막 부부관계를 해야 한다. 7일째 밤에도 부부는 성관계를 갖도록 하는 것이 좋다. 이 방법을 몇 달 동안 해 봐도 임신이 되지 않는다면 마지막 부부관계를 하는 날을 12시간 늦춰서 (8일째 밤에) 시도해 봐야 한다. 이렇게 몇 달 동안 8일째 밤에 마지막 부부관계를 가져도 임신이 되지 않는다면 마지막 부부관계를 하는 타이밍을 9일째 아침(다시 12시간 늦춘 것이다)으로 늦춘다. 이처럼 인내심으로써 몇 달 동안 노력을 한다면 틀림없이 딸을 임신할 수 있을 것이다.

이상에서 살펴본 것은 월경주기가 불순한 여성들을 위해 쉐틀스 박사가 대표적인 사례를 제시해서, 딸을 낳기를 원하는 경우 날짜를 계산하는 방법을 설명한 것이다.

만일 여성의 월경주기가 불규칙하면 이와 같은 방법으로 자기의 배란일을 계산해서 알아내도록 한다.

딸을 낳기 위해서는 다음 여섯가지를 실천한다

배란일을 알아서 언제 부부가 성관계를 해야 하는가 하는 시기에 관해서 여태까지 설명했다. 다음 단계는 딸을 낳기를 원하는 부부는 어떤 점에 유의해서 실천하면 되는지 구체적인 방법을 알아보기로 한다.

쉐틀스 박사는 1970년판의 그의 저서에서 딸을 낳기 위해 부부관계를 가질 때에는 다음과 같은 사항을 반드시 실천하라고 일러준다.

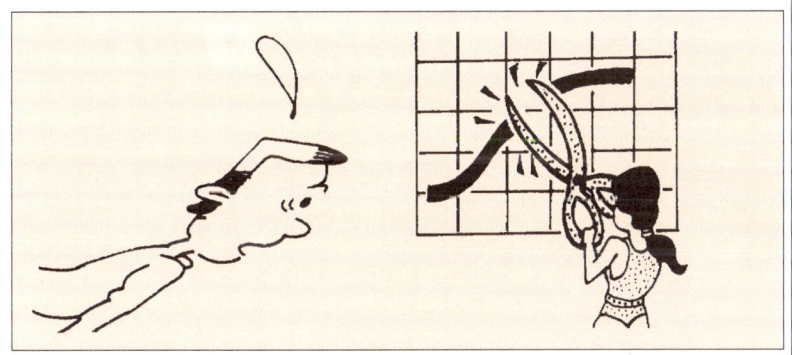

① 배란일의 2, 3일 전이 되면 부부관계를 중지해야 한다. 그렇게 하면 그 2, 3일 동안에 X정자보다 생명력에 있어서 뒤떨어지는 Y정자는 대부분은 죽어 버리고 살아 남는 것은 거의 X정자이다.
② 부부관계를 갖기 직전에 식초를 탄 물로 여성의 질 안을 씻는다. 산성이 강한 환경은 Y정자가 이동하는 것을 막아준다. 식초를 탄 물로 질 안을 씻는 것은 몸에 아무런 해도 끼치지 않으면서 딸을 낳는 확률을 높여 준다.
③ 아내는 부부관계에 있어서 오르가슴에 도달하지 않도록 해야 한다. 만일 여성이 오르가슴에 도달하면 자궁경관에서 알칼리성 분비물이 많이 나와 아들을 낳게 하는 Y정자의 활동에 유리한 환경이 되기 때문이다.
④ 남편의 성기는 얕게 삽입해서 사정을 한다. 이렇게 하면 산성 환경에 약한 Y정자는 산성이 강한 질의 입구 부분을 통과하지 못한다.

쉐틀스 박사는 그 뒤 새로운 연구를 거듭하고 많은 임상 데이터를 근거로 해서 최근에는 다음에서 자세히 설명하는 6가지로 실천 사항을 더 늘려서 권장하고 있다. 이 방법들을 올바르게 실천하는 경우, 귀여운 딸을 낳을 수 있는 확률은 82%이상이라고 쉐틀스 박사는 말하고 있다.

① 배란이 있기 3일전까지는 제한 없이 부부관계를 갖는다.

가장 빠른 배란일의 3일 이전에 정확하게 일단 부부관계를 중지하

● **아내는 오르가슴에 이르지 않아야 좋다?**

남아가 되는 Y정자의 활동이 여자가 오르가슴에 이르면 유리하게 된다. 그것은 Y정자의 활동을 활발하게 하는 알칼리성 분비액이 많아지기 때문이다. 질속의 알칼리성 분비액이 많아지면 여아가 되는 X정자의 활동은 상대적으로 둔화된다. 그래서 여아를 낳고 싶을때는 부부행위중 여자가 오르가슴에 이르지 말아야 한다.

는 날이 정해졌다면 그 날까지는 콘돔이나 그밖의 피임 수단을 이용
하지 말고 자유롭게 부부관계를 갖도록 한다.

중지를 해야 되는 날 이후에 어떤 사정으로 해서 부득이 성관계를
해야 하는 경우에는 피임 수단을 꼭 이용해야 한다. 가장 안심할 수
있는 방법은 남편이 콘돔을 사용하는 것이다.

② 남편은 꼭 끼이는 옷을 입고, 또 뜨거운 물로 목욕을 한다.

앞에서 아들을 낳는 방법을 설명하는 항목에서 남편은 몸에 꼭 끼
이는 옷을 피하고 헐렁한 옷을 입도록 권한 바 있다. 그 까닭은 남성
의 고환 주위, 또는 몸 안의 온도가 높아지면 정자수가 줄어든다는 사
실이 알려졌기 때문이다. 그리고 정자의 숫자가 줄어들면 딸이 태어날
가능성이 높다고 한다.

대체로 정자는 열이 높으면 만들어지는 속도가 떨어지고, 또 아들이
되는 Y정자는 딸이 되는 X정자보다 약하고 생명력이 뒤떨어지기 때
문에 먼저 죽게 된다.

딸을 낳기로 하고 부부가 협력해서 계획적인 임신을 하는 경우에는,
남편은 몸에 꼭 달라붙는 팬티와 옷을 입어서 되도록 고환 부근의
환기를 막아 고온상태로 두는 것이 좋다. 그리고 뜨거운 물에 목욕을
자주 하는 것이 효과를 더해 준다.

그렇지만 주의해야 할 점은 뜨거운 물로 목욕을 너무 자주 하는 것
은 좋지 않다는 것이다. 지나치게 자주 뜨거운 물로 목욕을 하면 정자
의 숫자가 일시적으로 현저히 감소된다. 그래서 임신불능이라는 바라
지 않던 사태를 초래할 염려마저 있다. 알맞은 온수욕을 하는 경우 체
온이 다시 내려가면 정자의 생산은 정상적으로 되돌아온다.

● 열이 높으면 아들이 되는
Y정자는 생명력이
뒤떨어지고 Y정자 보다
강한 X정자가 더 오래
견디게 된다.
그러나 너무 뜨거운 물로
자주 목욕을 하게 되면
정자의 숫자가 감소하게
되어 임신불능을
초래하게 되므로 적당히
조절해야 한다.

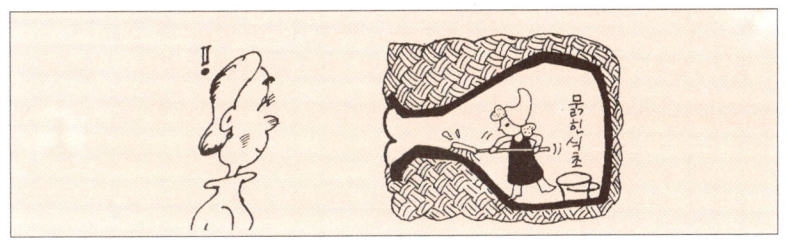

③ 남편은 커피, 홍차를 마시지 말고 균형있는 식사를 한다.

커피나 홍차 속에 함유되어 있는 카페인은 정자에 자극을 주어서 그 활동을 더욱 빠르게 한다는 사실이 입증되어 있다. 그래서 아들을 낳는 방법을 설명하면서 남편은 부부관계를 하기 15~30분 전에 진한 커피를 마시면 Y정자의 활동을 자극해서 좋다는 것을 적어 놓았다. 아들이 되는 Y정자의 활동은 원래 X정자보다도 민첩하다., 거기에다 카페인이 들어가면 Y정자의 활동 능력은 더욱 커져서 X정자를 압도하기에 이른다.

그러므로 딸을 낳기를 원한다면 부부가 성관계를 하기 직전이나 그 동안에는 커피, 홍차 등 카페인이 들어 있어 Y정자에 자극이 될 만한 것은 섭취하지 말아야 한다.

또 남편들은 산성 식품을 많이 섭취하는 경향이 있는데, 알칼리성 식품도 함께 먹도록 해서 영양에 균형이 잡히도록 하는 것이 좋다.

④ 스트레스는 딸을 낳는 데 도움이 된다.

일반적으로 말해서 심리적인 스트레스나 생리적인 스트레스는 딸을 임신하게 하는 데 도움이 되는 경향이 있다고 한다. 평소에 신경이 과민하고 걸핏하면 긴장하기 쉬운 여성은 몸 안에 자기도 모르게 강한 산성 환경이 조성되기 쉽다. 강한 산성 환경은 아들을 낳게 하는 Y정자를 수정시키기 보다는 딸을 낳게 하는 X정자를 수정시킬 가능성이 커진다.

남성 쪽에서도 장기간에 걸쳐 스트레스를 받고 있는 동안에 정자수가 감소되는 경향이 있는데 그렇게 되면 딸이 되는 X정자를 수정시킬 확률이 많아진다.

그러므로 남편이나 아내에게 적당한 스트레스는 딸을 낳는 환경을 마련하는데 도움이 된다고 말할 수 있다.

● **식초를 탄 물로 질 안을 씻어낸다.**

남아가 되는 Y정자의 활동을 최대한 둔화시키고 여아가 되는 X정자의 활동을 돕기 위해서는 질안을 강한 산성으로 만들 필요가 있다. 질 안을 식초수로 부부행위 15분전쯤에 2~3분 가량 씻어내면 질안이 산성으로 된다. 미지근한 물 1홉에 식초 한 숟갈을 넣어 잘 섞어서 세척할 때 사용하면 좋다. 세척은 마지막 부부행위 때에만 한다.

⑤ 부부관계를 하기 직전에 식초수로 여성의 질 안을 씻는다.

딸을 낳기 원해서 배란이 있기 3일 전부터 부부관계를 갖을 때는 물론이거니와 그 이전에도 성교를 하기 직전에 식초수로 질 안을 씻어야 한다. 스푼으로 둘을 타면 된다.

그렇게 하면 여성의 질 안은 일시적이나마 강한 산성이 되어 Y정자의 활동을 막고 딸을 낳게 하는 X정자를 유리하게 해 준다.

이 식초수로 질 안을 씻는 것은 성교하기 직전에 매번 해야 한다.

⑥ 부부관계는 정상체위로 해서 얕게 사정하고 부인은 되도록 오르가슴에 도달하지 않는다.

만일 부부가 딸을 낳기로 작정하고 성교를 할 때에는 정상체위 곧 부부가 서로 마주 보는 자세로 하는 것을 권한다. 이렇게 하면 남성의 정자는 질의 입구 부근에 주입되어 X정자와 Y정자를 부분적으로 분리시켜 주는 질 안의 산성 환경에 일단 놓아 둘 수 있다. 강한 산성 환경 속에서 아들이 되는 Y정자는 그 기능을 잃고, 끈질긴 생명력을 지닌 X정자의 활동이 유리해져서 딸이 태어날 가능성이 커진다.

또 아내의 경우에는 되도록 오르가슴에 이르지 않도록 자제하는 노력이 필요하다. 만일 여성이 오르가슴에 도달하면 자궁경관에서 알칼리성 분비물이 많이 나와서 질 안의 산성 환경이 약화되기 때문이다.

남성 쪽에서는 당연히 오르가슴에 이르러야 사정을 하지만, 이 때에 남성의 성기는 깊이 삽입해서는 안 되며 얕게 삽입이 된 상태에서 사정을 하도록 한다. 얕게 삽입을 해서 사정하면 정자는 알카리성이 강한 지점까지 가기 전에 질 안의 산성 점액 속을 통과해야만 한다. 이 산성지대를 통과하는 과정에서 아들이 되는 Y정자는 낙오하고 그 대신에 딸이 되는 X정자만이 난자가 기다리고 있는 골인 지점까지 갈 수도 있도록 하자는 취지이다.

이상에서 설명한 실천사항을 부부가 올바르게 지키면서 참을성 있게 노력을 하면 82%, 곧 100명 중에서 82명의 확률로 딸을 낳을 수 있다고 한다.

● 배란 10일 전부터 남편은 알칼리성, 아내는 산성식사를 해야 한다.

여자의 체질이 산성화 되면 산성 분비액이 많아져 남아가 있는 Y정자의 활동을 억제할 수 있다. 그것은 남자의 체질이 알칼리성으로 기울때는 Y정자의 증식이 둔화되는 것과 일치한다.

아들·딸 가려낳기에 관한 궁금증과 두움말

아들 · 딸을 가려낳기 위한 조건들

전자 질 온도계라든지 질 압력계라는 기구는
배란이 되는 시기를 추측해 주는 것이 아니라 배란일을 정확하게 알려 주는 장치입니다.

쉐틀스 박사가 1971년에 아들 · 딸을 가려 낳는 방법에 관한 일반 계몽서를 발간하자 미국 전역에 큰 반향을 불러 일으켰다. 그 책을 보고 아들과 딸을 가려서 수태하려는 부부도 많이 생기게 되었다.

쉐틀스 박사한테는 독자들로부터 아들 · 딸 가려 낳기에 관한 수천 건의 질문이 쏟아져 들어왔다. 쉐틀스 박사는 자신이 해 주었던 도움말 중에서 참고가 될 만한 것을 골라서 그의 두 번째 저서에 실었다.

배란일을 정확하게 알 수 있는 방법이 없을까?

문 배란이 언제 되는지 정확하게 알고 싶습니다. 완벽하게 확실한 방법은 아직 개발되지 않았는지요? 제 친구들은 그 새로운 방법이 개발되었다고 말했습니다. 저는 월경주기가 무척 불규칙하기 때문에 그 방법을 알고 싶습니다.

답 '전자 질 온도계'라든지 '질 압력계'라고 하는 기구가 있다는 얘기는 들어서 나도 알고 있습니다. 그러한 장치는 배란이 되는 시기를 추측해 주는 것이 아니라 정확하게 알려 준다고 합니다. 그리고 또 1975년 12월 15일호의 〈OBG AND GY NEWS〉에 보고된 '질내 텔레미터'는 아직 실험단계에 있지만, 복잡한 보조장치를 함께 사용하지 않으면 정확한 배란 시기를 알 수 없답니다. 규모가 큰 병원이 아닌 곳에서 이 장치를 여성들이 이용할 수 있는 시기는 아직 멀었다고 생각됩니다. 그렇지만 이와 같은 장치가 이용된 작은 기구를 가정에서도 사용할 수 있는 날이 언젠가는 오리라고 봅니다.

이 '질내 텔레미터'에 관해서 좀더 자세히 설명해 드리기로 하겠습

- 정확한 배란일을 알기
위해서 사용되는
'질내 텔레미터'는
질 온도계나 질 압력계를
베개 밑에 넣어 두었다가
사용하게 되며 침대 옆에
놓아둔 카세트 레코더가
그것을 기록하게 되는
첨단적인 배란일
측정 장치이다.

집에서 흔히 할 수 있는
방법으로는 날마다
기초체온을 측정하고 체온을
그래프로 체크하여
비교해 보는 것도
훌륭한 방법이다.

니다. 이것은 미국 항공우주국이 개발한 트랜지스터가 붙어 있는 온도 계입니다. 매트리스 밑에 원격 안테나를 넣은 트랜지스터 온도게를 질 안에 넣어서 사용하도록 되어 있습니다. 온도계에서 보내오는 신호를 침대 옆에 놓아 둔 카세트 레코더가 기록을 하고 그것을 나중에 연구 소의 장치를 통해 해독하는 시스템입니다. 아마도 얼마쯤 지난 다음에 는 우주시대의 신무기와 다름없는 이 새로운 장치를 이용해서 배란의 시기를 알 수 있을 것입니다. 물론 미국에서 먼저 사용될 테지요.

하지만, 이러한 새로운 장치들이 실용화되기까지는 상당한 시일이 경과한 뒤라야 가능할 것입니다.

그러므로 현재의 상황으로서는 기초체온표를 이용하는 것이 가장 좋다고 하게습니다. 월경주기가 아주 불규칙한 여성이라 할지라도 끈 기 있게 기초체온표를 기록하면서 책에서 지도한 그대로 실천한다면 부부가 원하는 아들이나 딸을 임신할 수 있을 것입니다.

배란일은 월경주기 14일째로 정해져 있는가?

문 대부분의 여성에 있어서 월경주기 14일째에 배란이 있다고 하는 데 그것이 사실입니까?

답 14일째가 배란이 일어날 확률이 가장 높은 날이라고 하는 것은, 다만 그 날이 평균적인 대부분의 여성에서 월경주기가 28일형이기 때 문에 그 28일의 중간에 해당되어 그렇게 말하는 것입니다. 하지만 모 든 여성의 월경주기가 28일형은 아닙니다. 게다가 28일 주기인 여성 가운데서도 14일째 배란이 일어나지 않는 여성의 예도 많습니다.

배란일이 일정하지 못한 여성이 딸을 임신하기 위하여 가장 확실하 게 부부관계를 하는 날짜를 알아내는 두 가지 방법에 대해서는 이미 자세히 설명해 두었기에 그 항목을 읽어 주기 바랍니다.

그런데 월경주기가 불규칙하다고 해서 어디에 이상이 있는 것은 결 코 아닙니다. 아주 건강한 여성이라도 월경주기가 크게 변동하는 경우 가 있답니다. 그리고 평균보다 짧은 주기 곧 월경주기가 20일형인 여 성도 있고 이와는 반대로 32일형의 여성도 있다는 점을 알아두기 바 랍니다.

더 자세한 내용은 배란일을 알아보는 방법에서 설명해 두었습니다.

음식물도 아들 · 딸을 가려 낳는 데 있어 영향을 미치는가?

문 우리가 먹는 음식물이 태어나는 아기의 성별을 좌우하는 설이 있는데 사실인가요?

🗒 의사인 내 입장으로서는 이 문제에 대해서 무어라고 분명하게 대답해 줄 수 없는 것이 유감스럽군요. 그렇지만 아들을 낳는 비법에서 설명을 한 것처럼, 카페인이라든지 요화칼륨 같은 물질이 아들을 낳는데 있어 아주 유리하게 영향력을 미친다는 것은 사실입니다. 또 알카리성이 아주 강한 센물을 계속 마신다면 아들이 태어날 확률이 높다는 것도 사실입니다.

그렇지만 일반적으로 식사법에 대해서는, 아들·딸 가려 낳는 문제에 있어 하나의 보조 수단으로 산성 또는 알카리성 식품을 권하는 것일 뿐, 식사 관리 한 가지만으로 아들·딸을 가려 낳는 것은 불가능하다는 점을 밝혀 둡니다.

딸을 낳으려는데 금욕을 하는 기간은?

🗒 우리 부부는 딸을 꼭 낳았으면 하고 원합니다. 선생님의 책에서는 배란의 3일 전에 마지막 부부관계를 하고 다음에는 성교를 중지하라고 하셨는데 언제부터 다시 부부관계를 해도 되는지요?

🗒 사실을 말하자면, 남편 쪽에서 올바르게 콘돔을 사용해서 완전히 정자가 새어나가지 못하게만 한다면 부부관계를 중지하지 않아도 됩니다. 그렇지만 만일의 사태를 대비해서 마지막 성교를 한 날부터 3일 이상은 부부관계를 하지 않는 것이 딸을 낳기 위해서는 가장 안전한 조치입니다. 그 까닭은 이 기간에 성교를 하게 되면 남성이 콘돔을 사용한다 하더라도 계획된 임신이 실패할 위험성이 아주 없는 것은 아니기 때문입니다. 남성의 정액과 여성의 오르가슴은 아들을 낳는 Y정자에게 유리한 알카리성을 강화시키는 힘을 지니고 있습니다.

임신하는 계절도 태어나는 아기의 성별과 관계가 있는가?

🗒 일년 중의 어느 시기에 임신하느냐에 따라서 아들 또는 딸을 낳을 수 있다고 임신과 계절 관계를 말하는 의견도 있는데 그것은 사실입니까?

🗒 남·녀의 출생 비율, 계절, 달의 생김새 곧 초승달이다 보름달이다 하는 것 등에 관해서 오래 전부터 여러 가지 주장이 있어 왔습니다. 그러나 이러한 것은 모두 수긍할 만한 근거가 없는 미신입니다.

그러므로 임신의 시기와 계절 같은 것은 아무런 상관이 없다고 말씀드릴 수 있습니다.

태어나는 아기의 성별과 부부의 나이에는 어떤 관련이 있는가?

마지막 성교를 한 날부터 3일 이상은 부부관계를 하지 않는 것이 딸을 낳기 위해서는 가장 안전한 조치입니다. 그 까닭은 이 기간에 성교를 하게 되면 남편이 콘돔을 사용한다 하더라도 계획된 임신에 실패할 위험성이 아주 없는 것은 아니기 때문입니다.

문 남편이나 아내의 나이도 태어나는 아기의 성별과 어떤 관계가 있는 것일까요?

답 남성의 정자수는 나이가 많으면 감소되는 경우가 있습니다. 정자 수가 적을 때에는 다른데에서도 설명했다시피 딸을 낳는 원인이 될수 있습니다.

여성의 경우에도 나이가 들어감에 따라 신체 작용의 주기적인 성질 이 서서히 깨어지게 됩니다. 그래서 자궁 분비액의 알카리성이 양적으로나 질적으로 해가 갈수록 저하되지요. 이와 같은 노화 작용으로 말미암아 딸을 낳게 될 확률이 커집니다.

그러므로 젊은 부부보다 나이든 부부쪽이 딸을 낳을 확률이 높습니다. 어떤 연구에 의하면 15세, 20세, 40세 여성의 아들 출산 확률은 딸을 낳는 것을 100%라고 할때, 각각 160, 120, 112, 91 이 된다고 합니다. 이와 같이 여성의 나이가 많을수록 아들을 낳는 확률이 뚜렷이 줄어 듭니다. 그렇지만 나이가 들어서 아들을 낳고 싶은 경우라면 그리 실망할 것까지는 없습니다. 지금까지 설명한 아들 낳는 방법을 정확하게 실천한다면 효과는 젊은 사람의 경우와 같습니다.

아들 또는 딸을 낳는 것은, 여성에게는 책임이 없는가?

문 저는 남자인데, 아들 또는 딸을 낳는 책임이 전적으로 남성 쪽에 있다는 박사님의 의견에 반대하고 싶습니다. 남성은 아들 또는 딸이 되는 두 종류의 정자를 여성에게 공급합니다. 그런데 여성의 몸 안의 여러 가지 조건으로 말미암아 아들이 되는 정자와 딸이 되는 정자 가운데 어느 쪽이 우세해진다고 박사님은 말했습니다. 그렇다면 몸 안에서 그런 환경을 만드는 여성 쪽에 책임이 있지 않을까요?

답 그런 식으로 생각한다면 아닌게 아니라 여성 쪽에 책임이 있다고 할 수 있겠습니다. 예를 들면 산성이 지나치게 강한 분비액을 내놓는 체질인 여성은 남편이 공급해 주는 아들이 되는 Y정자를 결정적으로 불리한 입장에 몰아 넣습니다. 그래서 자연적으로 딸이 되는 X정자의 수정을 돕게 됩니다.

그렇지만 여러 가지 잘못된 지식이나 남편의 성격, 또는 직업상 이유로 해서 딸이나 혹은 아들만을 낳을 확률이 높은 여성도 있게 마련입니다. 그 한 가지 예를 다음에 들어 보겠습니다.

딸이 셋인 한 부인은 꼭 아들을 낳고 싶은데 남편 쪽에서 금욕을 하지 못한다고 고백하고 있습니다. 아마 성격상으로 성관계를 절제하지 못하는 경우라고 생각됩니다. 이런 경우에는 그 부인이 아무리 아들을 낳고 싶어해도 남편의 협조가 없이는 아들을 낳기 어렵습니다. 아들을 낳기로 했다면 배란일 전까지 부부관계를 삼가하다가 배란이 있는 당일에 성관계를 가져야 하는데 남편을 그것을 참지 못하기 때문에 아들을 낳는 데 실패할 것입니다. 또 딸을 낳기를 원할 경우에도 남편은 배란 3일 전까지에서 부부관계를 중지하는 일도 어렵습니다.

또 하나의 예를 들어 보겠습니다. 그 부인도 딸만 셋이어서 아들을 꼭 낳고 싶지만 남편이 장거리를 운행하는 트럭 운전사이기 때문에 2주일 만에 한 번씩밖에는 집에 들어오지 않는다는 것입니다. 그렇기 때문에 최근 3년 동안 그 부인은 결국 월경주기 12일째까지만 부부관계를 가질 수밖에 없었다고 합니다. 그 부인의 말에 의하면, 그녀의 배란일은 14일째이며 그 전에 배란이 있었던 적은 없었다고 합니다. 그래서 그 부인은 딸밖에 낳을 수 없었지요.

이밖에도 남편 쪽에 원인이 있는 경우는 얼마든지 있으니 참고하시기 바랍니다.

아들·딸 가려 낳기에 있어서 질을 씻는 것은 언제인가?

문 여성이 질 안을 씻는 것은 부부관계를 하기 얼마쯤 전에 하는 것이 가장 이상적입니까?

답 부부가 성교를 하기 2, 3분 전에 씻도록 해야 합니다. 아들을 낳기 위해 소다수로 씻을 때에는 그것을 사용하기 15분 전에 소다를 물에 타서 물에 녹게끔 15분 동안 기다렸다가 사용해야 합니다. 그렇게 해야 소다가 완전히 녹습니다.

질을 씻는 기구는 어떤 것을 사용하는 것이 좋은가?

문 질을 씻을 때에 어떤 기구를 사용하는 것이 좋은지 알고 싶습니다.

답 여성의 질 안을 세척할 때에는 탕파(더운 물을 넣어서 몸을 따뜻하게 하거나 쇠로 도자기를 만든 기구. 유담포)식 기루를 사용하는 것이 좋습니다. 액체를 질 안에 주입할 때에는 중력만으로 자연히 안으로 흘러들어가게 해야 합니다. 특수하게 만든 질 세척기는 약방에서도 팔고 있습니다. 우유병 등을 이용해서 쉽게 만들 수 있으므로 사용하기 편리하게 고안해서 만들어 쓰는 것도 좋겠지요.

만일 배란이 있을 뒤 몇 시간 만에 성교를 하면?

문 부부관계를 하는 타미밍에 관해 의문스러운 점이 있습니다. 만일

> 아들을 낳기로 했다면 배란일 전까지 부부관계를 삼가하다가 배란이 있는 당일에 성관게를 가져야 하는데 남편이 그것을 참지 못할 때는 아들을 낳는 데 실패할 것입니다.

배란의 순간부터 몇 시간 뒤에 성교를 하면 어떻게 되는지요. 아들과 딸 가운데 어느 쪽이 수태됩니까?

답 내가 연구한 바에 의하면, 배란 직후 6~12시간 동안은 자궁의 분비액이 많이 남아 있습니다. 그래서 알카리성이 강한 편이기 때문에 아들을 낳게 될 가능성이 크다고 하겠습니다.

배란 3일 전의 부부관계로서는 임신이 안 된다고 하는데?

문 우리 부부는 딸을 낳고 싶어서 가장 효과적인 성교의 타이밍이 언제인지 알고자 합니다. 그래서 의사에게 가서 상의했더니, 그분의 말은 배란의 3일전에 부부관계를 해서는 임신의 가능성이 전혀 없다고 했습니다. 그의사의 말이 정말일까요?

답 배란일로부터 너무 떨어지는 날에 성교를 하면 임신하기 어렵다는 것은 사실입니다. 그 대신에 이런 경우에 임신이 되었다면 딸을 낳을 학률이 가장 높습니다.

부인의 경우에는 '불필요한 부부관계의 기회'는 갖고 싶지 않다. 다시 말해서 부인은 단 한번의 성교에 의해서 성공을 바란다는, 뜻인데, 그처럼 서두르지 말기 바랍니다. 딸을 낳기 위한 부부관계는 배란일로부터 멀찍이 앞당기는 것이 바람직합니다. 3일 전의 성관계를 매달 계속해서 3~4개월이 지나도록 임신이 되지 않는다면 그 다음에는 20일 반 전으로 배란일과는 간격을 두고 다시 시도해 보십시오. 그래도 안되거든 2일 전으로 부부관계를 하는 날로 정해 또 시도해 봅니다. 배란일 2일 전에 부부관계를 해도 딸을 낳게 될 확률은 큽니다. 이와 같이 3일 전으로 간격을 멀리 두고 시도해 봐서 실패하는 경우 간격을 차차 좁히는 이유는 그만큼 실패할 위험을 줄이기 위해서입니다.

이 질문을 팔자에게 해 왔던 부인은 나의 충고에 따라 배란 3일전부터 조심스레 시도한 결과 그들 부부가 바라던 딸을 마침내 낳았습니다. 실제로 이와 같은 방법으로 많은 부부들이 딸을 낳고 있습니다. 이처럼 부부의 성교 타이밍을 조절하는 방법으로 얻어진 임상적결과에 대한 다른 사례를 소개하기로 하겠습니다. 아마 독자 여러분에게 참고가 되리라고 여겨집니다.

나의 연구에 의하면, 딸 낳기를 희망해서 배란 2. 3일 전후로 성교의 타이밍을 맞춰 실천함으로써 6개월 안에 임신한 22쌍의 부부를 조사한 결과 22명 출산 중 19명은 딸이었습니다. 아들을 낳기 원하는 26명의 여성 집단에서는 배란이 있을 때 또 그 12시간 전후의 기간에 최초의 성관계를 갖도록 지도한 결과 23명이 여성이 아들을 낳았습니다.

정자와 난자의 수명은 얼마쯤인가?

🈁 정자와 난자는 얼마 동안이나 생존해 있을 수 있습니까?

🈁 정자는 자궁 내부에서 최고 일주일쯤을 살아 있을 수 있다고 하는데, 이것은 아주 드문 경우라 하겠습니다. 일반적으로 말해서 딸이 되는 X정자는 2~3일 이상은 살지 못하고, 아들이 되는 Y정자는 경우에는 보통 24시간 이내에 죽는다고 합니다.

한편, 수정이 되지 않은 난자는 12시간쯤에 살아 있는데, 드물기는 하지만 24시간 이상 살아 있는 예도 있습니다.

정자를 분석 검사할 수 있는지?

🈁 저는 아들을 셋 낳았는데 딸이 없습니다. 남편은 다른 방법을 시도해 보기 전에 자신에게 딸이 되는 X정자가 있는지 확인해 보고자 합니다.

우리 부부가 사는 이 곳에서도 정자의 분석 검사가 가능한지 가르쳐 주십시오.

🈁 현재 미국에서도 이 정자의 분석 검사를 할 수 있는 장치를 가지고 있는 의사는 많지 않습니다. 게다가 이들은 대부분 병원의 개업 의사가 아니라 자신의 연구에만 몰두하고 있는 사람들입니다.

아들이나 딸 어느 한쪽의 자녀만 낳은 부부도 포함해서 어떤 부부든 이 책에서 소개하는 방법을 올바르게 실천한다면 반드시 그 부부들이 원하는 아들이나 딸을 낳을 수 있다고 나는 감히 장담하고 싶습니다.

이를테면 딸만 낳는 부부는 그 원인이 대부분 유전적인 데 있다기보다는 다만 운이 나빴다고나 할까요. 남편의 형제나 아버지, 할아버지, 그리고 그 직계의 사람들이 모두 한 쪽 성별의 아기밖에 낳지 못한 경우에 한해서 유전적인 요인이 작용한 것이라고 생각할 수 있습니다.

딸만 낳은 아버지의 경우 운이 나빴다든가 유전적인 요인이 작용한 것이 아니라 그 사람의 정자수가 적은 데서 원인을 찾아볼 수 있는 경우도 있습니다. 그런 경우에는 아들을 낳는 법에서 설명한 대로 실천을 하면서 특히 자주 성관계를 갖지 말고 정자를 축적시킴 으로써 아들을 낳을 수가 있습니다.

산과 알칼리는 정자와 어떤 관계가 있는가?

문 산은 아들이 되는 Y정자를 죽이고, 알칼리는 딸이 되는 X정자를 죽인다는 기사를 신문에서 보았는데 정말 그렇습니까?

답 나의 연구 성과에 대해서 몇몇 신문이 잘못 보도를 한 것입니다. 알카리로 씻는 것은 Y정자와 X정자 양쪽에 다 유리한 환경이지만, 특히 아들이 되는 Y정자에게는 딸이 되는 X정자보다 거기서 훨씬 활동하기 좋은 것입니다. 알카리성 환경에서는 아들이 되는 Y정자는 딸이 되는 X정자에 비해 훨씬 우수한 능력을 발휘합니다. 더 구체적으로 말해서 Y정자의 활발한 행동력, 곧 속도가 최대한으로 발휘되어 X정자를 제치고 난자가 있는 곳으로 빨리 접근합니다.

이와는 반대로 산성 환경은 Y정자와 X정자를 모두 둔화시키지만, 딸이 되는 X정자는 Y정자보다 더 크고 저항력이 강하기 때문에 거의 산의 영향을 받지 않습니다.

질안의 세척은 아기에게 해롭지 않은가?

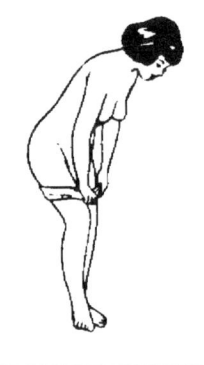

문 여성의 질 안을 씻고 임신 되는 경우, 태어나는 아기에게 어떤 나쁜 영향을 미치지 않을까요?

답 질 안을 씻는 일은 모체나 태어나는 아기 양쪽에 아무런 해를 끼치지 않는다는 사실이 입증되었습니다. 나의 연구 결과로는 그런 방법에 의해 태어난 많은 아기가 모두 안전하고 건강하며 정상적입니다.

인공수정의 경우에는 100%성공이 가능한가?

문 아들·딸 가려 낳기에 있어서 100%의 성공률을 거두기 위해 두 가지 정자를 분리하는 방법이 있는지요? 만일 그러한 방법이 있다면 인공수정을 받아 보려고 합니다.

답 두가지 정자를 분리하는 방법은 여러 가지로 연구가 되고 있습니다. 그 중에서 몇 가지 방법은 이미 동물시험에서 성공하고 있습니다.

그리고 이것을 인간에게도 적용시키려는 시도가 이루어지지 않는데 장래성이 유망하다고 보고 있습니다.

아들·딸 가려 낳기는 카톨릭의 교리에 위배되는가?

문 박사님의 아들·딸 가려 낳기 방법을 실천하고 싶습니다. 그런데 저희 부부는 카톨릭 신자이기에 그것이 교리에 어긋나는 행위가 아닌지 걱정됩니다.

답 결론부터 말해서 가톨릭 교회에서는 이 방법에 반대하지 않습니다. 신교의 목사도 자기의 가족 계획의 일환으로 채택하려고 나에게

와서 아들·딸을 가려 낳는 방법에 대해 문의했습니다. 카톨릭교회 뉴욕 교구의 가정생활국장인 휴 큐란 추기경은 그 방법이 임신을 방해하기 위한 것이 아닌 이상 반대하지 않는다고 언명했습니다.

경구피임약의 사용을 중지하고 얼마쯤 있다가 아들·딸 가려 낳기 임신을 시도해야 하는가?

🈷 저는 지금 경구피임약을 사용하고 있습니다. 앞으로 아들을 낳고 싶은데 경구피임약의 사용을 중지하고 얼마쯤 기다려야 합니까?

🈺 대부분의 의사들은 3~6개월을 기다렸다가 임신하라고 말합니다. 이 기다리는 동안에 다시 한 번 월경주기를 정비하고 매달의 정확한 배란일을 확인하도록 하십시오. 경구피임약의 복용을 중지하고 얼마 안 있다가 임신을 하면 유산을 할 확률이 높다는 것이 연구에 의해 밝혀졌습니다.

정자가 난자 있는 곳까지 도달하는데 걸리는 시간은?

🈷 남성이 사정을 해서 정자가 출발한 때부터 난관에서 기다리고 있는 난자까지 가서 수정이 될 때까기 시간이 얼마나 걸리는지요?

🈺 그것은 대략 1시간 정도입니다.

자궁후굴인 경우 특히 주의할 점은?

🈷 의사는 저의 자궁이 기울어져 있다고 합니다. 저의 경우에는 보통 여성과 다른 방법을 써야 하는지요?

🈺 참으로 적절한 질문이라 하겠습니다. 부인과 같은 여성의 경우에는 부분적으로 수정된 방법으로 아들·딸 가려 낳기를 실천해야 합니다.

자궁이 위쪽이 아니라 척추 쪽으로 기울어져 있는 상태, 의학적으로는 이런 상태를 자궁후굴이라고 하는데 과거에는 흔히 외과적 처치로 교정하기도 했습니다. 그 방법은 외과의사 골반강을 절개 수술해서 자궁을 받치고 있는 인대를 짧게 함으로써 자궁을 끌어당겨 정상적인 인대로 돌려놓습니다.

그러나 오늘날에는 그런 수술은 거의 하지 않고 있습니다. 임상적인 견지에서 본다면 자궁이 기울어져 있더라도 거의 문제가 되지 않기 때문입니다.

이런 여성들도 자신의 그런 상태를 자각하지 못하고 있는 경우가 많지요. 이런 상태는 아주 드물게 있는 일이지만, 의사로부터 자궁후굴이라는 진단을 받은 경우에는 아들·딸 가려 낳기를 다음과 같은

남성이 사정을 해서 정자가 출발한 때부터 난관에서 기다리고 있는 난자까지 가서 수정이 될 때까지의 시간은 대략 1시간 정도입니다.

방법으로 실천하면 됩니다.

만일 부부가 딸을 낳기를 원한다면 이 책에서 설명한 방법대로 하면 됩니다. 그렇지만 아들 낳기를 원할 때에는 이 책의 방법대로 실천하면서 다음과 같이 추가해서 실천해야 합니다. 부부행위가 모두 끝나거든 아내는 즉시 위가 아래쪽으로 가게 누워서 베개를 허벅지 아래로 받치고 약 15분 동안 움직이지 말고 가만히 있도록 합니다. 그러면 정자는 자궁경관의 뒤쪽 공간을 차지하고 있는 후질 원개가 아닌 자궁경관 안으로 곧바로 들어가게 됩니다.

남자의 생식 능력은 속옷의 종류에 의해서 좌우되는가?

문 저의 아내는 남성이 입는 팬티의 종류에 따라서 생식 능력이 좌우된다는 것을 어디서 읽은 것 같다고 말하고 있습니다. 제 아내가 만일 간호사가 아니었다면 '바보같은 소리 집어치워!' 하고 호통을 쳤을 것입니다. 그것은 정말로 근거가 있는 말일까요? 그것이 사실이라면 어떤 이유에서 어떤 작용을 하는 것입니까?

답 부인이 한 말은 틀리지 않았습니다. 경구피임약을 개발한 멤버의 한 사람인 하버드 대학의 존 로크 박사는 다음과 같이 말하고 있습니다. '고환 내부의 온도는 적어도 체온보다 섭씨 1도 낮게 유지할수 없는 옷을 입고 있으면 정자의 생산수를 현저하게 저하시킨다. 예를 들면 공기가 전혀 통하지 않는, 몸에 꼭 달라붙는 스포츠용 서포터를 계속해서 착용하고 있으면 4주일 뒤에는 생식 능력이 없어지게 된다.

하지만 이와 같은 옷을 벗어 버리면 정자의 생산은 서서히 회복된다. 이와는 반대로 고환을 매일 1시간 반 얼음 속에 밀봉만 할 수 있다면 정자감소증 곧 정자수가 적어서 임신이 곤란한 증세가 있는 남성의 19%는 정자의 생산력이 개선되어 노력하기에 따라서는 아내를 임신시킬 수 있다'고 존 로크 박사의 이 이론에 의해서, 나는 지나치게 심한 정자감소증이 아닌 적당한 상태는 딸을 낳는데 유리하다고 말하고 싶습니다. 따라서 배란이 있기 전에 금욕을 하고 고환의 온도를 내릴 수 있는 옷을 입는다면 아들을 낳을 기회는 커질 것입니다. 얼음을 사용할 것인지 안 할 것인지 오로지 자신이 선택할 문제입니다.

자궁내 피임기구를 사용하면서도 월경주기를 측정할 수 있는가?

문 저는 산아제한을 하기 위하여 자궁내 피임기구를 사용하고 있습니다. 그것을 사용하고 있는 상태로 월경주기 테스트를 실시해도 괜찮을지요? 그 때문에 월경주기의 성질이 변하지는 않을까요?

🔳 자궁내 피임기구를 사용하면서 월경주기 테스트를 하는 경우에 월경주기가 틀려지게 되는지 어떤지는 그것에 관한 데이터가 전혀 없기 때문에 뭐라고 대답을 해야 할지 모르겠습니다. 그렇지만 자궁내 피임기구를 빼내고 석달 동안 기다렸다가 임신을 하도록 하는 것이 좋겠습니다. 그 동인에는 콘돔으로 피임하도록 하십시오. 언제나 안전한 방법이 최선의 방법이라고는 사실을 잊지 마시기 바랍니다.

아기를 위한 엄마의 육아 메모

아들 · 딸 마음대로 낳을 수 있다

불임증을 극복한다

건강과 임신

보통 정상적인 정액은 1회의 사정에서 5천만 마리 이상의 정자가 나오는 것으로 되어 있는데,
5천만 마리 이하라면 임신하기 어려우며 그것을 정자감소증이라고 한다.
또 전혀 정자가 없는 경우에는 무정자증이라고 해서 임신시킬 능력은 없다.

결혼 1년 이내에 70%가 임신

젊고 건강한 부부인 경우, 피임을 하지 않는다면 그들이 결혼을 하고서 1년 안에 70%는 임신을 하게 된다. 그 나머지인 30%의 절반은 다음 1년 동안에 임신을 한다. 그러니까 결혼을 한 부부의 85%는 2년 안에 임신을 하는 셈이다.

그렇다면 나머지 15%의 부부는 불임증인가, 꼭 불임증이라고 단언할 수는 없지만 불임증일 가능성이 많다고 할 수밖에 없다.

한마디로 불임증이라고 하지만, 의학적으로 정상적인 성생활을 하고 있는데도 3년이 경과하도록 임신을 못하는 경우를 일단 불임증으로 다룬다.

처음부터 한 번도 임신을 하지 못한 경우를 원발불임, 임신을 했지만 유산을 한다든지 자궁외 임신이라든지 또는 분만을 한 적이 있으나 그 다음에는 아기가 생기지 않는 경우를 속발불임이라고 해서 구별하고 있다. 문제는 한 번도 임신을 하지 못하는 원발불임인데, 그 원인으로서는 다음과 같은 경우를 생각해 볼 수 있다.

먼저 남성 쪽에서는 정액이다. 곧 정상적인 정액이 나오고 있는가 그렇지 못한가이다. 보통 정상적인 정액은 1회의 사정에서 5천만 마리 이상의 정자가 나오는 것으로 되어 있는데, 5천만 마리 이하라면 임신하기 어려우며 그것을 정자감소증이라고 한다. 또 전혀 정자가 없는 경우에는 무정자증이라고 해서 임신시킬 능력은 없다.

● 젊고 건강한 부부이 경우, 결혼 1년안에 70% 정도가 임신을 하게 된다.
피임을 하지 않는데도 불구하고 결혼 2년 안에 임신이 되지 않는다면
불임 원인을 점검해 보고 전문의와 상의해 보는 것이 좋다.

여성 쪽에서 살펴본다면 자궁, 질, 경관, 난소, 난관에 병이나 이상이 있는 경우이다.

그 가운데서도 불임과 관계가 있는 병으로서는 기형, 발육부전, 근종, 염증, 내막증 등을 들 수 있다. 남녀 어느 쪽의 경우든 불임증 전문의의 정밀 검사를 받아 원인이 어디에 있는지 알아야 한다.

불임증이 아닌가 하고 의심을 해 보는 짐작은 2년인 셈인데 최근에는 여성의 결혼 연령이 높아지고 더욱이 결혼 당초에는 피임을 하는 경우도 많기 때문에 아기를 갖고자 하면서도 1년이 경과하도록 임신을 못할 때에는 전문의를 찾아가 상담을 해 보는 것이 좋겠다. 불임증의 치료에 있어서도 빠르면 빠를수록 효과가 있기 때문이다.

남편과 아내가 함께 검사를 받는다

옛날에는 여자가 시집을 가서 3년이 지나도록 아이를 못 낳으면 소박을 맞는다고 했다. 당시에는 임신을 하지 못한 책임을 모두 여자가 져야만 했다. 그래서 남편으로부터 이혼을 당하거나 남편이 소실을 얻어도 아무 말도 하지 못했다.

그러한 인식은 오늘날에도 완전히 없어지지 않아서 불임의 원이이 여자 쪽에 있다고 일방적으로 단정하는 경우가 이외로 많다. 그렇지만 불임의 원이이 반드시 여자 쪽에만 있는 것은 아니다. 의학적으로는 아이를 갖지 못하는 부부의 약 3분의 1일 경우는 남편 쪽에 그 원인이 있다고 말하고 있다.

그럼에도 불구하고 아이가 없을 경우, 아내 쪽만 죄책감에 시달리면서 몇 달, 몇 년 동안 병원으로 찾아다니나 남편 쪽에서는 단 한번도 검사를 받으러 오지 않는 예를 우리는 흔히 본다.

너무나 당연한 얘기지만 아기는 여성이 혼자서 만드는 것이 아니라 부부가 협력해서 잉태하게 된다. 가령 아내 쪽의 수태능력이 낮은 경우에도 남자의 정자가 여느 남자의 정자보다 오래 살아 있는 왕성한 활력을 지니고 있다면 임신이 될 가능성은 높다. 이런 경우에는 전문의의 검사와 지도를 꼭 받아야 한다.

남편에게 불임 검사를 받아보라고 하면 자신에게는 잘못이 없다고 오히려 화를 내는 남편도 있는 듯 하지만 그것은 사리를 알지 못하는 억지에 지나지 않는다. 그러므로 아기 갖기를 원하는 부부가 결혼한

뒤로 2년이 지나도록 임신이 되지 않는다면 반드시 두 사람이 함께
검사를 받아 봐야 한다.

● 불임 검사는
아내와 남편이 함께
받아 정확한 원인을
규명하여 치료받는 것이
바람직하다

● 남편이 불임검사를 받아보라고 하면 자신에게는 잘못이 없다고 오히려 화를
내는 남편도 있는 듯하지만, 그것은 사리를 알지 못하는 억지에 지나지 않는
다. 그러므로 아기갖기를 원하는 부부가 결혼한 뒤로 2년이 지나도록 임신이
되지 않는다면 반드시 두 사람이 함께 검사를 받아 보아야 한다

　여러가지 불임의 원인 가운데는 부부의 혈액형에 의한 상성이 문제
가 되는 경우도 없지않다. 부부간의 애정이 비록 두텁다 하더라도 태
어나는 아기의 혈액을 바꾸지는 못한다. 그런 상태를 발견하기 위해서
도 부부가 함께 조기에 검사를 받도록 한다.

아내 쪽에 있는 불임의 원인

먼저 아내 쪽에 불임의 원인이 있는 경우를 살펴보기로 한다.

• 성기의 이상

여성의 불임의 원인 가운데서 가장 흔한 것이 성기의 이상이다. 여성 성기의 이상으로서는 다음과 같은 세 가지를 들 수 있다.

① 처녀막이 딱딱하다.

원래 처녀막은 아주 얇아서 운동을 과격하게 한다든지 하면 찢어지기도 하고 대부분은 남성과의 첫번째 성교로 찌어지는 것이 보통이다.

그런데 그 가운데는 처녀막이 지나치게 딱딱해서 남성의 성기를 받아 들이지 않는 경우도 있다. 이런 때에는 임신이 되지 않는 것은 물론이다.

② 반음양인 경우

난소를 가지고 있기는 하나 바깥의 성기가 남성의 성기와 비슷한 여성인데 정상적인 성행위를 할 수 없으며 따라서 임신이 되지 않는다.한때 유산을 방지하기 위해 임신한 여성이 합성 황체호르몬을 과다하게 복용해서 그와 같은 신생아가 태어난 예가 있다.

③ 자궁의 발육부전과 자궁후굴증

여성의 자궁이 작고 근육의 발달도 좋지 않으며 자궁강이 좁고 딱딱한 경우 자궁부전이라고 한다. 그러한 자궁발육부전은 자궁의 전굴, 후굴증이나 무배란, 무월경, 월경통과 같은 증상을 일으키기 쉽고 그래서 불임의 원인이 되기 쉽다.

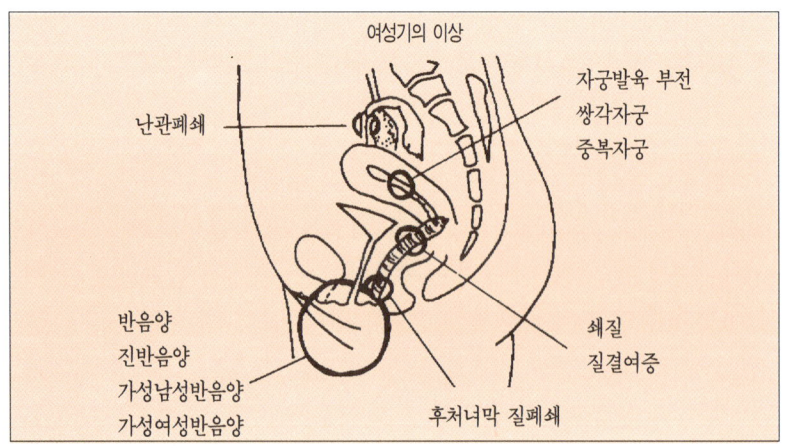

여성기의 이상
난관폐쇄
자궁발육 부전
쌍각자궁
중복자궁
반음양
진반음양
가성남성반음양
가성여성반음양
쇄질
질결여증
후처녀막 질폐쇄

자궁후굴인 경우 어째서 불임의 원인이 되는가 하는 데 대해서는 여러가지 설이 이다. 그 가운데서 가장 유력한 것은 자궁이나 골반이 출혈되기 쉬워 자궁내막이 두터워지고 수정란의 착상을 어렵게 만든다는 것이다.

이 자궁후굴에는 이동성인 것과 직장에 자궁이 유착되어 있는 경우가 있다. 허리의 통증이라든지 아랫배가 당기는 것으로 해서 본인이 자각하게 된다. 이 가운데 이동성인 후굴은 쉽게 치료할 수 있다.

• 무월경, 무배란

월경과 임신은 밀접한 관련을 가지고 있다. 월경 주기의 전반에는 자궁의 내막이 차차 증가하는 증기식인데 동시에 난소에는 난자가 자라난다. 배란이 있으면 증식기는 그치고 내막선이 활동을 시작하는 분비기로 접어들면서 수정란이 오기를 기다린다. 만일 수정란이 오지 않으면 난자가 거기서 자라나게 될 두터운 내막은 소용없게 되어 떨어져 나가는 것이 바로 월경이다.

무월경이란 배란이 없기 때문에 자궁내막이 계속 증식하는 상태이다. 무월경인 여성은 배란도 없다고 생각할 수 있다. 드문 경우이기는 하지만, 배란이 있는데도 월경이 없는 여성도 있다. 인공임신중절의 수술을 하면서 자궁의 내막을 지나치게 긁어냈다든지 내막에 결핵균이 감염되었을 때에는 배란이 있어도 월경이 없다.

그런가 하면 월경은 있는데도 배란이 없는 여성도 있다. 배란을 관장하고 있는 것은 뇌하수체인데, 난소의 감수성이 둔하다면 배란 활동이 제대로 되지 않는다. 이런 경우 당사자는 월경이 있는데 그럴 리가 없다고 주장하기도 하지만 그러한 생리적인 면에 대해서 잘못 알고 있는 예이다.

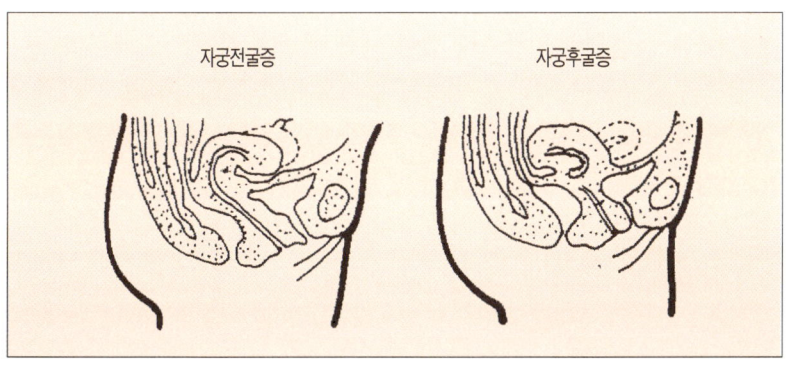

• 성기에 병이 있는 경우

여성의 성기에 결핵균이 침범해서 자궁내막에 감염되면 난관에까지 침입해서 난관이 폐색되기 쉽다. 그런 경우에는 불임이 된다.

또 자궁근종으로 자궁 안의 근육에 종기가 생기는 일이있다. 그렇게 되면 호르몬의 균형이 무너지고 혈액순환이나 신진대사가 정상적으로 이루어지지 않아 임신하기가 어려워진다.

자궁내막증인 때에도 불임이 되기 쉽다. 이것은 자궁 내막의 조직이 다른 장기로 확산되어서 40%이상이 아기를 갖지 못한다.

난소 주머니 속에 물이 괴거나 특수한 세포가 불어나서 뭉치는 난소종양이라는 것이 있는데, 이것도 불임의 원인이 된다. 이병은 암 같은 악성으로 발전될 위험을 지니고 있기 때문에 조기에 발견해서 치료를 해야 한다.

다음으로는 질의 염증을 들 수 있다. 여성의 질 안에 세균, 곰팡이, 또 그밖의 잡균이 들어가서 염증이 생긴다. 염증이 생기면 짓무르고 분비물이 많아서 정자의 활동을 방해하여 임신이 순조롭지 못한다.

• 난관에 장애가 생기는 경우

난관은 자궁외임신이 가장 일어나기 쉬운 곳이다. 정자와 결합한 수정란이 자궁으로 운반되지 못한 채 난관에서 발육하는 것인데, 그 원인은 난관의 이상에 있다. 즉 수정란을 자궁까지 운반할 힘이 없는 것이다.

결핵균, 화농균, 대장균 등으로 말미암아 생기는 염증은 난관의 활동을 둔하게 만든다. 이 증상이 심해지면 관이 막혀서 정자와 난자는 서로 만날수 없게 된다. 이 염증은 난관을 다 해치게 될 위험성 마저 있다.

또 인공임신중절의 후유증으로 불임증이 되는 경우도 있다. 그 대부분은 세균 감염으로 인한 난관염이 난관 폐색을 가져오기 때문이다.

난관의 윗부분이 막히면 난자는 내려오지 못하고, 반대로 아래쪽이 막히면 정자가 올라가지 못한다. 중절수술이 위생적으로 잘 되었는데도 환자의 부주의로 이런 경우가 생길 수 있다.

• 자궁내막 착상장애

항체호르몬의 분비가 적은 여성은 자궁내막이 얇고 작용은 둔화되어서 수정란이 착상되기 어렵다. 설령 착상이 되었더라도 유산될 위험성 있다.

• 경관점액의 분비가 적은 경우

배란기가 되면 정자가 자궁 안에 원활하게 들어갈 수 있게끔 물기가 많은 경관점액이 자궁 입구에 나와 있다. 그런데 그 양이 너무 적으면 정자가 자궁 안으로 헤엄쳐서 들어가기가 힘들다.

• 심리적인 원인

불안, 슬픔 등 흐트러진 감정은 자율신경과 호르몬의 균형 있는 작용을 깨뜨린다. 예를 들어 고나도트로핀(성선자극호르몬)은 마음이 피로할 때에는 분비가 중단되는 경우마저 있다.

이제까지 살펴본 것처럼 여성의 불임증은 생리적인 여러 가지 원이에서 온다. 전문의사를 찾아가서 상담하도록 해야 한다.

남편 쪽에 있는 불임의 원인

남성 쪽에 있는 불임의 원인은 여성의 경우처럼 그렇게 복잡하지는 않다. 남성 쪽 불임의 원인은 대략 다음 네 가지로 나누어 살펴볼 수 있다.

• 무정자증, 정자감소증

보통 남성의 경우 정액 1cc 속에는 약 1억 마리의 정자가 있다. 만일 정자가 5백만 마리 이하인 경우는 정자감소증이다.

정자가 아주 없는 무정자증이나 정자감소증의 원인은, 사춘기에 유행성 이하선염이나 폐렴 같은 열병을 앓았거나, 지나친 X레이 조사, 호르몬 장애, 스트레스 등이라고 생각되고 있다.

• 정자사멸증, 성교장애

아주 드문 예이기는 하지만 대부분의 정자가 사정 될 때 이미 죽어 있는 것을 정자사멸증이라고 한다.

또 성교장애 불임이라고 하는 것은 선천적인 기형이나 임포텐츠 등으로 완전한 성교가 되지 않을 경우나 지루 등으로 불임이 되는 것을 말한다.

• 정자의 통로에 장애가 있는 경우

남성의 양쪽 고환이 결핵이나 임질에 감염되는 데서 오는 무정액증, 정액과소증, 요도의 선천적인 협착, 정관의 발육부전 등이 있는 경우에는 아내를 임신시키기 곤란하다. 어릴 때에 탈장 수술을 받았던 사람도 정관이 막혀 있는 경우가 있기 때문에 주의해야 한다.

남성의 경우에도 의심스럽다면 망설이지 말고 전문의를 찾아가 정밀 검사를 받고 상의해야 한다.

남성불임의 원인 중 하나는 남성의 고환이 결핵이나 임질에 감염되어 무정액증, 정액과소증, 요도의 선천적인 협착, 정관의 발육부전 등으로 아내를 임신시키지 못하는 경우가 많다. 아때는 망설이지 말고 전문의를 찾아가 정밀검사를 받아야 한다.

불임 여성의 검사 및 치료

정상적으로 성생활을 하는 건강한 부부가 일정한 기간이 지나도록 임신을 하지 못할 때에는 불임증이 의심되므로 그 원인을 찾아내어서 치료를 하지 않으면 안 된다.

그러기 위해서는 전문의를 찾아가서 먼저 검사를 받아야 한다. 정확한 검사를 받는 것이 치료를 거쳐 아기를 낳을 수 있는 지름길이라고 하겠다.

여성 불임증의 검사는 그림에서 보는 것처럼 월경에서 다음 월경까지의 기간을 구분해서 정해진 시기에 단계적으로 검사한다.

불임 검사에서 가장 중요한 것은 배란의 유무를 알기 위한 기초체온법과 난자의 통로를 조사하는 자궁난관조영법이다.

이 두 가지의 방법으로 불임의 원인을 알아냈다더라도 그 증상은 간단한 것이 아니기 때문에 끈기 있게 치료를 받도록 해야 한다.

그리고 이 두 검사에서 이상이 없다고 해서 안심할 수는 없다. 앞에 설명한 바와 같이 불임의 원인을 다른 곳에도 있다. 그림에서 보는 것처럼 불임 검사의 시기와 순서에 따라 차례로 검사를 모두 받도록 한다. 검사를 위해서는 최소 7~8회는 병원에 다녀야 한다.

검사와 치료법에 대해 순서에 따라 다음에 설명하기로 한다.

• 배란의 유무에 대한 조사

먼저 배란이 있는가 혹은 없는가 하는 것을 조사해서 확인하는 일이 중요하다. 만일 배란이 없다면 다른 데가 아무리 정상이라 하더라도 임시하지 못한다. 그러므로 불임 검사에 있어서 배란이 있는가 또는 없는가를 조사하는 것이 첫번째 포인트가 된다.

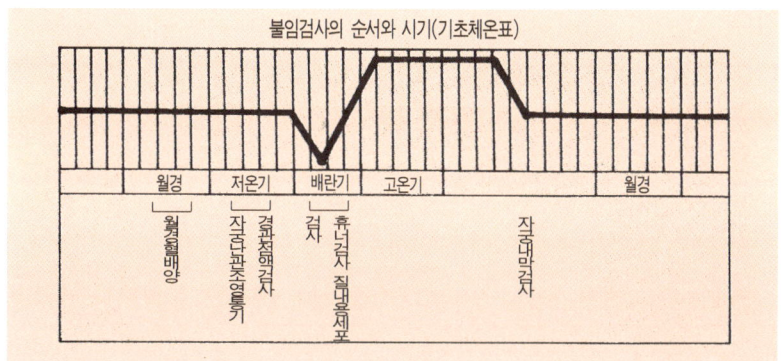

이 표의 스케줄대로 검사하면 불임의 원인을 알 수 있다.

여성의 배란 유무를 알아보는 데는 기초체온표를 작성해서 아는 것이 한 방법이다. 배란기에 분비되는 난포 호르몬은 체온을 내려가게 하는 작용이 있다. 따라서 그 달의 월경에서 다음 월경까지의 한주기 사이에 고온기와 저온기의 이상형 체온이 있으면 배란이 있다는 것을 알 수 있다.

매일 기초체온을 기록하는 방법에 관해서는 앞에서 설명한 바와 같이 하면 된다.

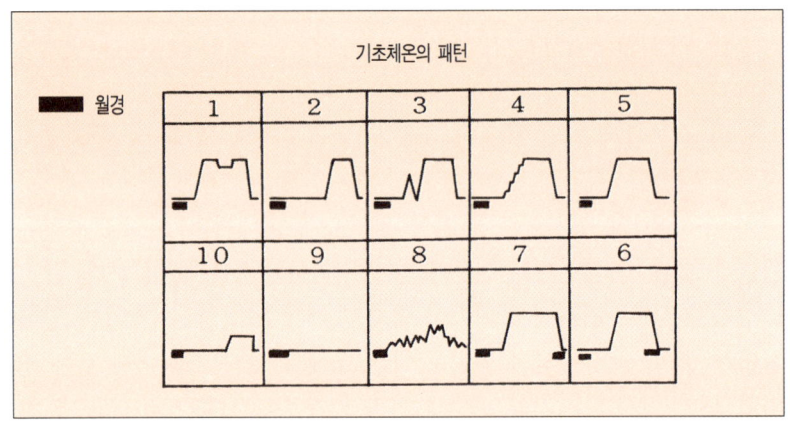

기초체온표가 작성이 되면 각각 자기의 기초체온의 타입이 그려진다. 배란이 있는지 없는지 그 표에서 알아보기 위해서는 그림에서 보여 주는 기초체온이 패턴과 비교해 본다.

그림에서 제1형인 경우는 정상이다. 다른 불임의 원인만 없다면 임신을 할 수 있다.

제2형과 제3형은 황체호르몬의 기능이 불완전할 위험성을 지니고 있어 그대로 놓아 두는 경우 임신이 곤란한 타입니다.

제4형과 제5형의 경우에도 고온기가 적어서 임신은 좀 어려울 것 같다.

제6형은 난소의 활동과 자궁내막의 반응이 좋지 않고, 수정관의 착상장애가 가끔 있다는 것을 말해 준다.

제7형은 조기유산형이다.

제8형은 배란이 있는지 없는지 판정하기가 어렵다.

제9형은 저온기 뿐이기 때문에 아주 배란이 없는 경우이다.

제10형은 월경과 다음 월경의 주기가 길고 배란이 드물어서 임신의 기회가 그만큼 적다고 할 수 있다.

이 기초체온표 이외에도 배란이 있는지 없는지를 알기 위해 몇 가지 배란일을 알아보는 방법이 있으므로 그것을 이용하도록 한다(그 방법에 관해서는 앞에서 설명). 배란일을 안다는 것은 곧 배란이 있다는 것을 말해 준다. 이미 설명한 바 있는 기초체온법, 테스트 테이프의 이용, 분비물의 끈기, 중간통의 자각 등을 종합적으로 이용해서 자신의 배란 유무를 알 수 있다.

그렇지만 불임이 아닌가 하고 의심이 되는 경우에는 일단 전문의를 찾아가서 상담을 하고 지시에 따르는 것이 가장 확실한 방도이다.

• 배란을 촉진하기 위한 여러 가지 방법

배란을 촉진하는 방법에 있어서, 먼저 그 증상이 어느 정도인지 알아보기 위해서 합성황체호르몬을 투여한다. 그래서 충혈이 있다면 가벼운 경우이고, 만일 충혈이 없다면 정도가 심한 것이다.

증상이 가볍다면 배란을 촉진하기 위한 배란유발제를 사용한다. 이 배란유발제의 효과는 좋아서 70~80%의 경우는 치료가 가능하다. 효과가 너무 커서 쌍둥이, 세 쌍둥이를 낳는 경우도 있다.

호르몬요법으로 효과가 없는 여성에게는 관자놀이 부근에 X레이를 조사하여 간뇌를 자극함으로써 배란을촉진하기도 한다.

그밖에 난소비대와 같이 난소에 원인이 있어서 배란이 없는 경우에는 수술을 해서 치료한다.

• 난관의 검사

배란을 촉진하는 치료법으로 해서 배란이 잘 되었다 하더라도 난자가 통과하는 길이 막혀 있다면 임신이 되지 못한다. 그러므로 배란의 유무를 검사하는 동시에 난관의 검사도 반드시 받아야 한다.

난관을 검사하는 시기는 여성의 월경이 끝난 뒤 1주일 이내가 알맞은 때이다. 배란 직후, 분비물이 지저분하게 있거나 몸에 열이 있을 때, 또는 몸의 상태가 좋지 못할 때는 검사를 하기에 적당치 않다. 자신의 몸의상태를 잘 살펴본 다음에 검사를 받도록 하며, 검사 전후의 주의에 대해서는 의사가 지시를 해 준다.

난자의 통로가 되는 난관이 막히는 것은 세균으로 인한 난관염이 그 원인인 경우가 많다. 그밖에도 복막염이나 충수염을 앓아서 난관이 주위의 장기와 달라붙어서 막히는 경우도 있다.

난관의 검사는 다음과 같은 방법으로 실시한다.

자궁난관조영법 - 위를 검사할 때 바륨을 마시는 것처럼 조영제를 자궁에 넣은 다음, 난관을 통과시켜서 골반을 X레이로 촬영한다. 24시간 뒤에 다시 한 번 촬영해서 그 사진을 보고 자궁과 난관의 이상을 찾아내는 방법이다.

자궁이 그림자밖에 보이지 않는 경우 : 양쪽 난관이 자급부에서 막혀 있다.

난관의 그림자가 중간에서 잘린 경우 : 난관이 중도에서 막혀 있다.

난관의 그림자는 모두 있지만 복강에 흘러나오는 그림자가 없는 경우 : 난자의 맨 끝이 막혀 있다.

그밖에 난관에 생겨있는 혹이나 종양도 이 촬영에 의해 발견할 수가 있다.

난관 통기법 - 탄산가스를 자궁과 난관에 집어넣어 내압이 변화하는 것을 그래프로 그려서 진단하는 방법이다. 난관의 긴장 상태라든지 경련 등 기능 장애도 잘 알수가 있어 조영법보다 좋은 방법이라고 하겠다.

난관 통수법 - 앞에서 사용한 탄산가스 대신에 생리적 식염수를 자궁이나 난관에 주입해서 하는 검사법이다.

• 난자의 통로를 열기 위한 치료법

난자가 통과하는 길이 좋지 않을 때에는 먼저 탄산가스에 의한 통기를 반복함으로써 그 압력으로 난관을 넓힌다. 이 치료법을 반년쯤 계속하는데, 심인성인 경련으로 통로의 소통이 좋지 못한 경우에는 트란퀼라이저를 복용한다. 그리고 통수를 매달 한번씩 반던쯤 계속한다. 난자의 통로인 난관이 아주 막혔을때에, 증상이 가벼운 경우에는 통기나 통수의 압력으로 막힌 것을 밀어내는 방법을 사용하지만, 중간에서 심하게 막혀 있다면 그 부분을 잘라내는 방법도 있다. 그런데 이 방법은 임신률이 낮다고 한다.

난관이 유착되었을 때 먼저 통기법과 통수법으로 유착된 부분을 떼도록 시도해 본다. 그렇게 하는 것이 무리할 때에는 수술을 하는 길밖에 없다.

• 그밖의 여러가지 검사

위에서 설명한 배란의 유무 조사와 난관내의 검사가 여성의 불임증을 치료하기 위한 가장 중요한 검사이다. 그리고 또 만전을 기하기 위해서 병원에서는 다음과 같은 검사도 실시하고 있다.

사람의 몸은 전신의 밸런스에 의해 유지되고 있다. 불임증의 의심이 간다고 해서 생식 기관을 검사하는 것만으로는 완전하지 못하다. 그래서 전신의 상태를 검진한다. 그 검진에 의해 호르몬의 작용에 이상이 있는 것도 밝혀진다.

만일 전신의 검진에서 이상이 발견되었다면 모체를 임신 가능한 상태로 만들기 위해서 몸에 있는 다른 병을 고치는 한편, 중상에 알맞은 호르몬제를 의사의 지시에 따라 복용하면 효과적이다.

다음으로는 질 내용의 검사가 있다. 여성의 질 안은 정상적인 산도를 유지하고 있는가, 유해한 세균은 없는가, 또 그밖에 깨끗한 정도 등을 조사하는 것이다. 보다 수태하기에 좋은 환경을 만들기 위해 필요한 검사를 해서 병원균이 있다면 치료를 하고, 발육부전으로해서 질 안의 청정도가 낮은 경우에는 호르몬제를 투약 주사한다.

불임을 치료하는 체조 (수태를 위한 컨디션을 조정하는 체조)

● 팔을 앞 뒤로 크게 흔든다.
히프를 내미는 것처럼 하면서 팔을 앞뒤로 흔든다. 가슴이 풍부해지고 팔의 근육이 강하게 한다.

양손과 양다리를 벌리고 두 손을 힘껏 좌우로 흔든다. 그러면서 가볍게 무릎을 굽히고 허리를 비튼다. 반대쪽으로도 같다. 이와 같은 동작을 반복한다.

또 결핵균이 없는가 하는 것도 검사해 볼 필요가 있다. 그 방법은 월경혈을 배양해서 결핵균의 유무를 알아본다.

결핵균은 흔히 난관이나 자궁내막을 침범하기 쉽다. 과거에 결핵에 걸린 일이 없는 불임증환자 10명 가운데 1명은 본인이 모르는 사이에 성기결핵에 걸려 있다는 사실이 밝혀지고 있다. 성기결핵은 카나마이신, 스트렙토마이신, 파스 등으로 치료할 수 있다.

● **불임을 치료하는 체조** (수태를 위한 컨디션을 조정하는 체조)

● 하반신의 혈행을 잘되게 한다.
자연스럽게 똑바로 서고 왼손으로 앞에서 뒤로 크게 원을 긋는다. 어깨 근육을 움직이는 것으로 등의 근육을 자극하고 하반신의 혈행을 잘 되게 한다.

● 등을 힘껏 뻗는다.
한쪽 팔은 허리에 대고 다른 한쪽 팔은 엄지손가락에 힘을 주면서 위로 주먹질을 하듯이 뻗는다. 그때 등과 허리의 근육을 한껏 뻗친다.

엄지손가락에 힘을 주는 것이 중요하다.

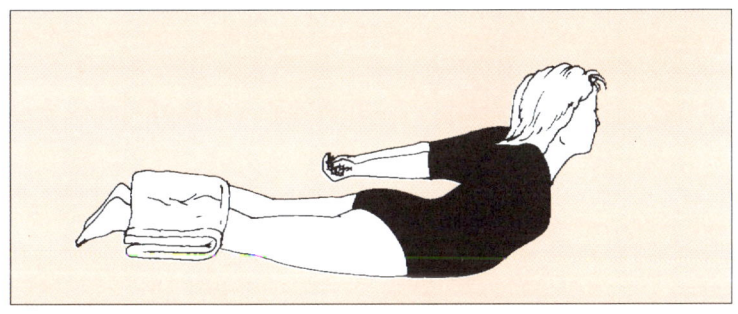

난소를 자극하는 체조

● 상체를 들어올린다.
두 손을 등 뒤로 맞잡고, 발에 무거운 것을 얹고
두 손과 어깨에 힘을 주며 상체를 뒤로 제낀다.
되도록 많이 제끼기 위해서 무릎과 대퇴부에 힘
을 주어야 한다.

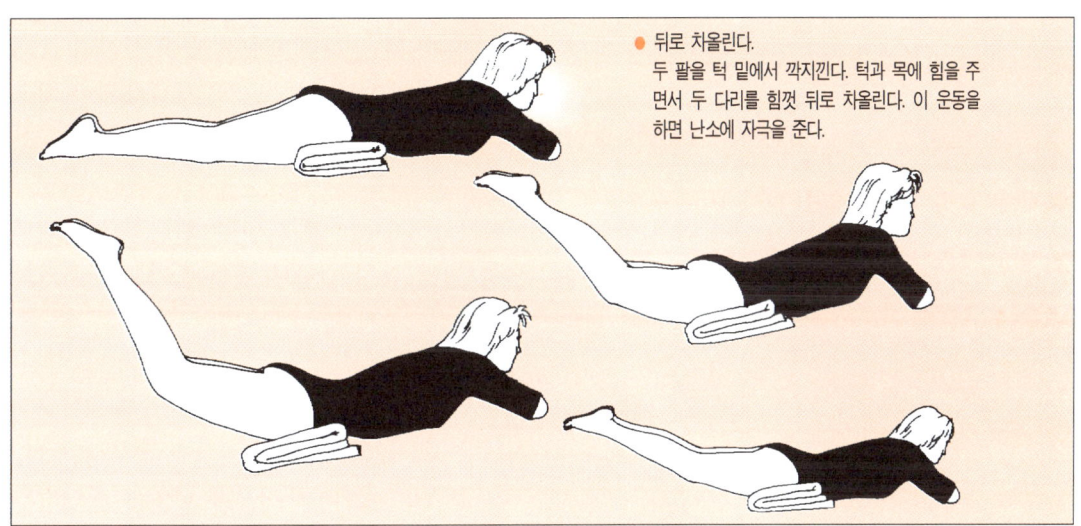

● 뒤로 차올린다.
두 팔을 턱 밑에서 깍지낀다. 턱과 목에 힘을 주
면서 두 다리를 힘껏 뒤로 차올린다. 이 운동을
하면 난소에 자극을 준다.

● 다리를 들어올려 배근육운동
두 손을 아래로 뻗어 방바닥에 놓고 두 다리를
천천히 들어 올렸다 내리고 다시 들어올리고 이
것을 되풀이한다.

호르몬 계통에 어떤 고장이 있는 경우에도 여성은 임신을 하지 못한다. 그것을 알아보기 위해서는 호르몬을 측정해 본다. 환자의 오줌이나 혈액을 채취해서 정상적인 경우의 호르몬 분비와 대비해서 호르몬 분비를 알아보는 검사이다.

남편쪽의 불임검사와 치료

불임의 원인이 반드시 아내 쪽에만 있는 것은 아니라는 사실은 앞에서도 설명한 바 있다. 임신을 하지 못하는 책임은 남편과 아내 쪽에 반반씩 있다고 보면 되겠다. 그런데도 불임의 책임을 아내에게만 지우게 해서 아내만 병원에 다니게 해서는 완전한 검사와 치료를 할 수 없다.

남자 쪽의 불임검사는 여자의 경우에 비해서 아주 간단하다. 창피하게 생각한다든가 하지 말고 남편 쪽에서 함께 병원에 가서 전문의와 상담을 해 봐야 한다.

• 정액검사는 반드시 받는다.

수정이란 여성의 난자에 남성의 정자가 결합함으로써 이루어진다는 것은 누구나 알고 있는 상식이다. 그러므로 여성의 난자만 가지고는 아기를 임신하지 못한다.

정자 검사를 위해서는 그 남성의 정액이 있어야 하는데, 의사가 병원에서 정액을 방출하라고 하면 망설이는 남성도 없지 않다. 따지고 보면 아무렇지도 않은 일인데 어쩐지 찜찜한 기분이 드는 것 같다. 그런 사람은 집에서 정액을 받아서 병원으로 가져가도 된다.

정액 검사를 위해 정액을 방출하는 방법은 다음과 같이 한다. 4일쯤 부부관계를 하지 말고, 손을 씻은 다음 수음으로 정액을 사정한다. 방출된 정액은 미리 끓는 물에 소독을해서 식혀 놓은 입이 넓은 작은 그릇에 직접 받도록 한다. 이렇게 해서 받은 정액은 1시간 이내에 병원에 가져가서 즉시 검사를 해야 한다.

그것을 검사해서 정자가 없다든지 정자의 숫자가 적은 정자감소증으로 판정이 되면 남편 쪽에 불임의 원인이 있다. 정자의 숫자가 모자라기 때문에 수정이 어려운 경우에는 정자의 수를 늘리고, 활력을 북돋워 주도록 한다.

소고기, 돼지고기, 닭고기,
우유, 콩, 두부 등

비타민 E

소맥, 녹황색야채, 콩, 현미
등

비타민 A

간유, 버터, 당근, 호박, 치
즈, 녹황색 야채등

단백질

● 정액을 증가 시키기
위한 식품

그 방법으로서는 식사 관리에 중점을 둔다. 비타민 A, E와 단백질이 많이 들어 있는 식품을 많이 섭취한다. 그리고 간장에 좋은 약과 비타민이 함유되어 있는 아미노산제를 복용하면 반년쯤 지나서 효과를 본다.

고나토트로핀 요법, 남성호르몬 요법이 실시되기도 하지만, 갑상선제의 복용이 역시 효과적이다.

• 남성 성기의 검사

남성 성기의 검사는 전문의가 검사에 전용하는 측정기로 환자의 성기를 재어 성기의 발육부전을 조사하고, 호르몬의 이상 유무, 음낭의 병의 유무도 아울러 살펴본다.

조사를 해 본 결과, 성기의 기형, 음낭 헤르니아, 음낭수종, 포경 등이 발견되면 수술을 해서 고친다. 그리고 염증이 있다면 약으로 치료한다.

또 당뇨병, 신장병, 임포텐츠 등은 그 원인이 되고 있는 병을 고쳐야 한다.

• 정자의 통로에 대한 특수검사

만일 정자의 통로인 요도가 협작되어 있는 것으로 짐작되면 가느다란 관을 통하게 해서 검사를 하고, 요도가 터지지 않는지 살펴본다.

요도구나 요도가 너무 좁아서 정자가 통과하는 길이 원활하지 못한 경우에는 수술을 해서 정자가 잘 통과하도록 하면 된다. 정관이 막혀 있는 경우에는 여자의 난관폐색 때와 같은 치료가 필요하다.

• 고환의 조직 검사

고환의 조직을 검사하는 것은 여성의 난관을 검사하는 것과 같이 남성 쪽에서 중요한 검사이다. 검사에 있어 아주 간단한 수술을 필요로 하지만, 수술은 한 다음 1시간쯤 쉬었다가 바로 집으로 돌아갈 수가 있다. 그리고 이튿날부터는 심한 운동만 제외하고 다른 일상 생활은 평소와 다름없이 가능하다.

이 검사를 해서 이상이 발견되면 정자의 활동을 돕기 위해 치료를 해야 한다. 고환 안에 정자가 있다는 것이 확인되면 통로에 어떤 이상이 있다는 것을 알 수 있으므로 통로를 열어주는 치료가 필요하다.

• 남성호르몬 검사

남성호르몬의 검사는 오줌을 검사함으로써 고나도트로핀이 뇌하수체에서 제대로 나오고 있는가, 그리고 남성호르몬도 정상적인 기능을 발휘하고 있는지 알아보는 것이다. 이 검사를 해서 고나도트로핀이 부족하다고 판정되면 그것을 주사해서 활력이 있는 정자를 만들수 있도록 해야 한다.

• 부부의 상성이 맞지 않을 때

앞에서 설명한 것처럼 남편과 아내가 다같이 검사를 받아 봐서 양쪽이 모두 아무런 이상이 없다는 진단이 내려졌음에도 불구하고 임신이 안되는 부부가 있다.

이런 경우는 흔히 있는 것이 아니지만, 이른바 '부부의 상성'이 맞지 않기 때문이 아닌가 하는 짐작이 간다. 이를테면 남성의 정자는 이상이 없고 왕성하면서도 아내의 몸 안에 들어가면 아내의 체액이 남편의 정자를 모두 죽여 버리는 일이 있다. 이런 경우에는 부부의 상성이 맞지 않는다고 한다.

이러한 부부도 역시 여러 가지 검사를 하고 치료를 받을 필요가 있다. 그 검사 방법은 다음과 같다.

• 성교 뒤에 하는 검사

이 검사는 아내의 배란기에 부부가 성교를 한 다음에 질이나 자궁경관 안에 남아 있는 내용액에 정자가 있는지 알아보는 것이다. 아내는 성교 후 2시간 이내에 병원에 가서 검사를 받는다.

이 검사에 의해서 남편에게 정자가 없다든지 있더라도 죽어 있다든지, 숫자가 작을 것을 알아낼 수 있다. 이 검사는 단 한 번의 검사로는 충분하지 못하다. 2~3회의 검사를 해 봐야 정확한 판단이 가능하다.

이 검사를 해서 남편의 정자에 어떤 결함이 있다는 것이 발견되면, 정자의 숫자를 늘리고 증강시켜는 치료를 해야한다. 만일 아내의 경관 점액이 적어서 정자가 헤엄쳐 올라가는 것이 순조롭지 못한 경우에는 정자가 쉽사리 올라가는 상태를 만들어주는 치료를 한다.

• 정자와 경관점액의 접촉 시험

이 시험은, 아내의 경관점액과 남편의 정액을 시험관 안에 넣어서 접촉시킴으로써 정자가 경관점액 속에서 헤엄쳐 가는 상태를 테스트 하는 것이다.

그때에 점액에 세균이 섞여 있다든지 지나치게 농도가 짙어서 끈적 끈적하면 정자는 난자 쪽으로 자유롭게 이동하지 못한다.

이런 경우에는 여성이 에스트리올을 복용해서 경관점액을 맑게 해 준다.

• 정액 알레르기는 없는가?

정액 알레르기라고 하는 것은 부부간 체질이 맞지 않아서 남편의 정자가 아내의 질 안에 들어오는 대로 죽어 버리는 것을 말한다.

정액 알레르기에 대한 테스트는, 아내의 팔에 살갗에 작은 상처를 만들어서 그 위에다 남편의 정액을 떨어뜨려 1㎝ 이상의 붉은색 줄이 나타나면 정액 알레르기가 강하다고 판단한다.

정액 알레르기가 강한 경우에는 임신이 불가능한데, 아직 치료법은 없기 때문에 앞으로 이 문제가 더 연구되어서 해결되는 날을 기대해 볼 수밖에 없다.

• 혈액형 검사에 의한 부부상성 테스트

한 학설에 의하면, 아내의 혈액형이 O형이고, 남편의 혈액형은 A형 혹은 B형인 겨우에는 유산이나 조산의 위험이 많으며, 신생아는 용혈 성 황달을 일으킨다고 한다.

또 남편이 Rh(+)이고, 아내가 Rh(-)인 경우 그 사이에서 태어나는 아기가 Rh(+)인 경우에는 혈액형 부적합으로 신생아는 용혈성 황달 이 될 위험이 있다.

그것은 모친의 혈액 속에 생겨 있는 Rh(+)를 파괴하는 항체가 신 생아에게 작용해서 신생아의 적혈구를 파괴해 버리기 때문이다. Rh(-)끼리의 부부라면 아기도 Rh(-)여서 아무런 염려가 없다. 또 남편이 Rh(+)이고 아내가 Rh(-)인 경우에 신생아가 Rh(+)이더라도 첫번째 임신이라면 심각한 혈액의 사태는 일어나지 않는다. 문제는 두번째 임 신 이후에 나타나기 때문에 대책을 세울 필요가 있다.

어떤 원인으로 해서 Rh(-)의 여성의 몸에 Rh(+)인 피가 들어가면 여성의 몸 안에는 Rh(+)의 피에 대한 항체가 만들어진다. 이 항체는 태반을 통과해서 태아의 혈액 속으로 들어가 태아의 적혈구 〈Rh(+)〉

를 파괴해서 심한 황달을 일으키게 된다.

Rh(-)인 여성의 몸 안에 Rh(+)의 피가 들어가는 원인을 살펴보면, 잘못해서 과거 Rh(+)의 피를 수혈한 일이 있는 경우가 있고, 또 한가지는 전에 임신한 일이 있는 경우이다. 이것은 정상적으로 출산은 물론, 유산이나 인공임신중절이라도 마찬가지이다.

그러기에 두번째의 임신이 문제가 된다. 하지만 오늘날에는 아기를 출산한 직후에 모체에 주사해서 항체를 만들지 못하게 하는 약이 개발이 되어 있어서 염려할 필요는 없다.

• 임신이 되기 쉬운 체위

대부분의 남성들은 아기를 갖지 못하는 원인이 자신에게 있다고 생각하려 하지 않는 경향이 있다. 게다가 임신에 대한 소망도 여성에 비해서 절실하지 않기 때문에 불임 대처에 있어서 소홀하기 쉽다.

우선 불임이 염려되면 부부는 합심해서 먼저 쉽사리 실천할 수 있는 부부관계의 체위를 연구하면서 공동의 노력을 해 볼 필요가 있다. 또 아내는 '불임 극복을 위한 운동'을 해 보기를 권한다.

이런 노력을 계속하는 한 편으로 정액 검사 등 남편 쪽의 불임 검사도 해 봐야 한다.

부부는 함께 자신들의 노력을 해 나가면서 전문의를 찾아가 불임 검사를 받고, 각각 그 증상에 따른 의사의 지도를 받는다면 대부분 불임을 극복하고 소망하던 아기를 낳을수가 있다.

아들 · 딸 가려낳기 100 %
확률의 시대가 온다

점점 높아진 확률

일본의 아들 · 딸 가려낳기를 연구하는 산부인과 의사의 모임인 SS클럽의 초청을 받아 일본을 방문한 쉐틀스 박사와 포라드 박사는 여러 차례에 걸쳐 강연도 하고,
SS회원들의 질문에 조언을 해 주었다.

미국 · 영국 · 일본 세 정상급 연구의사의 좌담회

미국의 쉐틀스 박사, 일본의 스기야마 박사, 영국의 포라드 박사 등 세사람은 아들 · 딸 가려 낳기 연구와 실천에 있어서 세계 정상급의 의사이다. 일본의 아들 · 딸 가려 낳기를 연구하는 산부인과 의사의 모임인 SS클럽의 초청을 받아 일본을 방문한 쉐틀스 박사와 포라드 박사는 여러 차례에 걸쳐 강연도 하고 SS회원들의 질문에 조언을 해 주었다.

다음에 소개하는 내용은 그 당시에 쉐틀스, 포라드, 스기야마 세 박사가 좌담회에서 아들 · 딸을 가려 낳는 연구에 몰두하게 된 동기, 연구의 어려운 점과 보람 등을 솔직하게 털어놓으며 장래에 대한 전망을 제시하고 있다.

X · Y정자의 발견으로 가려 낳기 연구에 서광

사회 최근에 와서 남 · 녀 구별 출산법(Sex Selection)의 기술은 상당히 발전했습니다. 오늘 이 자리에는 아들 · 딸을 마음대로 낳는 방법의 이론적 기초를 세운 쉐틀스 박사, 영국에서 초이스(Choice=아들 · 딸을 마음대로 선택해 낳는 젤리 형태의 약)을 개발한 포라드 박사, 그리고 일본에서 아들 · 딸을 마음대로 낳는 방법을 연구해서 권위자가 된 스기야마 시로 박사가 한자리에 모였습니다.

유명한 쉐틀스 박사와 포라드 박사는 이번에 일본에서 열린 섹스

셀렉션 세미나(Sex Selection Seminar)에 초청되어서 많은 산부인과 의사들이 모인 자리에서 좋은 말씀을 많이 해 주신 것으로 알고 있습니다. 그러면 본론으로 들어가겠습니다. 남·녀 구별 출산방법은 오늘날의 의학에서 어느 정도까지 가능해졌는지 세 박사님께서 자유스럽게 모든 것을 말씀해 주시기 바랍니다.

스기야마 박사 저는 산부인과 의사로서 벌써 33년 동안이나 일해 왔습니다. 제가 만난 수많은 상담자들 중에는 딸을 넷 또는 다섯이나 낳았다면서 우는 사람도 있었습니다. 처음에 저는 그것도 조물주의 뜻이 아니겠느냐고 위로했지요. 그러나 저는 10명의 딸을 낳은 한 부인의 경우를 알게 되자 이래서는 안 되겠다고 생각했습니다. 그래서 아들·딸 가려 낳기를 연구하기 시작했습니다. 연구를 하다 보니까 미국의 랜드럼 B. 쉐틀스 박사의 이름과 만나게 된 것입니다. 여태가지 점쟁이나 미신에 의해서만 시도되었던 원시적인 남·녀 구별 출산법이 쉐틀스 박사의 남자가 되는 정자, 여자가 되는 정자의 발견에 의해 과학적으로 그 가능성의 서광이 비치게 된 것입니다. 그것은 고작 19년 전의 일이었습니다.

포라드 박사 나 역시 남·녀 구별 출산법에 대하여 관심을 갖게 된 것은 쉐틀스 박사 덕택입니다. 우연히 친구가 가지고 온〈뉴스위크〉지에 박사의 기사가 실려 있었던 것입니다. 그 기사를 읽고서 '이것은 매우 흥미 있는 연구 성과이다. 하지만 쉐틀스 박사의 방법보다 좀더 개발된 방법, 발전된 방법은 없을까?' 하고 생각하게 되었던 것입니다.

쉐틀스 박사 나는 자식을 7남매나 두고 있습니다. 아들이 셋, 딸이 넷입니다. 나는 아버지가 되면서부터 의사로서 아들·딸을 결정하는 데 무슨 방법이 없을까 하는 관심을 갖게 되어 정자의 연구를 시작하게 된 것입니다. 1963년 9월 15일 오전 4시의 일이었지요. 위상차 현미경이라는 특수 현미경으로 준비한 정액이 다 말라버리도록 들여다 보던 나는 문득 두 가지 종류의 모양이 다른 정자가 있다는 것을 발견하게 되었습니다. 하나는 올챙이 머리처럼 생긴 부분이 동그랗고 작으며 다른 하나는 달걀 모양이며 컸습니다.

스기야마 박사 동그랗고 작은 것이 아들이 되는 Y정자이고 달걀 모양으로 큰 것은 딸이 되는 S정자였던 거지요.

쉐틀스 박사 그렇습니다.

쉐틀스박사

●아들 셋, 딸 넷을 둔 쉐틀스 박사는 아버지가 되면서부터 의사로서 아들 · 딸을 결정하는 데 무슨 방법이 없을까 하는 관심을 갖게 되어 정자의 연구를 시작하게 되었다.

포라드 박사 　처음 발견했을 때는 굉장히 기쁘셨겠습니다.

쉐틀스 박사 　네. 나는 곧장 방에서 나가 병원의 계단을 뛰어 올라 갔습니다. 그리고 처음 만난 사람을 데려가서 현미경을 보여 주었지요. 무척 흥분해 있었거든요. 그 사람이 누구였는지조차 기억에 없을 정도였습니다. 그런데 그 때의 그 사람을 작년에 뉴욕에서 만났지요. "생각나십니까? 당신이 나를 끌고가서 현미경을 통해 정자를 보여 주셨습니다. 그 때 그 사람이 바로 접니다."라고 인사를 해서 오랫만에 내가 발견한 정자를 최초로 보여 준 사람을 확인했습니다. 그 사람은 당시 컬럼비아 대학의 정형외과 수련의사로 있던 사람이었습니다.

　너무 흥분한 나머지 나는 그날 밤은 말할 것도 없고 그 다음 날 밤도 고박 뜬눈으로 세웠습니다. 말할 수도 없이 기뻤거든요.

스기야마 박사 　정자의 식별이 가능해졌기 때문에 박사께서는 그 뒤로부터 이 두 가지 정자의 성질과 차이점을 연구하여 구명해 내신 거지요.

쉐틀스 박사 　처음에는 산성과 알칼리성의 문제를 여러 가지로 생각해볼 수 있는 하나의 요소만 생각했었는데 마침내 그것이 아들·딸 구별 출산을 위해서는 아주 중요한 열쇠라는 것을 알게 되었습니다.

포라드 박사 　그렇습니다. 쉐틀스 박사의 그 뒤의 연구는 이 X정자와 Y정자의 환경 적응에 관한 것이었지요. 박사의 연구는 질 속의 분비액이나 자궁 속의 분비액에 의하여 Y정자와 X정자가 어떤 움직임을 보이느냐 하는 것이었습니다. 그래서 산성이 강한 환경에서는 X정자와 Y정자가 모두 약화되지만 X정자가 Y정자보다 저항력이 강하고, 이와는 반대로 자궁 속 또는 자궁경관에 분비되는 액체처럼 알칼리성이 강한 곳에서는 X정자와 Y정자가 다 활발하게 움직이지만, Y정자가 X정자보다 훨씬 빠르고 활발하게 움직인다는 사실을 알아낸 거지요.

스기야마 박사 　그래서 쉐틀스 박사는 딸을 낳게 하는 정자는 산성에서 강해지고 아들이 되는 Y정자는 알칼리성에 강해진다는 결론을 얻었고, 이것이 아들·딸 구별 산출법의 기초가 된 것이지요.

쉐틀스 박사 　내가 연구한 아들·딸 가려 낳는 법이나 포라드 박사의 초이스법, 그리고 스기야마 박사의 스기야마법은 모두 이 산성 상태와 알칼리성 상태의 효과적인 응용 방법이라고 할 수 있습니다.

스기야마 박사 일본에서는 그밖에도 식사요법이라는 것이 나왔는데, 그것 역시 알칼리성 식사와 산성 식사라는 것입니다.

쉐틀스 박사 그래서 아들을 낳고 싶으면 질 안을 알칼리성으로, 딸을 낳고 싶으면 산성으로 해야 한다는 것이지요? 그렇다면 구체적으로 어떻게 하면 질 안의 산도를 조절할 수 있느냐 하는 문제가 남습니다. 가장 쉬운 방법으로 질 안을 강한 산성으로 하려면 식초로 씻고, 강한 알칼리성으로 하려면 소다수로 씻는 것이지요. 그리고 한 가지 더 알아 낸 것은, 질 안이 원래 산성이지만 배란일이 가까워질수록 자궁경관에서 강한 알칼리성 분비액이 많이 나와 질 안이 알칼리성으로 바뀐다는 사실입니다.

스기야마 박사 쉐틀스 박사는 그래서 딸을 낳으려면 다음과 같이 하라는 것이지요. ① 배란일 2일 전에 부부관계를 한다(질 안은 아직 산성도가 높다). ② 부부관계를 시작하기 15분 전에 물에 탄 식초로 질안을 씻는다. ③ 남편은 얕게 삽입해서 사정한다(정자가 산성인 질 안을 통과하게 하기 위해서이다). ④ 아내는 오르가슴에 도달하지 않도록 한다(자궁경관에서 알칼리성 분비액이 많이 나오지 않게끔). ⑤ 마지막 부부관계 후 일주일 동안 금욕한다는 것이지요. 그리고 아들을 낳고자 할 때에는 다음과 같이 합니다. ① 배란일에 부부관계를 한다. ② 질 안을 소다수로 씻는다. ③ 남편은 깊게 삽입한 상태에서 사정한다. ④ 아내는 오르가슴을 느끼는 것이 좋다는 것이지요.

쉐틀스 박사 그렇습니다.

포라드 박사 제가 흥미를 느낀 점은 솔직히 말해서 소다수나 식초수로 씻는다는 사실이었습니다. 이 두 가지는 어느집 부엌에나 다 있는 것이지만, 좀더 화학적으로 개량할 수 있다고 생각했던 것입니다. 그래서 저는 의학 도서관에 가서 산성, 알칼리성을 연구하고 화학적인 처방을 생각해 냈습니다.

쉐틀스 박사의 이론에 바탕을 둔 초이스 개발

쉐틀스 박사 그것이 바로 초이스 젤리였지요.

포라드 박사 부인들이 모두 산부인과 의사를 찾아가서 아들을 낳고 싶다느니 또는 딸을 낳고 싶다고 상담하기도 어렵습니다. 또 의사의 수도 한정되어 있기 때문에 누구나 간편하게 사용할 수 있는 약을 생각해 낸 것이 초이스(Choice)입니다.

스기야마 박사 제가 포라드 박사의 질 젤리인 초이스를 알게 된 것은 작년에 영국의 신문 〈선데이 피플〉을 보고서였지요. 그 신문의 1면 머릿기사로 다루었더군요. 그래서 저는 곧장 포라드 박사를 만나보기 위해 12월 6일 런던으로 가서 맨체스터행으로 갈아타고 그곳에 도착했답니다. 그런데 고맙고 놀라웠던 것은 포라드 박사께서 초면인 저를 비행장까지 마중나와 주셨던 일입니다. 그리고 맨체스터에 머물러 있는 동안 틈을 내어서 여러 가지로 저를 도와 주셨습니다. 이 자리를 빌어 다시 한 번 감사의 인사를 드리는 바입니다.

포라드 박사 제가 연구 개발한 초이스 젤리에 대해서 영국 내는 물론 세계 각국에서 문의가 쇄도하고 있습니다. 그렇지만 스기야마 박사는 멀리에서 찾아오신 분이었으므로 저는 무척 반가웠지요. 그리고 쉐틀스 박사로부터 편지와 전화로 '내마음의 친구인 일본의 스기야마 박사가 찾아가니 귀한 손님으로 잘 모셔달라'는 부탁을 받기도 했으니까요.

쉐틀스 박사 스기야마 박사께서 저를 찾아오신 것은 재작년 11월이었는데, 그 때 박사의 열성에 저 역시 무척 감격했습니다.

스기야마 박사 포라드 박사가 개발한 초이스의 안전성에 관해서 많은 사람이 문의합니다만…….

포라드 박사 초이스를 만들 때 저는 무엇보다도 그것이 안전해야 하고, 또 사용하는 데 있어 간편해야 한다고 생각했습니다. 초이스에는 인산나트륨과 수소칼륨 이라는 화학물질이 포함되어 있습니다.

● 포라드 박사가 개발한 초이스젤리는산성과 알칼리성 물질이 들어 있어 핑크 젤리로는 딸, 그린 젤리로는 아들을 낳도록 도와 주고 있다.

이 두가지 물질은 보통 우리 몸 안에서 흔히 볼 수 있는 것이며 특히 남성의 정액 속에는 산성과 알칼리성의 균형을 유지하기 위해서 이 두가지 화학물질이 들어 있습니다.

스기야마 박사 그러니가 포라드 박사께서는 인간의 정액과 비슷한 것을 만드신 셈이군요.

포라드 박사 제가 만든 초이스는 아들을 낳기 위한 그린 젤리(Green Jelly)와 딸을 낳기 위한 핑크 젤리(Pink Jelly)의 두 종류가 있습니다. 이 두 가지 젤리는 모두 쉐틀스 박사의 연구에 바탕을 둔것으로서 질 안의 환경을 산성, 또는 알칼리성으로 만드는 역할을 합니다.

스기야마 박사 저도 포라드 박사로부터 초이스 젤리를 공급받았습니다만 이 젤리 속에 포함되어 있는 성분은 인체 속에도 있는 성분이기 때문에 안전합니다. 그래서 저는 벌써부터 초이스를 아들·딸을 낳고 싶은 사람들로 하여금 사용하도록 지도하고 있습니다.

포라드 박사 제가 만든 초이스는 현재 영국 정부의 안전규정 위원회의 검사를 기다리고 있는 상태입니다. 허가가 나는 대로 어느 다국적 기업 회사와 계약을 맺어 제조 판매하기로 결정을 보고 있습니다. 시판을 하기 위해서 많은 전문가들이 다각도로 젤리의 안전성을테스트하고 있는 중입니다.

스기야마 박사 현재로서는 다루기에 좋은 젤리이지요. 물에 녹여 주입기로 질 안에 주입하도록 되어 있는데 시판을 할 때에도 그대로 할겁니까?

포라드 박사 시판을 할 단계가 되면 튜브에 넣어 그냥 누르기만 하면 되도록 편리하게 만들 것입니다.

쉐틀스 박사 영국 정부에서 허가가 나올 가능성은 있습니까?

포라드 박사 허가가 나올 것은 틀림없습니다. 허가가 나오면 영국에서는 일반 약국에서 시판될 것으로 알고 있습니다.

스기야마 박사 일본에서는 수입해서 시판할 가능성은 없다고 봅니다. 그러므로 일본 고객의 경우는 초이스를 구하려면 남·녀 구별 출산을 지도하는 상담 병원으로 찾아올 수 밖에 없을 것 같습니다.

쉐틀스 박사 포라드 박사님은 마취가 전문분야입니다. 그래서 이처럼 자유로운 발상을 할 수 있었을 것입니다.

포라드 박사 마취 의사가 산부인과 의사보다 머리가 좋은 모양이지도. 하하…….

●쉐틀스 박사는 위상차 현미경이라는 특수 현미경으로 준비한 정액이 다
말라버리도록 들여다 보다가 모양이 서로 다른 두 종류의 정자를
발견하게 되었다. 동그랗고 작은 것이 Y정자, 달걀모양으로
큰 것은 딸이 되는 X정였다.

`포라드 박사` 스기야마 박사께서는 아들 하나, 딸 하나를 두셨다지요?

`스기야마 박사` 네 그렇습니다.

`쉐틀스 박사` 아들 딸을 구별해서 낳는 방법의 연구에 몰두하고 있는 영국·일본·미국의 연구자들이 모인 이 자리를 빌어서 부탁을 하나 하겠습니다. 우리 세 사람이 서로 정보를 교환해 가면서 이 문제를 보다 확실한 수준으로 끌어올리자는 것입니다. 서로 연구하는 방법은 다르더라도 궁극적인 목적은 같습니다. 우리가 노력만 한다면 가까운 장래에 현재의 95% 성공률에서 98%, 아니 100%의 성공률을 거둘 수 있다고 생각됩니다.

모든 방법을 아울러 사용하는 스기야마법

`포라드 박사` 저 역시 제가 연구 개발한 초이스만으로는 완전한 성과를 기대할 수 없다고 생각합니다. 하지만 우리 세 사람이 힘을 모아 연구하고 개량해 나간다면 훌륭한 성과를 거두게 되리라고 확신합니다.

`스기야마 박사` 포라드 박사의 초이스 방법을 제가 상담자로 하여금 사용하게 해 본 결과 확률은 88%였습니다. 18명에게 사용하도록 해서 16명이 원하는 아기를 낳았습니다. 그래서 저는 더욱 정확성을 높이기 위해서 쉐틀스 박사의 방법을 실천하면서 아들을 낳고 싶어하는 부인에게는 생체철·인·칼슘 복합제를 복용하도록 지도하고 있습니다. 이 약은 일본의 이데 다쯔오 박사가 19년에 걸친 임상실험에서 104명의 사례 중 103명이 아들을 낳는 높은 성공률을 기록했습니다. 이처럼 저는 효과가 있고 안전하기만 하다면 어떤 방법이든지 채택해서 사용하고 있습니다.

그러므로 제가 하고 있는 방법은 미국의 쉐틀스 박사의 방법과 영국의 포라드 박사의 방법을 합쳐서 실천하고 있는 셈입니다. 따라서 제가 사용하고 있는 방법은 두 박사님의 방법보다 적중률이 훨씬 높을 것으로 확신합니다.

`포라드 박사` 저고 그렇게 되기를 바랍니다.

`스기야마 박사` 우리 나라에서는 의사들이 아들·딸을 구별 출산하는 일에 대해서 그다지 관심이 없었던 게 사실입니다. 그래서 이

분야의 연구도 부진했던 셈이지요. 그렇지만 금년 6월에 도쿄대학의 사카모도 교수를 중심으로 해서 처음으로 아들·딸 가려낳기에 관한 학회가 열리게 되었습니다. 게이오대학의 이즈카 교수를 비롯해서 저도 참가해 연구 논문을 발표하기도 하였습니다. 그만큼 일본의 의사나 학자들 사이에서도 아들·딸을 구별 출산하는 연구에 대한 관심이 높아졌다는 증거입니다. 이 모임을 계기로 해서 일본 국내에서의 연구도 더욱 활발해져서 좋은 성과가 나오리라고 봅니다.

쉐틀스 박사 참으로 반가운 일입니다. 아무쪼록 좋은 성과가 나오기를 기대합니다.

포라드 박사 정말 반가운 소식입니다.

사회 오랫동안 좋은 말씀을 많이 해 주셔서 대단히 감사합니다.

아들 하나, 딸 하나를 낳는 시대

쉐틀스 박사 그러지 마시고 산부인과 의사로 아예 바꾸시지요.

포라드 박사 축구나 농구 시합을 보면 그라운드에서 직접 뛰고 있는 선수보다 관객이 더 광범위하게 게임의 진행을 볼 수 있는 법입니다.

스기야마 박사 이제부터 사람들은 아들을 낳을 때까지 딸을 몇이고 계속 낳는 시대는 지났습니다. 오늘날에는 세계의 모든 가정이 자녀를 둘만 낳기를 원하고 있습니다. 그러므로 아들이든 딸이든 마음대로 낳을 수 있게 된 오늘날에는 아들 하나, 딸 하나씩을 낳는 시대가 될 것입니다.

포라드 박사 저는 두 아이가 모두 아들입니다. 벌써 16세와 14세인데 이제부터 좋은 규수감을 찾아야 할 판입니다. 세계의 가족계획에 완전히 합격한 셈이지요.

쉐틀스 박사 나는 7명의 자녀를 두었으니까 여러분에게 용서를 빌어야겠군요. 처음에는 계속해서 딸만 셋 낳았습니다. 아내에게는 아무 말도 하지 않았지만 아들을 얻고 싶었던 것이죠. 그래서 여러 가지로 노력을 했습니다. 그 결과 아들 쌍둥이를 낳았고, 그 다음에도 아들 딸 하나씩인 쌍둥이를 또 낳은 겁니다.

포라드 박사 아들 딸 쌍둥이를 낳으실 때 산성, 알칼리성 어느 쪽을 사용하셨습니까? 두 가지를 다 사용하셨나요? 하하하……

쉐틀스 박사 끝의 쌍둥이 때에는 아무것도 사용하지 않고 자연에 맡긴 셈이지요.

쉐틀스 박사가
받은
감사의 편지

미국의 쉐틀스 박사와 일본의 스기야마 박사의 지도로 아들 · 딸 가려 낳기에 성공해서 원하는 아들과 딸을 낳은 많은 부인들이 두 박사에게 감사하는 편지를 보내 오고 있다. 수천 통에 이르는 그 편지 중에서 두 박사가 공개한 성공 사례를 일부 소개한다.

마침내 바라던 아들을 낳았습니다

3년 전쯤의 일이었습니다. 제 친척 가운데 산부인과 의사가 한 분 있는데, 그분한테서 아들 · 딸을 마음대로 낳을 수 있는 의학적 연구가 진행되고 있다는 얘기를 들었습니다. 그리고 그분은 구체적인 방법에 관해서도 저에게 가르쳐 주었답니다. 저는 언젠가 필요할 것으로 생각해서 그 방법을 메모해 두었습니다. 그 뒤 우리 부부는 아기를 갖기로 하고 출산, 육아에 관한 책을 여러 권 샀습니다. 그 가운데 쉐틀스 박사의 아들 · 딸을 가려 낳는데 대한 지도서도 포함되어 있었습니다.

우리 부부는 쉐틀스 박사가 일러 주는 방법을 실행해보기로 작정했답니다.

아들이든 딸이든 우리가 바라는 대로 낳을 수 있다니 얼마나 멋진 일입니까.

우리 부부는 쉐틀스 박사의 책에서 배운 방법을 만나는 사람마다 열심히 설명해 주었지요. 하지만 모두들 믿으려 하지 않았습니다.

지금 우리 부부가 낳은 귀여운 아기는 생후 여섯 달이 지났는데, 운이 좋아서가 아니라 쉐틀스 박사의 이론이 정확했기 때문이라고 확신하고 있습니다.

세계의 인구과잉 문제를 근본적으로 해결해 주신 쉐틀스박사에게 진심으로 감사하고 있습니다. 그리고 쉐틀스 박사가 쓰신책 《아들 · 딸을 마음대로 낳는 법》은 우리 집의 보물로 언제까지나 소중하게 보관하겠습니다.

데이빗 울먼 부인

딸 넷인 우리 가정에 건강한 아들이

박사님께서 오랫동안 연구한 결과 발견한 의학적 방법을 일반에 공개해 주신 것을 감사하게 생각합니다. 딸만 넷인 우린 가정에 이제 귀여운 아기의 우렁찬 울음소리가 들려오게 되었습니다. 박사님께서 가르쳐 주신 방법을 충실하게 실천한 덕분에 우리는 아들을 얻게 되었답니다.

캐롤린 바퍼스

● 부부관계시, 여성의 분비액이 많으면 딸을 낳을 확률이 높고 분비액이 적으면 아들을 낳을 확률이 높다.

성공 사례 리스트에 넣어 주세요

우리 부부는 박사님께서 연구하신 방법을 써서 원하는 성별의 아기를 낳았습니다. 우리는 아들이 하나 있었기 대문에 다음에는 딸을 낳고 싶었는데 바라던 대로 딸을 낳았답니다. 저는 배란일을 정확하게 알고 있었기 대문에 그 2일 전까지 부부관계를 하고 다음에는 중지했습니다. 그리고 박사님이 지시한 대로 부부관계를 할 때는 그 직전에 식초수로 질 안을 세척했습니다. 부부관계의 체위는 정상체위로 해서 남편의 삽입도 얕게 했으며 오르가슴에 도달하지도 않았습니다.

우리 부부와 같은 많은 사람들에게 꿈 같은 행복을 누리게 해 주시는 박사님에게 진정으로 감사하고 있습니다.

J.L 제롬 부인

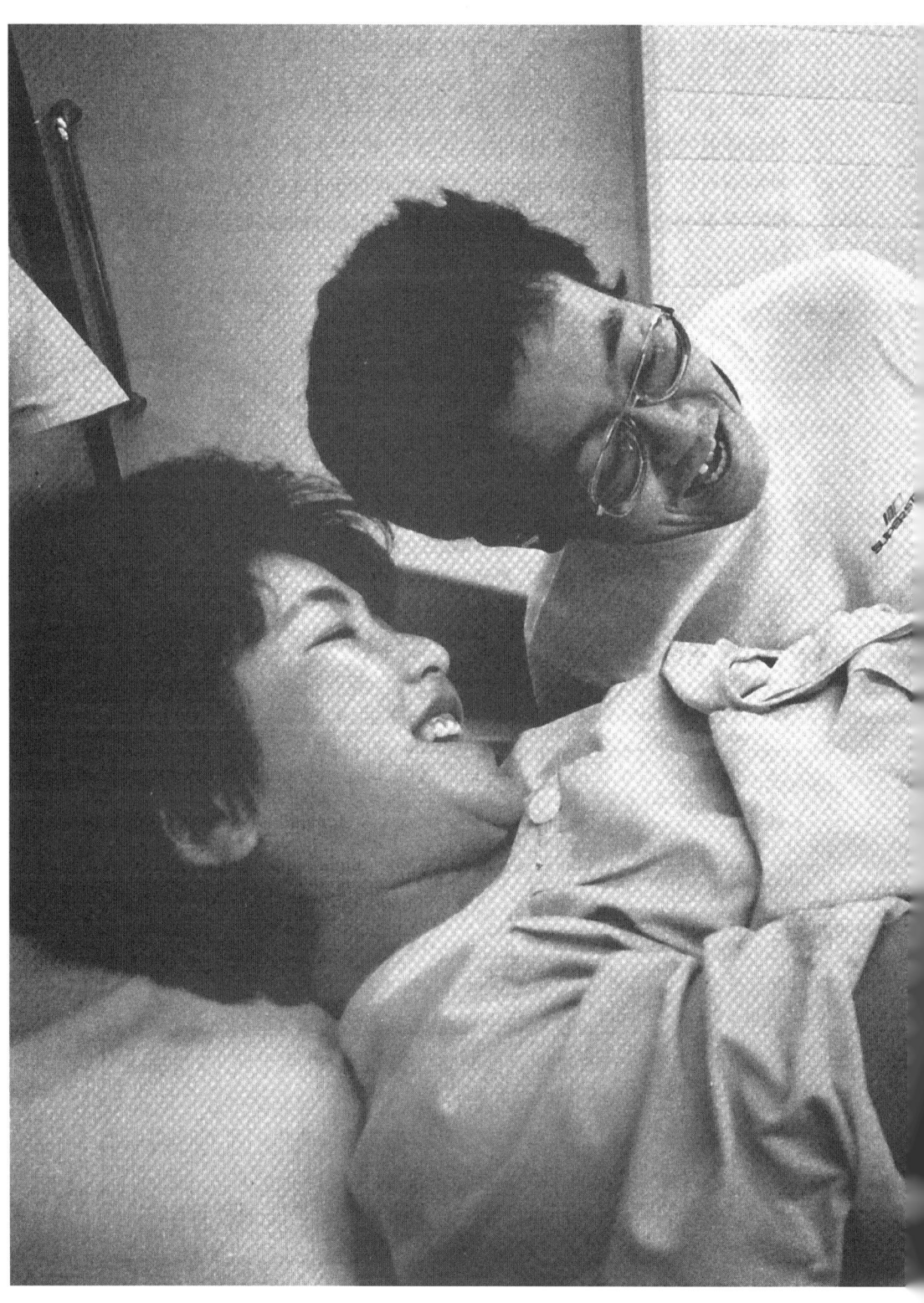

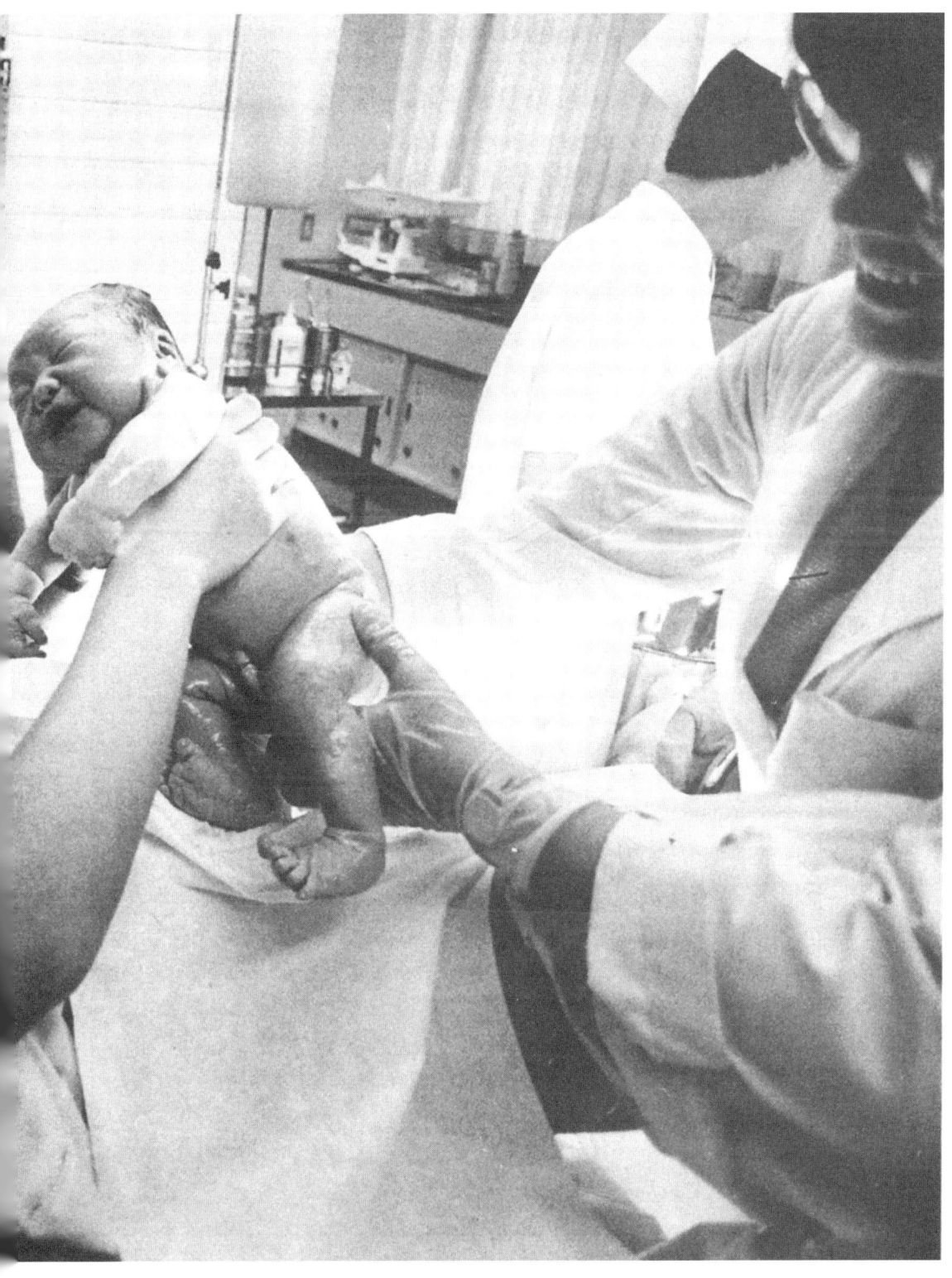

다섯번째에 아들을 낳은 것은 박사님 덕택

11월 14일에 우리 부부에게 다섯 번째의 아기가 태어났습니다. 우리가 기다리고 기다리던 아들이었습니다.

이 모든 것은 박사님의 지시에 따른 결과라고 믿고 있습니다. 아무리 생각해도 박사님에게 이 사실을 알리지 않는다는 것은 도리가 아닐것 같아 펜을 들었습니다. 이제 우리 부부는 아들을 낳는 방법을 완전히 체득했습니다. 박사님께 진심으로 감사드립니다.

페리 바타니언

우리는 정말로 행복합니다

정말로 박사님에게 감사합니다. 저는 딸만 넷을 낳은 뒤여서 아들은 완전히 체념하고 있었는데 박사님의 저서가 나온 것을 알고 당장 서점으로 달려가서 책을 샀습니다. 그리고 그 책에서 박사님이 지시한 대로 실천해서 한 번 더 아들을 낳아 보기로 작정했던 것입니다.

그 결과 우리는 틀림없이 아들을 낳았습니다. 아들을 낳은 뒤로 부부의 생활은 완전히 변화했습니다. 우리는 정말 행복합니다.

아들과 딸을 같은 비율로 낳아 기르기를 간절히 바라면서도 아들이나 또는 딸만을 계속 낳게 되는 많은 부부들의 고민과 불행은 박사님이 연구한 방법에 의하여 틀림없이 해결된다고 저희 부부는 확신하고 있습니다.

윌리엄 F. 벤츠 주니어

아들만 셋 가진 친구도 딸을 낳았습니다

박사님의 책을 읽고 우리 부부가 직접 체험했던 일을 알려드리기 위해 펜을 들었습니다. 저에게는 세 딸이 있습니다. 그래서 무슨 일이 있어도 네번째에는 아들을 낳아야겠다고 박사님의 책을 구입하였습니다. 아내와 저는 박사님이 책에서 지시한 대로 열심히 실천해서 그 결과 건강한 아들을 얻게 되었습니다.

또 안과의사로서 이름이 나 있는 제 친구가 있는데 그는 아들만 셋이랍니다. 그 친구가 저에게 박사님의 책을 빌려달라고 해서 그렇게 했지요. 그 친구도 역시 저처럼 박사님이 일러주신 아들·딸 구별 출산법을 진지하게 배우고 그대로 실천했다고 저에게 말했습니다. 그 친구도 결과는 대성공이었습니다. 그들에게도 소망하던 대로 귀여운 딸이 태어난 거지요.

앞으로도 박사님께서는 인류를 위하여 좋은 일을 많이 해 주십시오, 하고 저희는 뒤에서 빌고 있겠습니다.

마레 A. 슈나이더

대대로 아들만 낳는 가계인데 딸을 낳았습니다

박사님의 책을 읽고 딸을 낳는 방법대로 실천하였습니다. 그 결과 지난 4월 10일에 아무 탈 없이 딸을 낳았습니다. 그러자 시집 식구들이 모두 놀라는 것이었습니다. 그 까닭은 여태까지 우리 부부는 아들만 낳았는데다가 이상하게도 남편 쪽 가계는 여러 세대에 걸쳐 딸을 낳은 일이 없기 때문입니다.

박사님의 연구 성과에 진심으로 감사합니다.

주디스 C. 덩컨

기쁘고 행복한 나날을 보내고 있습니다

태어날 아기의 성별을 결정하는 문제에 관한 박사님의 연구 결과를 읽은 것은 작년 4월의 일이었습니다. 그 무렵 제 남편과 저는 두 번째 아기를 가지려 생각하고 있었지요. 첫번째 아이는 딸이었기 때문에 다음에는 아들을 낳고 싶었습니다. 그래서 우리 부부는 박사님의 방법중에서 아들을 낳는 방법을 실행해서 꼭 아들을 낳겠다고 열심히 노력 했습니다.

월경이 끝나면서 부터는 부부관계를 삼가하고 날마다 기초체온을 재어서 그래프를 만들었습니다.

월경주기의 13일째에 20분의 3도로 체온이 내려갔습니다. 그 날 밤에 박사님의 지시대로 중탄산소다수로 질을 씻고 남편과 부부관계를 가졌으며 우리 부부는 오르가슴에 도달하였습니다. 그래서 저는 그 달에 임신하였답니다. 그리고 지난 1월 19일에 몸무게가 4Kg인 건강한 아들을 낳았습니다.

우리 부부는 계획대로 가족 구성이 이루어져서 기쁘고 행복한 나날을 보내고 있습니다. 이렇게 편지를 쓰는 이유는 박사님의 지도에 대한 감사의 뜻을 전하기 위해서 입니다. 박사님께서는 이론을 입증하기 위한 통계를 작성하고 계실 텐데 저희 부부에게 아들이 태어난 케이스도 그 통계 속에 넣어주시기 바랍니다.

일리노이주 파로즈 하이츠에서 프랭크 A.뮤러 부인

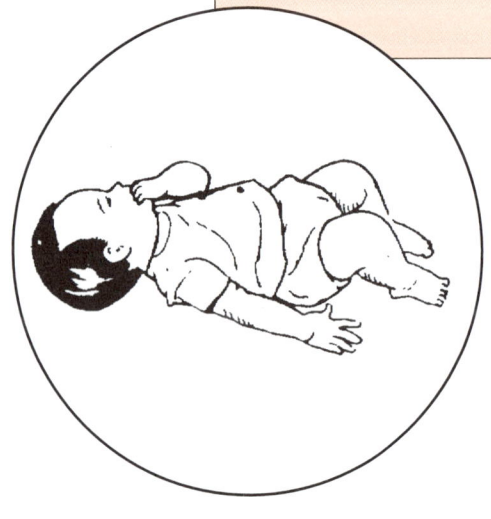

너무 기뻐서 어쩔줄 모르겠습니다

제임스 C. 버드 선생님께서 편지를 드리라고 권하셔서 지금 이 글을 올립니다. 박사님의 연구 덕택으로 아들만 셋인 저희 가정에 예쁜딸이 태어난 것입니다. 아들만 셋인데 딸이 태어나서 너무 기뻐 어쩔줄 모르겠습니다. 뭐라고 감사의 말씀을 올려야 할지요. 저는 편지를 쓰라고 권하신 버드 선생님을 무척 존경하고 있습니다. 선생님께서는 쉐틀스 박사님만큼 열심히 연구하는 훌륭한 의사는 없다고 언제나 말씀하신답니다. 이 세상의 모든 부부가 아들과 딸을 고루 낳을 수 있게 하기 위하여 밤낮으로 연구에 여념이 없으신 박사님에게 마음 속으로부터 감사를 드리고 있습니다.

로버트 무츠 부인

지시를 그대로 지켜서 꿈을 실현.

저의 이름을 박사님의 팬 리스트에 넣어 주시기 바랍니다. 아들이 두 살이 되어서 가능하면 딸을 하나 낳아야 겠다고 생각하고 있었습니다. 딸을 낳았으면 좋겠다고 친구에게 말했더니 그 친구가 박사님의 책을 읽어 보라고 권해 주었습니다. 그래서 곧 그 책을 사서 읽었지요. 저는 배란일을 정확하게 알 수 있었습니다.

저희 부부가 딸을 낳으려고 노력하는 동안 박사님의 질 세척에 관한 지시는 반드시 지켰습니다. 그렇게 성가신 일을 어떻게 하느냐고 말하는 사람도 있을는지 모르지만 우리 부부는 한 번도 거르지 않고 세척을 했고 다른 사항도 꼭 지켰습니다. 그 결과는 성공이었습니다. 바라던 대로 딸을 낳은 것입니다.

그 뒤 저는 출산을 도와 주신 의사 선생님이나 친구들에게 박사님의 책을 소개하고 이 고장의 두 도서관에도 그 책을 사서 기증했습니다. 박사님의 멋진 연구에 감사하며 앞으로도 더 훌륭한 일을 많이 하시도록 하느님께 기도하고 있습니다.

카렌 펜더 숍브룬 박사

우리 부부의 사례도 참고가 되었으면 합니다

딸만 셋을 낳은 뒤로 아내는 완전히 의기소침해졌습니다. 그렇게도 아들을 하나 낳기를 바라던 아내였으니까 무리도 아니었지요. 그 뒤 아내는 알 만한 산부인과 의사들을 모조리 찾아다니며 아들 낳는 비결을 문의했지만 신통한 대답은 어디서도 듣지 못했습니다.

그 뒤 아내가 미시피대학의 연구원을 만났을 때 쉐틀스 박사가 성별 선택에 관한 연구를 하고 있다는 말을 들었습니다. 그리고 얼마 뒤 쉐틀스 박사의 연구 성과를 소개한 기사가 실린 《뉴욕》 잡지를 아내는 사 보았습니다. 그리고 도 얼마 뒤에는 쉐틀스 박사의 저서 출간에 협력한 의학 기자 로빅 씨와 쉐틀스 박사가 함께 집필한 아들 · 딸 가려 낳기 출산법에 대한 기사를 《루크》 잡지에서 보았습니다. 그 때는 아직 쉐틀스 박사의 책이 나오기 전이었으므로 우리 부부는 잡지 기사를 읽고 뉴욕으로 박사님을 찾아갔었습니다.

우리 부부가 박사님의 방법을 실행한 것은 박사님을 만나고 난 다음부터 입니다. 그 결과 1971년 3월에 아들이 태어났고 지난 주에는 차남이 태어났습니다. 전에 낳은 세 딸이 잉태될 때의 우리 부부의 성생활을 돌이켜보면 세 번 모두 딸이 태어날 확률이 높았다는 것을 이제야 알겠습니다.

박사님께서는 지금 《아들 · 딸 구별 출산법》의 개정판 발행을 준비하고 있다는 소식을 들었는데 우리 부부의 사례가 참고될 수 있을까해서 편지를 드립니다.

S. 윌리엄스 페리스 박사

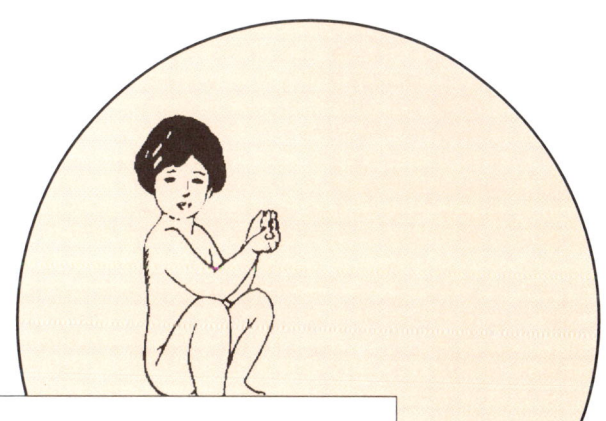

분만을 맡았던 의사가 더 흥분

　우리 부부의 첫아기는 아들이었습니다. 당연한 일이지만 두 번째 아기로는 딸을 낳고 싶었습니다. 그래서 박사님의 《아들·딸 구별 출산법》을 사서 읽고 실천한 결과 바라던 대로 예쁜 딸을 낳았습니다.

　제가 박사님의 책을 읽고 그 책에서 지시한 대로 실행하여 임신한 것이 지금 낳게 되는 아기라고 의사에게 말한 것은 분만대 위에서 였습니다. 그리고 태어난 아기가 딸이라는 사실을 알았을 때 의사는 저보다 더 흥분하는 것이었습니다.

　그 때까지 의문을 품어 왔던 그 의사는 물론, 다른 의사들도 박사님의 방법에 흥미를 나타내기 시작했습니다. 저의 가정은 이제 완전히 균형이 잡힌 가족 구성이 되었는데 이것은 모두 박사님의 덕택이라고 생각하고 있습니다.

제인 라이언

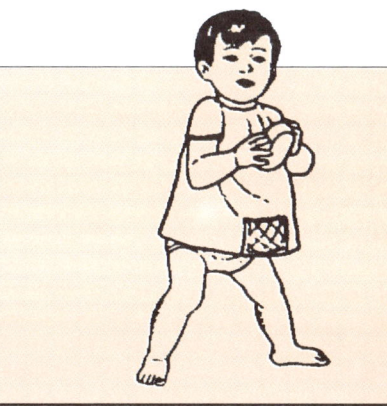

스기야마 박사가 받은 감사의 편지

서른세 해의 인생에서 최대의 기쁨

선생님 덕분에 지난 10월 4일 무사히 바라던 아들을 출산할 수 있었습니다.

탄생의 순간 '와' 하는 함성이 일어나고 '축하합니다 아들을 낳았습니다' 라는 말을 들었을 때의 그 기쁨. 저도 모르게 '아 하느님, 그리고 스기야마 선생님 정말 감사합니다' 라고 말했습니다. 저의 서른 세해의 인생에서 최대의 기쁨이었습니다. 입회하였던 간호사들로부터 '오늘의 출산에 참여한 것이 정말 기뻤습니다. 여태까지 겪어 온 가운데 가장 극적인 장면이었습니다' 라는 말을 들었답니다.

부모형제는 물론 청년회의소의 남편 동료들, 회사의 여러분, 함께 감격의 눈물을 흘려 준 친구들 등 모든 사람의 축복을 받아, 네 번째 도전하기를 정말로 잘했다고 하며 남편과 둘이서 지금까지도 흥분의 도가니 속에서 나날을 보내고 있습니다. 정말 고맙습니다.

한 주부

가장 어려웠던 것은 배란일을 알아내는 일

저는 1979년에 딸을 낳고 1981년 11월에 3,520그램의 아들을 낳을 수 있었습니다.

첫아이가 딸이었으므로 아들이 부러워 못 견딜 지경이었습니다. 그런 때에 선생님의 책을 알게 되어 그야말로 지푸라기라도 잡는 기분으로 탐독했습니다. 그리고 아들을 낳게 되는 조건을 그대로 실천했습니다(약은 복용하지 않았습니다). 가장 어려웠던 일은 배란일을 아는 것이었습니다. 아침에 일찍 일어나 측정하는 일은 정말로 인내를 필요로 하였으며 끝내는 게으름을 피워 어느 날이 진짜 배란일인지 판단하기가 아주 어려웠습니다.

그래서 스기야마 선생님에게 테스트 테이프를 보내 달라고 부탁드렸던 것입니다. 1~2회 연습하는 사이에 어느 날 pH가 7.0이상으로 반응이 나왔으며 분비물도 많이 나왔습니다. 그 당시는 정말로 기뻐서 '오늘이 배란일이야. 기회를 놓치면 안 돼' 라고 실행하는 조건대로 했으며, 그 달의 생리가 없었을 때 '아, 배란일에 임신했어. 틀림없이 아들이야' 라고 확신을 가졌습니다.

제 옆에 누워 있는 아기를 보면 볼수록 정말로 노력하기를 잘했다고 생각합니다. 만일 선생님의 책을 읽지 않았더라면 또 딸이었을지도 모릅니다. 지금 저희 부부는 이 소중한 두 아이를 위해 모든 것을 바쳐 키우겠다고 무척 흥분하고 있답니다.

첫딸에 이어 아들을 낳은 한 부인

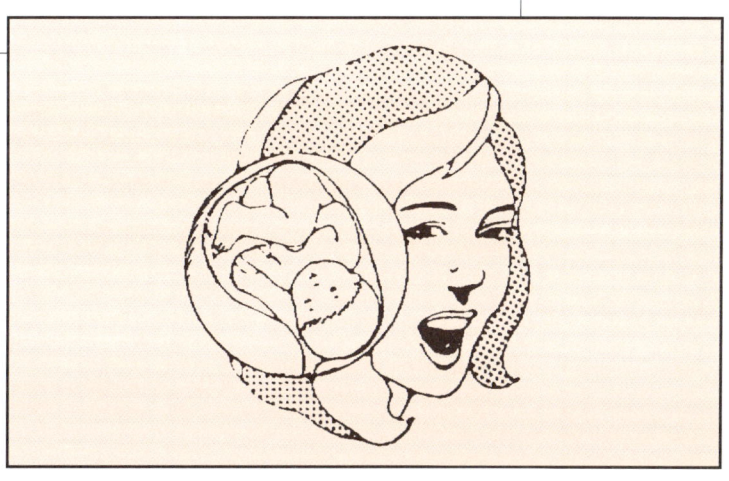

바라던 예쁜 딸을 낳아 행복합니다

우리 부부는 아들만 둘이었습니다. 그래서 세 번째 아이는 꼭 딸을 낳고 싶었습니다. 사내아이만 둘이었을 때에는 집안이 조용한 날이 없었지요. 더욱이 남편은 누님과 여동생 사이에서 자랐기 때문에 집안 분위기를 생각해서라도 딸이 하나 있는 것이 좋겠다고 했으며, 엄마인 저 역시 딸을 하나 두는 것이 소원이었습니다.

그러던 차에 작년 초 우연히 텔레비전을 보다가 스기야마 박사님께서 아들·딸 가려 낳기를 과학적으로 지도하고 있다는 사실을 알았습니다. 박사님이 텔레비전에 출연해서 말씀하시는 것을 듣게 된 것이지요. 그 사실을 알고 저는 얼마나 기뻐했는지 모릅니다. 저는 곧장 스기야마 박사님에게 연락하고 지도서를 구입해서 열심히 읽어 봤습니다.

박사님의 지도에 의하면, 배란일 3일 전까지는 자유롭게 부부관계를 갖고, 배란일 3일 전날에 지시한 대로 조처를 하고 관계를 맺은 뒤에는 금욕해야 한다는 것이었습니다.

저는 책에 씌어 있는 그대로 우선 기초체온표의 작성부터 시작했습니다.

6개월을 작성하고 보니 3개월째부터 배란일이 확실해져서 수태하는 날을 결정할 수가 있었습니다.

잊을 수 없는 그날, '80년 3월 19일 (배란 3일 전) 밤에 남편과 금욕 기간에 들어가기 전 마지막 부부관계를 했습니다. 물론 그 전날인 18일과 17일에도 우리는 일부러 부부관계를 했습니다. 19일에는 식초수로 질 안을 씻고 결합하였습니다. 지금은 스기야마 박사님에게 부탁하면 '초이스' 라는 간편하고 더 확실한 약이 있다지만 그 당시에는 그것이 없어서 식초수를 사용했던 것입니다.

딸을 낳고자 할 때에는 얕게 삽입해서 사정을 하고 저는 성감을 느껴서는 안 된다고 책에 씌어 있었으므로 남편이 협조해 주도록 부탁 했습니다.

남편은 그처럼 쉽사리 간단하게 소원이 성취된다면 누군들 마음대로 못하겠느냐면서 약간 회의적이었습니다. 하지만 그 사람도 역시 딸을 원하고 있었으므로 밑져야 본전이라고 하면서 협조를 잘해 주었습니다.

우리들의 딸을 낳기 위한 부부관계는 평소의 그것과는 완전히 다른 일종의 의식과도 같은 것이었습니다. 저는 성감을 느껴서는 안 되고 남편은 되도록 얕게 사정해야 했으니까요. 남편은 끝내 의심스럽다는 듯 '이 정도로 과연 임신이 될까' 하고 말했습니다.

하지만 저는 틀림없이 딸이 수태되었다고 생각하였습니다. 다음 달 월경 예정일 전에 저는 병원에 가서 소변 검사를 해서 임신했다는 사실을 알았습니다. 한 번의 시도로서 수태에 성공했기 대문에 저는 틀림없이 딸일 것이라고 확신했지요.

달이 차고 분만일이 가까워지자 혹시나 하는 불안이 가끔 머릿속을 스치고 지나갔지만 딸이라는 확신은 점점 굳어져 갔습니다. 그만큼 저는 스기야마 박사님의 이론을 과학적으로 납득하고 있었기 때문입니다.

'드디어 출산날이 다가왔습니다. 그 날 남편은 직장까지 쉬고 병원에 따라와서 제 옆에 꼭 붙어 있었습니다. 정말 딸을 낳는지 궁금했으며, 또 꼭 딸이 태어나기를 기다렸기 때문이라고 합니다.

그 때 태어난 딸이 지금 4개월째에 접어들어 표정도 확실해져서 잘 웃고 잘 먹습니다. 지금은 이 딸을 기르는 것이 즐겁고 행복하기만 합니다.

신비의 베일 속에 굳게 감추어져 있던 아기의 탄생에 과학이 관여하게 된 것은 굉장한 일이라고 저는 감탄하고 있습니다.

이 아들·딸 가려 낳기는 자식을 둘이나 두고 있는 부부보다도 신혼 부부나 첫 번째 아기만 낳은 젊은 부부에게 권해야 한다고 저는 생각합니다. 왜냐하면 우리 부부도 결혼초에는 아들 하나 딸 하나만 낳아서 잘 기르려 했으며, 첫아들을 낳았을 때 스기야먀 박사님이나 쉐틀스 박사님의 방법이 나와 있었더라면 결혼초의 이상적인 가족계획을 실천했을 것이기 때문입니다. 신혼부부인 경우, 첫아이는 자연의 뜻에 맡기고 이 첫아이가 아들인가 딸인가에 따라서 두 번째 아기를 계획 임신해서 낳으면 완전한 가족계획이 될 것입니다.

나카우치 히도미

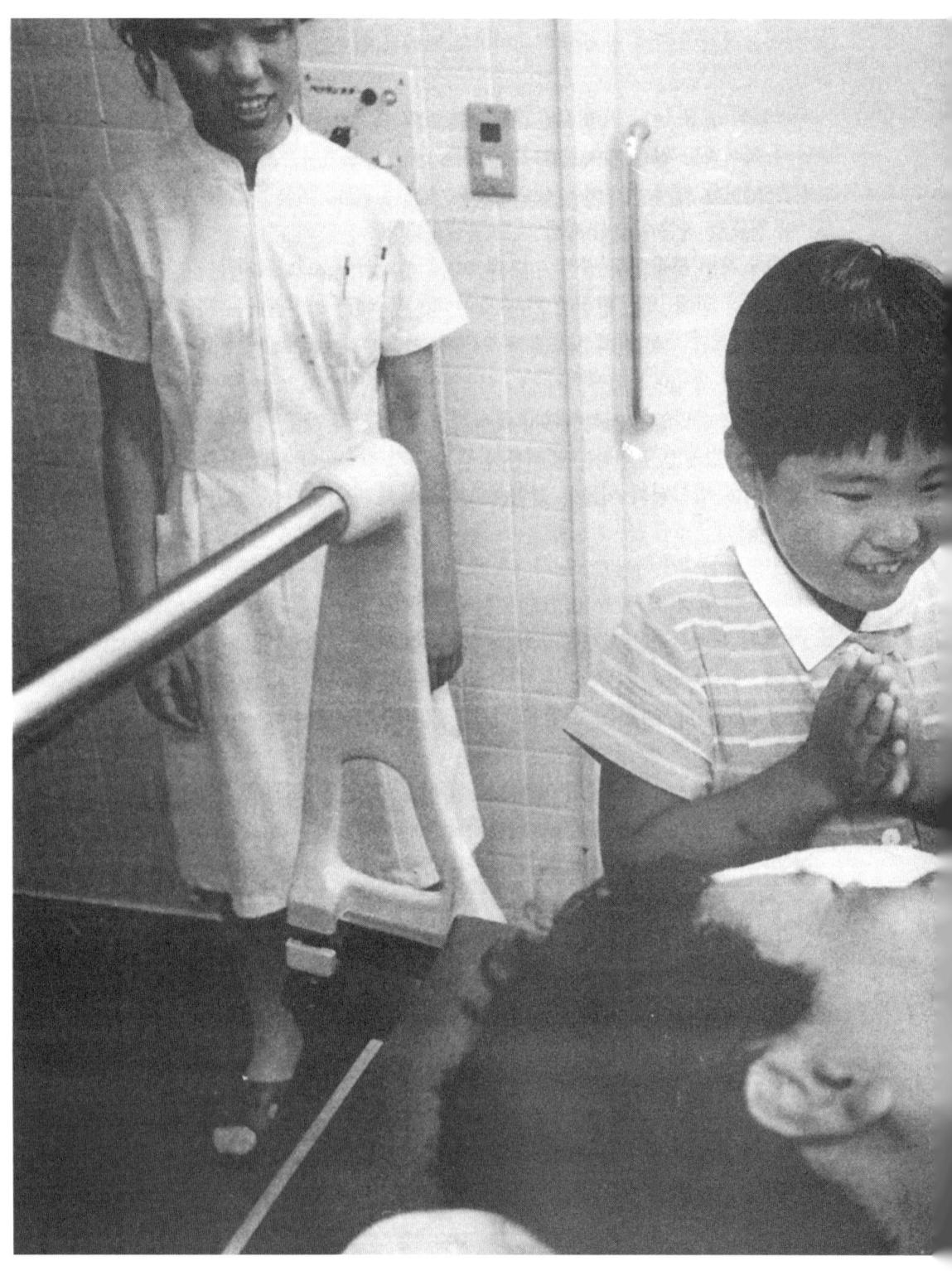

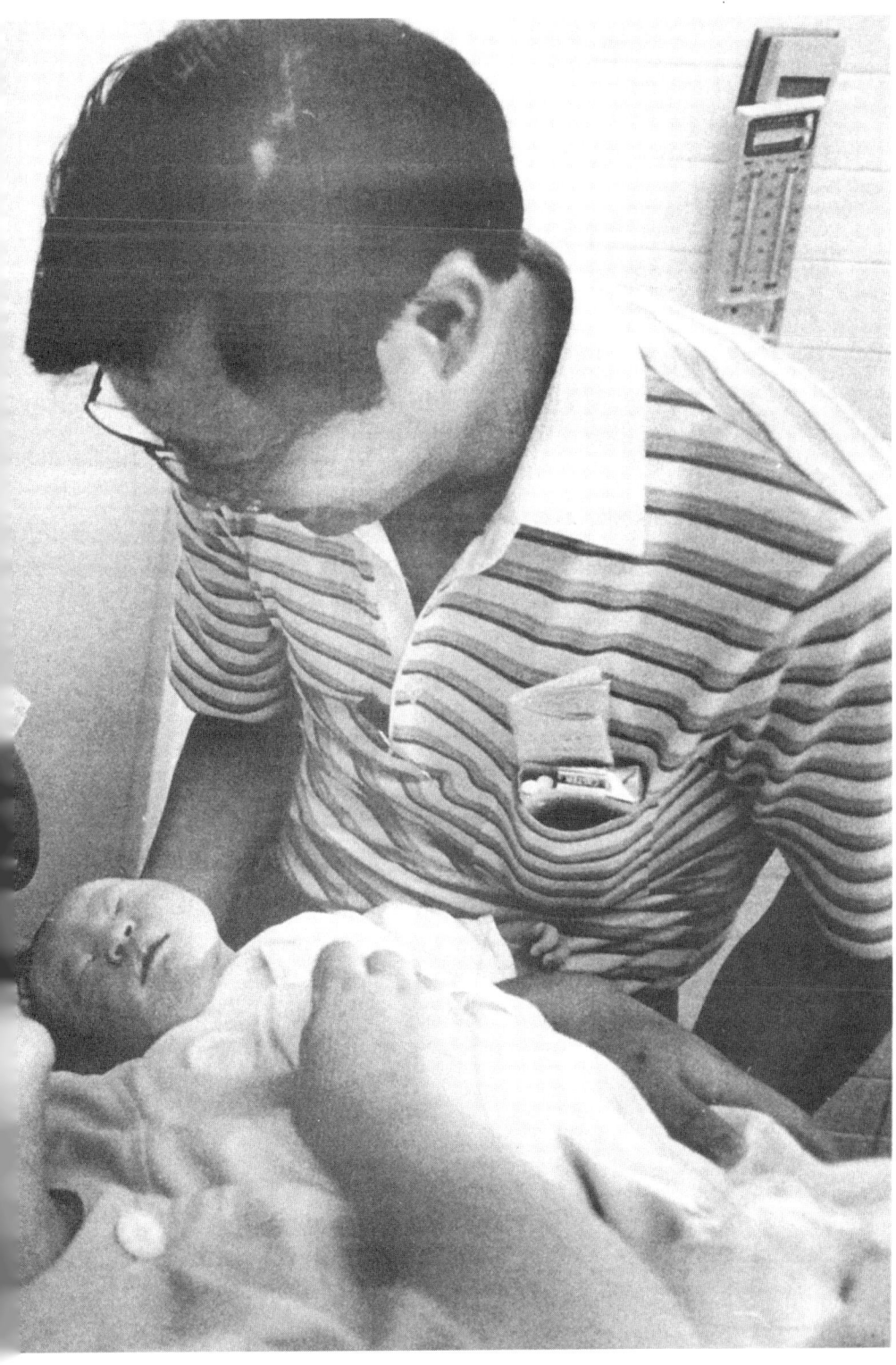

아들 하나, 딸 하나 소원을 이루었습니다

저의 시어머님께서는 스기야마 박사님이 출연한 텔레비전을 보시고 저에게 알려 주셨기 때문에 박사님의 책을 사 보고 또 지도를 요청하였던 것입니다.

우리 부부는 3년 전에 딸을 낳았으므로 다음번에는 아들을 낳아야 한다고 이심전심으로 생각하고 있었습니다. 시어머니께서도 입 밖에 내어서 말씀하시지는 않았지만 남편이 장남이었기에 가계를 이어 줄 손자가 태어나기를 기다리셨을 겁니다.

박사님의 책을 사온 날부터 우리 부부는 중요한 부분에 밑줄을 쳐가면서 정독했었지요. 그리고 박사님이 지도하신 대로 실천하기를 하였습니다.

먼저 부인용 체온계를 사와서 기초체온표를 작성하는 한편 생체철 · 인 · 칼슘정을 복용하는 일부터 시작하였습니다. 저는 기초체온표작성에 약간의 어려움을 겪었습니다. 잠에서 깨어나는 즉시 이불 속에서 측정하는 것이 원칙인데 처음에는 깜박 잊어버리고 몸을 일으키기도 했지요. 그래도 6개월쯤 계속하고 보니 배란일이 월경일로부터 몇 날째인지 확실해졌습니다.

그런데 배란일까지는 금욕했다가 당일에 부부관계를 가져야 아들이 수태된다는 사실을 알면서도 막상 실행에 옮기려 하면 쉽지 않았습니다. 남편의 출장과 겹치기도 하고 제 몸이 불편해 몸져눕기도 하고, 그럭저럭 미뤄 오다가 겨우 타이밍을

●아들을 낳기 위해서는 기초제온표를 작성하면서 배란일을 정확히 파악하고 생체철 · 인 · 칼슘정을 복용하는 것이 좋다.

맞춘 것이 재작년 5월 이었습니다.

아들을 낳기 위해서는 남편의 협력이 절대로 필요합니다. 월경 후부터 배란일까지는 금욕해야 하고 깊이 사정을 해 주어야 하기 때문입니다. 저의 경우에는 남편 역시 두 번째 아기는 아들이기를 원했기에 적극적으로 협력을 해 주었습니다. 어쨌든 저의 부부는 스기야마 박사의 지시대로 단 한번에 수태를 했습니다. 다음 달 예정일에 생리가 없어서 진찰을 받아 봤더니 의사 선생님께서 '축하합니다. 임신입니다' 라고 하시기에 무척 기뻤습니다. 그리고 틀림없이 아들일 것이라고 생각했습니다.

저는 80년 2월에 마침내 바라던 아들을 낳았습니다. 제 품에 아들을 안고 보니 아들을 얻은 기쁨을 실감할 수 있었습니다. 스기야마 박사님께 진심으로 감사드립니다.

이무라 가즈꼬

● 아들을 낳기 위해서는 남편의 협력이 절대로 필요합니다. 월경 후부터 배란일까지는 금욕해야 하고 깊이 사정을 해 주어야 하기 때문이다.

우연히 찾아낸 스기야마 박사의 저서

약혼 때부터 남편은 아들을 낳아 달라고 입이 닳도록 말해 왔었지만 허니문 베이비는 딸이었습니다. 제가 딸을 낳자 모자가 건강해서 다행이라고 기뻐해 주었으나 남편의 표정 속에는 실망의 그늘이 감춰져 있는 것을 저는 볼 수 있었습니다.

미안한 생각이 들고, 다음에는 꼭 아들을 낳아야지 하고 생각을 했지만 그게 어디 제 힘으로 되는 일입니까? 그 뒤 딸을 데리고 도서관에 갔다가 우연히 찾아낸 책이 스기야마 박사님이 지으신 《남녀를 가려 낳는 법》이라는 책이었습니다.

도서관 직원의 시선을 등 뒤에 느끼며, 그리고 딸아이의 집에 가자는 재촉을 들으면서 저는 정신없이 그 책을 뒤적거렸습니다. 그리고는 출판사와 책 이름을 메모해서 도서관을 나오자마자 서점으로 달려가서 그 책을 샀습니다.

저는 박사님의 책을 읽고 단골 산부인과 의사를 찾아갔습니다. 책만 읽고 혼자 실행하기에는 미진한 점이 있었기에 의사 선생님에게 상담을 하러 갔던 것입니다. 그렇지만 냉정하게 거절을 당하고 말았습니다. 생각다 못해서 스기야마 박사님에게 편지를 보냈습니다. 얼마 뒤 박사님께서는 친절하게도 필요한 자료를 모두 보내 주셨습니다. 스기야마 박사님께서 보내 주신 소포를 받고 저는 이미 아들을 낳은 것처럼 기뻐했습니다. 그러나 그처럼 아들을 원하던 남편은 '그런 건 믿을 수 없다'고 일소에 부쳐 버리는 것이었습니다. 할 수 없이 저는 혼자서 실행에 옮기기로 하였습니다. 저에게 있어 유일한 희망은 생체철·인·칼슘 정이었는데, 그것을 복용하기 시작한 것은 79년 12월 말부터입니다. 80년 4월에 수태할 수 있도록 계획을 세우고 하루도 거르지 않고 그 정제를 먹으면서 배란일을 체크했습니다.

남편은 저의 계획을 믿지 않고 피임기간인데도 콘돔을 사용하지 않았습니다.

남편으로 하여금 스기야마 박사의 방법을 믿게 하는 데 실패한 저는 임신이 되지 않도록 남편의 체외 사정을 유도하기도 하고, 관계 직후 세척도 하며 있는 지혜를 다하여 피임을 했답니다. 이와 같은 남편의 비협조로 저는 예정보다 한 달 빠른 3월에 수태하고 말았습니다.

임신이라는 사실이 확인된 뒤에 당시를 생각해 보았더니 전달 배란일에 부부관계를 할 때 저 혼자서 무척 노력했다는 것을 알 수 있었습니다. 그리고 그 날 저는 강한 오르가슴을 느꼈던 것입니다.

임신중 배가 크게 부르지 않고 입덧도 가벼웠기 때문에 '아들'이라는 확신을 갖게 되었습니다. 그래서 아기의 출산 준비도 모두 아들에 대비해서 했습니다.

특히 진통이 시작되고 나서는 아들이라는 확신이 더욱 굳어졌습니다. 간호사가 '아들입니다'라고 말했을 때에는 너무 감격해서 눈물이 나왔습니다.

아들을 낳자 남편은 물론 시부모님도 뛸 듯이 기뻐했습니다.

이제 저희 부부는 아들 딸 하나씩 남매를 둔 행복한 가정이 되었습니다. 이제 더 이상 낳지 않고 가족계획에 협조하겠습니다. 이것은 모두 스기야마 박사님의 덕택입니다. 감사합니다.

구리다 히로에

부부관계도 의식처럼 세심한 배려로

우리 부부는 딸만 둘이어서 대를 이을 아들을 낳는 것이 저희들의 의무였습니다. 그래서 저는 아들을 낳는 법이 소개된 잡지는 모조리 사서 모으고 있었는데 마침내 스기야마 박사님의 《남녀를 가려 낳는 법》이 출판되었습니다.

저는 아들을 낳기 위하여 매일 생체철·인·칼슘의 정제를 복용하였습니다. 솔직히 말해서 안전성이 보장되었다고 하지만 처음에는 다량의 약을 복용하는 데 불안을 느꼈습니다. 그러나 저는 스기야마 박사님의 지도를 100% 따랐습니다.

다만 제 경우 뜻밖에 어려웠던 것은 배란일을 아는 방법이었습니다. 기초체온표만으로는 안심이 되지 않아서 분비물의 끈기 테스트와 중간통을 활용하여 야마틀림없이 배란일이라고 판단한 그 날 남편과 부부관계를 가졌습니다. 부부관계도 마치 의식처럼 세심한 배려를 하면서 치렀지요.

저는 평소부터 감응도가 높은 편이었고, 부부관계 역시 충분한 시간을 소비하였기에 우리 부부는 최선을 다했다고 자부합니다.

결과는 대성공이었습니다. 열 달 뒤에 드디어 아들이 태어났습니다. 아들을 낳자 남편은 어리둥절해서 그 때까지 반신반의한 것을 후회했답니다. 지금은 남편도 스기야마 박사님의 아들·딸 가려 낳는 법을 완전히 믿으며 감사하고 있습니다.

가와노 히사에

딸을 낳은 기쁨을 소중히 간직하겠습니다

연년생으로 아들만 둘을 낳자 저는 딸을 낳기를 원했습니다. 커서 엄마인 저의 말 상대가 되어 주는 것은 아들이 아니고 역시 딸이기 때문입니다. 남편은 별것을 다 걱정한다고 핀잔을 주면서도 딸을 낳고 싶어하는 저의 계획에 잘 협조해 주었습니다.

저는 먼저 기초체온표를 기록해서 배란일을 확인하였습니다. 그리고 배란 3일 전까지는 매일 부부관계를 계속하였지요. 지금 생각하면 미소가 떠오르지만 그 때는 정말 기도하는 마음이었습니다. 특히 배란 3일 전날에는 더욱 진지했습니다.

두 달을 이와 같이 열심히 시도한 결과 저는 임신에 성공하였습니다.

임신중에는 주위에서 '지금까지 아들만 둘을 낳았으니까 이번에도 역시 아들일 확률이 크다'고 말해서 저를 불안하게 하였지요. 하지만 저는 위의 두 아들을 임신했을 때와 비교해서 배가 나온 정도도 달랐고, 임신선의 위치도 달라서 틀림 없는 딸이라고 말해 주었습니다.

이렇게 이론이 분분했기 때문에 막상 딸을 낳았을 때에는 더욱 기뻤습니다. 다른 분들에게도 이 계획 수태 방법을 얘기해 주고 싶지만 저는 아직 젊은 부인이어서 그런지 용기가 나지 않습니다. 이 기쁨을 저희 부부만이 소중히 간직할 수밖에 없습니다.

스기야마 박사님, 정말 감사합니다. 덕택에 저에게도 딸이 태어났으니 얼마나 행복한지 모르겠습니다.

다카다치 하루

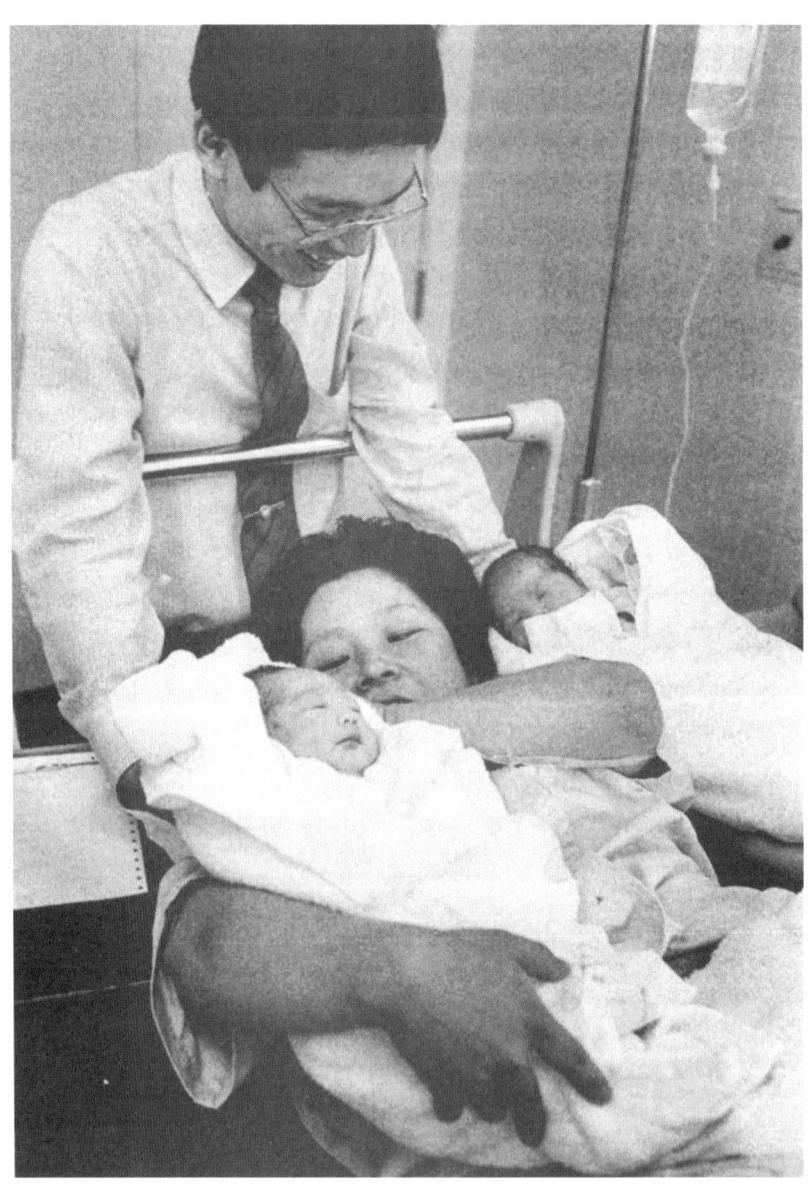

아들·딸 마음대로 낳을 수 있다

12

다무라식 아들을
낳는 방법

아들과 딸을 가려낳는 조건

산아제한으로 '한 자녀'만 낳겠다는 부부가 늘고 있다. 그래서 어떻게 하면 '아들과 딸을 가려서 낳을 수 있는가>' '어떻게 하면 우량한 아기를 낳을 수 있는가?' '어떻게 하면 확실한 피임을 할 수 있는가?' 하는 것이 절실한 문제로 대두되고 있다.

자녀를 '둘만 낳아 잘 기르자' 또는 '한 자녀'만 낳겠다는 부부가 늘어나 산아제한은 이제 일반적인 경향으로 정착되고 있다. 그래서 '어떻게 하면 아들과 딸을 가려서 낳을 수 있는가' '어떻게 하면 우량한 아기를 낳을 수 있는가' '어떻게 하면 안전 확실하게 피임할 수 있는가' 하는 것이 절실한 문제로 등장한다.

이에 대해서는 여러 가지 설이 나오고 있는데, 다무라식(田村式) 계획산아법의 창시자인 다무라 이토노 여사와 다무라 고이치(田村光一) 박사 모자의 저서에서 내용을 요약하여 다음에 소개한다.

● 현대의 신혼부부들 중에는 대부분 한 자녀만을 낳아 잘 기르겠다는 경향이 높아지고 있다. 현실이 부부 중심의 사회로 치닫고 있으며 자녀교육이 심각한 문제를 안고 있는 만큼 부모가 감당해야 할 자녀에 대한 몫도 줄어들고 있는 추세이다.

● 완전한 부부관계가 끝난
직후에 여성의 질안의
액체를 리트머스 시험지에
반응시켜 보면 알칼리성
부분이 뒤섞여 있어
마치 기상사진에서
소용돌이 무늬를 나타내는
것 같다. 그러나 시간이
경과되면 전면은 산성을
띠게 된다.

정자는 특히 산에 약하다

완전한 부부관계가 끝난 직후에 여성의 질 안의 액체를 리트머스 시험지에 반응시켜 보면 산성의 부분과 알칼리성 부분이 뒤섞여 있어 마치 기상사진에서 태풍의 눈 쪽 부분에서 보듯 소용돌이 무늬를 나타내고 있다.

하지만 그것도 일정 시간이 지나면 전면이 산성을 띠게 된다. 곧 성교 후 일정한 시간이 경과한 다음에는 질 안의 액체는 모두 산성이 되어 정자는 녹아 버리는 듯하다.

그러므로 여성이 페서리로 피임을 했을 때에는 이튿날 아침까지 페서리를 질 안에 두었다가 아침에 끄집어내면 된다는 얘기이다.

한편, 정자는 산에 약하기 때문에 사정된 직후에는 안간힘을 쓰며 알칼리성인 자궁 안으로 진입하지 않으면 안 된다.

이것은 인간의 생존경쟁의 첫걸음이다. 그 가운데서도 아들이 되는 정자는 특시 산에 약하며, 딸이 되는 정자는 비교적 강한 것으로 알려져 있다.

질 안은 산성이다

　여성의 질 안은 산성으로서 리트머스 시험지를 빨갛게 물들인다.

　그런데 어떤 산부인과 의사에게 이토노 여사가 '질액(膣液)은 산성이지요'라고 물어 봤더니 '아닙니다. 알칼리성입니다'라고 대답했다. 이토노 여사는 8권의 의학책을 들추어 보았다. 2권의 책에서는 산성으로 되어 있으며, 6권의 책에서는 알칼리성이라고 나와 있었다. 도무지 영문을 알 수 없었다.

　결론은, 원래 질액은 알칼리성이지만 질 안에 있는 간균(桿菌)에 의해서 끊임없이 젖산이 만들어지기 때문에 결과적으로 정상적인 질액은 산성으로 되어 있다는 내용인 듯했다.

　그 젖산으로 해서 질 안은 언제나 소독이 되어 월경의 뒤처리를 하고, 출산 때에는 아기가 세균에 감염되지 않게끔 산도를 깨끗이 유지하고 있다.

여성의 질액은 알칼리성이지만 질 안에 있는 간균에 의해서 끊임없이 젖산이 만들어지기 대문에 결과적으로 정상적인 질액은 산성으로 되어 있다.

아들과 딸을 임신하는 방법

질액과 정액을 따로 따로 채취해서 먼저 정액을 현미경으로 살펴보면 엄청난 숫자의 정자가 헤엄쳐 다니고 있다.

그 정액 위에 질액을 끼얹으면 약 절반쯤의 정자가 자취를 감춘다.

그 사라진 정자가 아들을 낳게 하는 정자라고 이토노 여사는 생각했다.

그러므로 아들을 낳고자 할 때에는 되도록 질의 분비액이 나오지 않도록 하고, 딸을 낳고 싶은 때에는 성교시간을 오래 끌어 아내의 질액이 많이 나온 다음에 사정을 하면 된다고 이토노 여사는 생각했다. 여사는 다음과 같이 서술하고 있다.

나는 결혼 후 어느 기간 동안 피임을 하다가 아이을 갖겠다고 생각했다. 아들이나 딸 가운데 어느 쪽을 낳겠다는 생각은 없었지만 피임이라는 속박에서 해방되어 편안한 마음으로 남편의 뜻에 따랐을 때에 딸을 낳았다.

그 무렵에는 월경주기가 틀에 박힌 것처럼 30일형이었으므로 월경 개시일에서 13일째의 부부관계에 의해서였다.

그 날로부터 271일째에 장녀가 태어났다. 부모님에게는 첫 손녀였기에 '내 자식보다도 더 사랑스럽다'고 기뻐해 주셨다.초산에는 아들이든 딸이든 괜찮다. 처음으로 엄마가 된 기쁨을 도저히 말로 표현할 길이 없었기 때문에.

그로부터 몇 년 동안 또다시 피임을 하면서 아들과 딸에 관한 연구를 계속했다.

곧 많은 숫자의 부부를 대상으로 어떤 때에 아들이 태어나고, 어떤 때에 딸이 태어나는지 조사해 봤다. 그 결과 다음과 같은 사실을 알게 되었다.

장년기의 부인이 느긋한 마음으로 성관계를 했다고 여겨지는 경우에는 딸이 많았다. 그렇지만 일년 내내 고생스럽게 살아가는 부인이나 나이 어린 아내, 초로의 부인, 강간, 또는 그에 가까운 성관계라고 생각되는 경우에는 아들의 출산이 많았다.

그러는 동안에 장녀가 커서 더 이상 아이를 돌봐 줄 사람이 필요하지 않았으므로 아들을 낳겠다고 마음 먹었다.

기도하는 마음으로 아들을 낳았다.

그 무렵에는 월경주기가 28일형 이었다(한번 임신을 하면 기본 월경 주기가 변하는 경우가 있다).

월경 개시일로부터 11일째에 '오늘 관계하면 임신한다.'

나에게는 확실한 자신이 있었다. 그리고 어떤 일이 있어도 딸을 임신하면 안 된다고 비장한 각오를 했다.

지금으로부터 44년 전의 일이었지만 나는 그 당시의 일을 분명히 기억하고 있다.

질의 분비액이 나오게 해서는 안 된다.

"제발 하느님, 좋은 아들을 낳게 해 주십시오."하고 기도를 계속했다.

미리 말해두거니와 나는 신비주의자는 아니며, 염력으로써 아들을 낳으려고 생각한 것도 아니다. 곧 질의 분비액을 내지 않고 행위를 끝내기 위해서는 경건한 심경이 되는 것이 가장 좋다고 생각했었다.

그날로부터 274일째에 바라던 대로 아들이 이 세상에 태어났다.

　　장남이 출생한 지 5년째에 나는 둘째 아들을 출산했다. 그 때에는 장남을 낳을 때와 같은 비장한 다짐은 필요치 않았다. 이미 아들이 있었기 때문이었다.

　　하지만, 당시 세상은 전쟁의 위험한 공기가 감돌고 있어 아들 하나로는 마음이 놓이지 않았다. 또 한 아들을 낳고 싶다. 그렇게 생각하고서 장남을 낳을 때와 마찬가지의 방법을 시도했다. 그렇게 해서 역시 아들을 낳을 수 있었다.

　　아들과 딸을 가려서 낳는 일은, 아들을 낳는 정자와 딸을 낳는 정자의 어느 쪽에서 응원을 하는가 하는, 위기일발의 신기(神技)에 가까운 순간의 기(技)이다. 육안으로 봐서 붉은 꽃과 흰 꽃을 가려 나누는 것처럼 되지 않는 데에 남녀 평균화에 의한 자연의 조화가 마련되어 있다.

　　나는 둘째 아들을 낳고서 더 이상 낳지 말자고 결심했다. 배란일을 예정할 수 있었기 때문에 피임에 관한 불안은 없었다.

음식물에 의해 가려 낳을 수 있는가

　　아들과 딸을 가려 낳고 싶다. 대부분의 사람들은 그렇게 생각하고 있다.

　　그러기 위해서 많은 책이 나와서 읽히고 있다. 음식물에 관해서는, 알칼리성 식품을 먹으면 아들을 낳는다든지 산성 식품을 먹어 딸을 낳는다는 등 여러 가지 설도 있는데, 원래 산성으로 되어 있는 질액을 음식물에 의해서 알칼리성으로 바꿀 수는 없다고 생각한다.

　　게다가 알칼리성 식품을 많이 먹는다는 것은 몸이 건강해지고, 질 안의 젖산도 많아지는 것을 말해준다.

　　내가 아들 둘을 계획적으로 낳았을 때에는 오히려 동물성 단백질을 많이 먹고 있던 때였었다.

오우라설과 시오미식 PH이론

　　오우라씨가 쓴 책 속에는 다음과 같이 씌어져 있다.
〈아들을 바랄 때〉
① 백 배의 중탄산소다수를 성교 직전에 한 잔 사용해서 질을 알칼

리화한다.

② 중탄산소다를 소량, 분말인 채로 삽입해도 좋다.

③ 콜로이드 칼슘을 사용해도 좋다.

〈딸을 바랄 때〉

말린 살구의 살을 팥알 크기로 잘라서 성교 직전에 넣는다.

'시오미식 pH이론' 속에는 다음과 같은 내용이 씌어져 있다.

〈딸을 바랄 때〉

여성 쪽에서는 의식적으로 애써 그 감도를 저하시켜 일시적인 불감증 상태가 되어 절대로 오르가슴에 도달하지 않도록 궁리한다.

남성 쪽에서는 그 감도를 높여 비교적 단시간에 종료한다(이렇게 되어 있는데 이 방법은 필자가 생각한 사내아이 임신법에 가깝다. 강간 등일 때에는 사내아이 임신률이 높기 때문에 이것과는 반대인 것으로 여겨진다).

〈아들을 바랄 때〉

여성 쪽의 오르가슴이 두 번 이상이어야 한다는 것이 가장 중요하고 또한 절대적인 조건이 된다.

이렇게 되어 있다. 이것은 오르가슴에 의해 알칼리성인 자궁의 분비액을 많이 내어서 질 안의 알칼리도를 높인다는 의미이다. 그러나 젖산의 문제는 어떤가. 질액은 원래는 분명히 알칼리성이지만 젖산에 의해서 결과적으로는 산성으로 되어 있을 터이다. 그래서 현미경 속의 약 절반의 정자가 질액에 의해서 사라지지 않는다.

그 보다는 여성쪽에서 애액(愛液)을 되도록 삼가고 정액의 알칼리도를 살리려고 하는 필자의 생각 쪽이 낫지 않을까. 남성의 정액은 강한 알칼리성이기 때문에 정액이 많을수록 아들을 임신할 가능성이 높아진다. 그러므로 남성은 되도록 정액을 축적해 두어야 한다. 더욱이 다무라식에서는 확실히 임신이 되는 날을 예정할 수 있으므로 한 번의 노력으로 목적을 달성할 수 있다.

형제들이 모두 아들만 두고 있는 경우가 있는데 그런 사람들은 정액의 분량이 많아서가 아닌가 하는 생각이 든다.

남성의 정액은 개인차가 있어서 1회에 사정하는 분량은 많고 적은 차이가 있게 마련이다.

다무라식으로 피임을 하고 있는 한 형제의 경우에는, 형은 아들만 넷, 동생 역시 아들만 셋을 두고 있다.

정액의 양이 많으면 질 안은 알칼리도가 높아져, 아들을 낳는 정자는 산에 약하지만 살아 있을 수 있기 때문인 듯하다.

질액의 산도에 차이가 있다.

"한 마리의 종우(種牛)의 정액을 여러 마리의 암소에게 인공수정을 하면, 언제나 암송아지를 낳는 소가 있는가 하면 숫송아지를 낳는 소가 있답니다."

이것은 소를 인공수정시키는 전문가로부터 들은 이야기이다.

그러면 사람의 경우에는 어떠한가.

아들만 셋 두고 있는 한 부인은 이렇게 말하고 있다.

"저는 아들만 셋인데 언니는 아이가 없어요. 그 언니가 우리 셋째 아이를 양자로 맞이하고 싶다는군요. 저는 다무라식으로 다음번에 딸을 확실히 낳을 수만 있다면 그 아이를 언니에게 주고 딸을 낳았으면 해요."

그 부인은 농가의 주부였는데 피부가 메마른 듯한 인상이었다.

그 부인에게 리트머스 시험지를 건네 주어서 그 부인의 질액을 주사해 봤더니 나보다도 훨씬 산도가 낮았다. 내 경우에는 자연스러운 상태의 부부관계로 딸을 낳았으며, 다음의 두 아들은 분비물을 되도록 나오지 않도록 노력했던 것이다.

나와 그 부인의 시험지를 견주어 보면, 나는 중간 정도의 산성인데 비해서 그 부인의 경우에는 약산성이라고나 할까, 나의 경우보다는 산도가 훨씬 적어서 푸른빛을 띠고 있었다.

그 부인은 두 사람의 시험지를 한참 견주어 보다가,

"아무래도 저는 딸을 낳기 힘들겠군요. 더 이상 아이를 낳지 않겠어요."

이렇게 말하고서 되돌아갔다.

● 딸을 키울 때는 귀엽지만
어쩐지 아들이 없는
집에서는 아들 낳는 것에
대한 미련을 떨쳐 버릴
수 없다.

다음은 딸만 셋을 둔 부인에 관한 얘기이다.

세 번재 아이를 계획적으로 임신할 때에 나에게 상담하는 편지를
보내왔다.

나는 자신이 아들을 임신했던 때의 일을 자세하게 일러 주고 다음
과 같은 일에 유의하라고 답장을 해 주었다.

'질액을 분비하지 않도록 노력하고, 또 사정하기 조금 전에 일단 중
지해서 질안을 중탄산소다의 용액으로 씻으며 질액을 제거한 뒤에 사
정이 되도록 하십시오.' 그리고 '정액은 알칼리성이기 때문에 남편의
정액은 되도록 미리 저축해 두는 편이 좋다.'는 답장을 써 주었다.

그런데 그 부인은 출산한 뒤에 또 편지를 보내왔다.

'…부부관계를 하기 전에 질 안을 씻었습니다. 그리고 알칼리성 식

품을 먹으며 나름대로 노력했지만 또 다시 딸아이가 태어났습니다.

하지만 무척 건강한 아기입니다. 낳고 보니 귀여워서 모두들 소중히 하고 있습니다.

나중에 조사해 봤더니 그 부인의 질액은 강한 산성으로서 시험지의 빛깔은 내 것보다 훨씬 붉은 빛을 띠고 있었다.

아들·딸 가려 낳기의 방법

과거처럼 아이를 많이 낳는 여성의 경우를 보면 대개 아들과 딸 양쪽을 낳는다. 아들이면 아들, 딸이면 딸만을 낳는 경우는 흔치 않다.

그러므로 질액의 산도가 특별히 강한 부인이나 약한 부인은 소수이고, 대부분의 경우는 질액의 산도가 중간 정도인 것으로 생각된다.

아들·딸을 가려 낳는 방법에 관해서는 앞에서 설명한 것과 다소 중복이 되는 부분도 있겠지만, 여기에 간추려서 적어두기로 한다.

아들을 출산한 뒤, 다음에는 딸을 낳기를 원하는 경우에는 다음과 같이 하기를 권한다.

① 부부관계의 시간을 오래 끌게 하고, 질 안에는 분비액이 많아진 다음에 사정한다.

② 남편 쪽에서는 미리 너무 정액을 비축해 두지 않는다.

● 딸이 많은 집에서는 아들 낳기를 원하지만 아들이 흔한 집에서는 반대로 딸이 있는 집을 부러워하고 딸 낳기를 원하는 경우가 많다.

●딸 낳기를 원하는
부부에게는 다음과 같이
하기를 권한다.
①부부관계의 시간을
오래 끌게 하고, 질 안에는
분비액이 많아진 다음에
사정한다.
②남편쪽에서는 미리
정액을 너무 비축해 두지
않는다.

나중에 약 20명의 부인한테서 결과를 들어 봤더니 모두 딸을 낳았다고 한다. 딸을 낳기를 바라는 사람은 대부분 이 방법으로 성공할 수 있을 것으로 생각된다. 다만, 질액의 산도가 특히 낮은 경우에는 그렇지 못할 것이다.

반대로 딸을 출산한 뒤에 다음에는 아들 낳기를 원하는 사람에게는 다음과 같이 권하고 있다.

① 부부관계의 시간을 짧게 한다.

② 아내 쪽에서는 성적으로 냉정하게 해서 분비액이 되도록 많지 않게 한다.

③ 남편 쪽에서는 사전에 정액을 충분히 비축해 둔다.

이렇게 방법을 일러 준 뒤 약 20명으로부터 결과를 알아봤더니 대부분 아들을 출산하는 데 성공했다고 한다.

그렇지만 그 가운데 '또다시 딸을 낳았다'고 말한 사람이 세 사람 있었다. 그 세 사람의 경우는 모두 살이 붙은 건강한 부인이었는데 아마도 분비액의 산도가 높았던 것으로 추측된다.

딸만을 낳는, 특히 산성이 강한 부인들에게 이런 질문을 해보았다.

"사정하기 조금 전에 행위를 중단하고 질 안을 중탄산소다의 용액으로 씻을 수 있는가?"

몇 사람의 부인들에게 이렇게 물어봤더니 '글쎄요'라고 말하는 사람과 '할 수 있어요'라고 말하는 사람이 반반씩이었다.

그렇게 하는 것은 아주 미묘한 부분이어서 어려운 문제일지도 모른다. 하지만, 그것은 의지의 문제로써 이성을 지닌 부부라면 충분히 가능하리라고 생각된다.

여태까지 나는 주로 배란일에 대해서 주력해 왔기 때문에 아들·딸을 가려 낳는 문제에 대해서는 결과에 대한 조사를 철저하게 해놓지 않은 것이 유감스럽다. 앞으로는 그 방면에 대해서도 좀더 힘을 기울일 생각이다.

우량한 아기를 낳는 조건 '첫번째는 딸, 두번째는 아들'

일본에서는 '첫 번째 아이는 딸, 두 번째 아이는 아들'이란 말도 있듯이 첫딸을 낳고 두 번째로 아들을 낳는 것을 이상적으로 생각하는 경향이 있다. 게다가 2차 대전의 종전 이전에는 징병제도가 있어 전사에 대한 염려도 하지 않을 수 없었다. 그래서 아들 하나로는 안심이 되지 않아 '첫 번째는 딸, 두 번째는 아들, 세번 째도 아들'을 낳는 것을 이상적이라고 생각했었다.

그런데 어째서 첫 번째 아이는 딸이 좋은 것일까.

그것은 첫째로, 아들에 비해서 '딸은 낳기 쉽고, 기르기 쉽다'는데 있다. 초산인 경우에는 산도가 좁아서 출산이 쉽지 않다. 그런 점에서 딸은 아들에 비해서 일반적으로 두개골이 부드러워서 산도를 통과하기 쉽다고 말해진다.

베테랑 조산원이라면 분만하는 도중에 나오고 있는 태아의 머리 부분을 만져 보기만 해도 그 단단한 정도에 의해 아들인지 딸인지 거의 판단할 수 있다고 한다.

그리고 여자아이는 태아기나 신생아기의 사망률이 사내아이에 비해 훨씬 낮아 기르기 쉽다는 점이다. 이것은 처음으로 엄마가 된 여성으로서는 고마운 일이다.

두 번째로, 딸은 일반적으로 일찍 집안일을 도와 줄 수 있기에 엄마

에게는 도움이 된다

세 번째로, 딸은 아들에 비해서 제 형제 자매를 잘 돌봐 준다는 등의 이유를 들 수 있다.

그래서 되도록 '첫 번째 아이는 딸, 두 번째는 아들, 세 번째도 아들'을 낳는 것을 이상적이라고 생각했을 것이다. 그렇지만 아이의 개성이 있기 때문에 꼭 그렇다고는 말할 수 없다. 아이가 둘인 경우에는 첫 번째가 아들, 두 번째가 딸이더라도 1남 1녀이니까 순서를 굳이 따질 필요는 없을 듯 싶다.

아들과 딸을 가려 낳는 일은 여태까지 설명한 방법에 의해서 어느 정도까지는 가능하지만, 100%확실한 방법이란 현재로서는 없기 때문에 결과는 역시 하늘의 뜻으로 받아들이는 길밖에 없을 것이다.

모든 일이 100%사람의 뜻대로 되지 않는 데에 인생의 깊이가 있다고도 할 수 있겠다.

아들과 딸이 수태되는 확률이 높은 경우를 다음과 같이 간추려 보았다.

아들을 임신할 확률이 높은 경우

- 여성의 나이가 어린 경우(17세 이하)와 갱년기에 가까운 때(38세 이상)
- 공포 임신(강간 또는 그에 가까운 상태)
- 인공수정
- 남편의 마음이 편안한 때
- 아내 쪽에 근심거리가 있을 때
- 아내의 몸이 쇠약할 때
- 남편이 장년기에 잇으며, 아내는 젊거나 나이가 많을 때
- 성교 횟수가 특히 많은 여성
- 빈곤한 가정
- 정액의 양이 많은 남성(정액은 강한 알칼리성이기 때문이다)
- 월경 직후의 임신(질 안의 산도가 낮기 때문?)
- 남성적인 건조형 여성

딸을 임신할 확률이 높은 경우

- 여성의 장년기(아들과 딸은 반반씩)
- 여성의 마음이 편안한 경우
- 비교적 부부관계의 시간을 오래 끄는 경우
- 유한부인

별거 중인 남녀에게는 딸이 많다

· 남편만이 힘들게 일하고 있는 경우
· 남편이 정신노동자인 경우
· 남편의 몸이 쇠약해 있을 때
· 아내가 장년기이며 남편이 젊거나 또는 나이가 많을 때
· 성교 횟수가 적은 장년기의 여성
· 부유한 가정
· 정액의 양이 적은 남성
· 살집이 좋은 분비형 여성

위에 든 몇 가지의 조건이 겹칠 때, 그 확률은 더 높아진다.

예를 들어서 17세 이하의 여성이 조혼을 했을 때에는 사내 아이를 낳을 확률이 높고, 몸이 약한 부인이 힘든 일을 하고 남편이 편안하게 지내고 있을 때도 아들을 많이 낳는다. 그리고 나이 많은 남성이 장년기에 있는 분비형인 여성과 결혼을 하면 딸을 낳을 확률이 높고, 부유한 가정의 건강하고 분비형인 부인이 편안하게 생활하며, 남편이 허약한 정신노동자로서 지쳐 있는 경우에도 딸을 낳을 가능성은 높아진다.

부부가 낳는 가장 우량한 아기

'우량아' 혹은 '우수아(優秀兒)'라고 할 때에는 여러 가지 견해가 있을 수 있겠지만, 일반적으로 말한다면 '신체와 정신이 아울러 건강하고 머리도 좋은 아이'라고 말할 수 있겠다.

하지만, '그 부모에 그 자식'이라는 말도 있다시피 어떤 아이가 태어나는가 하는 것은 유전이나 환경에 지배되는 면도 많아서 누구나 그린 우량한 아기를 낳을 수 있다고 말할 수는 없다.

그보다는 솔개가 독수리를 낳는 일은 원래 있을 수 없는 일이기에 여기서 말하는 우량아 출산이라고 하는 것은, 그 부부로서 낳을 수 있는 '가장 좋은 아기'라는 의미로 받아들여 주기 바란다. 곧 솔개가 독수리를 낳는 것이 아니라 어떻게 하면 솔개가 가장 훌륭한 솔개를 낳을 수 있는가 하는 문제이다.

'가장 좋은 아기'를 낳기 위해서는 '가장 좋은 상태'가 필요하다. 그러기 위해서는 몇 명의 아이를 언제 어떤 터울로 낳는 것이 가장 좋은가, 또 바라지 않는 임신을 하지 않기 위해서는 어떻게 피임하는 것이 최선인가, 그러한 것을 미리 충분히 검토한 다음에 출산 계획을 세워서 실행에 옮기도록 해야 한다.

출산은 20대에 하는 것이 좋다

여성의 몸은 그 전성기가 만 25세 전후라고 알려져 있다.

일반적으로 10대의 출산 및 35세 이상의 나이 많은 여성의 출산에는 문제가 많다는 것은 통계적으로도 뚜렷이 나와 있으며, 의학상의 상식이기도 하다.

옛날에는 장남이 우둔한 경우가 더러 있었다. 집안의 대를 이어갈 장남이 머리가 나쁘고 행동이 둔하다면 아주 곤란한 일이 아닐 수 없다. 그 까닭은 열다섯 살에 시집을 가는 등 조혼의 폐습이 있었기 때문이다.

15, 16세라 할지라도 여성에게 월경이 있다면 보통 임신 능력이 있기 때문에 결혼을 하면 임신을 하게 된다. 그런 경우에는 어린 여성의 임신이기 때문에 아들일 가능성이 많다는 것은 앞에서 설명한 바와 같다.

그리고 임신부가 신체적 혹은 정신적으로 미숙하기 때문에 아무래도 유산이나 조산 등이 많아진다. 또 출산을 한 경우에도 미숙아·허약아 · 정신박약아 등이 태어나기 쉽다. 적어도 10대에는 임신하지 않도록 하는 것이 무난하다.

또 35세 이상의 나이 많은 여성의 임신에서는 임신중독증의 발생률이 높고, 유산 · 조산 · 난산 등 위험이 따르며, 미숙아나 장애아의 출산율도 높아진다. 특히 서른 살을 지나서 첫 임신을 한 경우에는 출산이 곤란해서 때로는 질에서 회음에 걸쳐서 절개하는 일도 있다. 그것은 나이가 들어감에 따라서 산도(産道)가 되는 질의 탄력성이 떨어져 충분히 신축이 되지 않기 때문이다.

초산으로서 가장 좋은 적령기는 21~23세라고 경험이 많은 조산원은 말해 주고 있다. 이 연령이 출산까지의 시간도 짧고 또 산후의 경과도 좋다고 한다.

어쨌든 아기 낳기를 바란다면 되도록 20대에 낳는 것이 바람직하며 늦어도 30대 후반부터는 피임하는 편이 좋다.

출산 간격은 3-4년

아이의 터울은 몇 년이 좋은가. 각각 가정 사정이나 부부의 건강 상태 그밖의 여러 가지 조건이 있기 때문에 일률적으로 말하기는 어렵지만 일반적으로는 3, 4년 터울로 낳는 것이 이상적이라고 할 수 있을 것 같다.

연년생으로 낳는 일, 곧 매년 연속해서 출산한다는 것은 모체와 태아의 건강을 위해서나 육아면에서도 바람직하지 않다.

산후 1년 동안은 모체가 임신 · 출산이라는 큰 일을 한 다음의 회복기라고 할 수 있는데, 아기의 젖먹이기와 육아 등이 겹쳐서 힘든 시기

이다. 충분히 체력이 회복되려면 산후 2년정도 걸리는 것이 보통이다.

그러므로 임신은 그 다음에 해야 한다. 그렇다면 출산 간격은 3년 혹은 그 이상이 된다.

하지만, 출산 간격이 너무 길다면 형제의 터울이 많이 벌어져 육아 면에서도 바람직하지 않고, 먼저 출산 때에 익힌 지식이나 경험도 거의 잊어버려서 그다지 도움이 안 되는 등 결점이 있다. 특히 8년 이상 간격을 둔 임신인 경우에은 임신 중 혹은 분만 때에 이상이 일어나기 쉽다고 한다.

그러기에 결국 3,4년 간격의 출산이 가장 좋은 셈이다.

5월에 태어난 아이는 수재가 많다.

과거부터 5월에 태어난 아이는 수재가 많다는 말이 있어 왔다. 5월에 태어난 아이는 분명히 튼튼해서 키우기가 쉽고 우량아일 가능성이 많다.

다만 이것은 5월에 태어난 아이만이 우수하다는 것이 아니라 4,5월경에 출생한 아이 가운데는 우량아가 비교적 많다는 것 뿐이다.

그와 반대로 우량아의 퍼센테이지가 가장 낮은 것은 1~3월에 태어난 아이라고 한다.

그런데 1~3월에 태어난 아이는 어째서 불리한 것일까. 그에 대해서는 다음과 같은 이유를 생각해 볼 수 있다.

5월에 태어난 아이는 우수한 아이인 경우가 많다

① 1~3월 태생은 4~6월에 임신했다는 얘기인데, 태아의 성장에 있어 가장 중요한 임신 초기가 1년 중에서 가장 몸이 나른한 계절에서 여름에 걸쳐 있으며, 게다가 입덧을 하는 시기와도 합치해서 조건이 나쁘다.

② 임신 중에 가장 두려운 임신중독증은 임신 후반기에 일어나기 쉽고, 겨울철에는 더욱 발생하기 쉬운데 시기적으로 임신 후기가 겨울철에 해당된다.

③ 출생 직후의 신생아가 가장 추운 시기에 해당되므로 감기나 폐렴에 걸리는 등 아기를 기르는 데 문제가 많다.

④ 초등학교에 들어갈 때 4,5월에 출생한 아이와는 1년 가까운 차이가 있어 체력적으로나 지적으로 큰 핸디캡이 있게 된다. 특히 사내아이인 경우에는 여자아이에 비해서 성장이 늦기 때문에 더욱 그렇다.

그에 비해서 4,5월에 출생한 아이는 왜 유리한가. 그것은 1~3월에 출산한 경우의 불리한 조건과는 대조적으로 생각하면 되겠다.

4, 5월의 출산이라면 7, 8월에 임신한 셈이 된다. 다만 7월의 임신은 자칫 3월 출산이 되기 쉬우므로 역시 '8월 임신·5월 출산'을 겨냥하는 것이 가장 좋다.

확실히 임신이 되는 날을 매달 정확하게 예정할 수 있다면 건강한 부부인 경우, 임신하고자 하는 달에 임신하는 일이 가능하다.

미숙아를 낳지 않기 위해서 배란을 자각한다.

우량한 아기를 낳기 바랄 때, 적어도 미숙아나 장애아는 낳지 않도록 유의해야 한다.

일반적으로 몸무게가 2500g 이하인 아기를 미숙아라고 하는데, 몸무게가 그 이상으로 나가더라도 발육이 특히 미숙하다면 역시 미숙아로 간주해야 할 것이다. 말할 것도 없이 미숙아는 성숙한 아기에 비해서 크게 불리하다.

미숙아는 사망률이 높을 뿐만 아니라 호흡장애를 일으키기 쉬워 특별한 주의가 필요하다. 또 대부분 보육기에 넣어서 특별한 간호 아래 길러야 하므로 그 비용만으로도 큰 부담이 된다.

미숙아 가운데서도 몸이 작은 아기일수록 장애율이 높은 것은 당연하다. 예를 들어서 미숙아망막증은 태어났을 때의 몸무게가 2000g 이상인 아기에서는 거의 볼 수가 없고, 그 80%까지가 1500g 이하라고 한다.

이러한 미숙아가 태어나는 원인은 여러 가지이지만 그 가운데서도 가장 많은 것이 조산으로 말미암은 것이다.

그러므로 미숙아를 낳지 않기 위해서는 무엇보다도 조산 방지에 힘써야 한다. 그리기 위헤 임신 중에 지켜야 할 사항을 꼭 지키며 조산의 염려가 있는 경우에는 절대 안정이 필요하다.

임신한 여성이 담배를 피우는 것도 태아에게 나쁜 영향을 주며, 유산이나 조산 등의 원인이 될 염려가 있으므로 담배는 끊도록 해야 한다.

성생활도 때로는 유산이나 조산을 초래하는 원인이 되는 일이 있다. 그러므로 특히 유산이 되기 쉬운 초기(1~3개월)와 조산을 초래하기 쉬운 임신 후기(7개월 이후)에는 몸가짐을 신중히 하도록 한다. 특히 9개월 이후의 성교는 아주 삼가도록 한다.

쌍둥이도 일반적으로 유산이 되기 쉬우며 태어나더라도 조산으로 미숙아가 될 염려가 있다. 그러므로 2회 배란성인 여성은 쌍둥이를

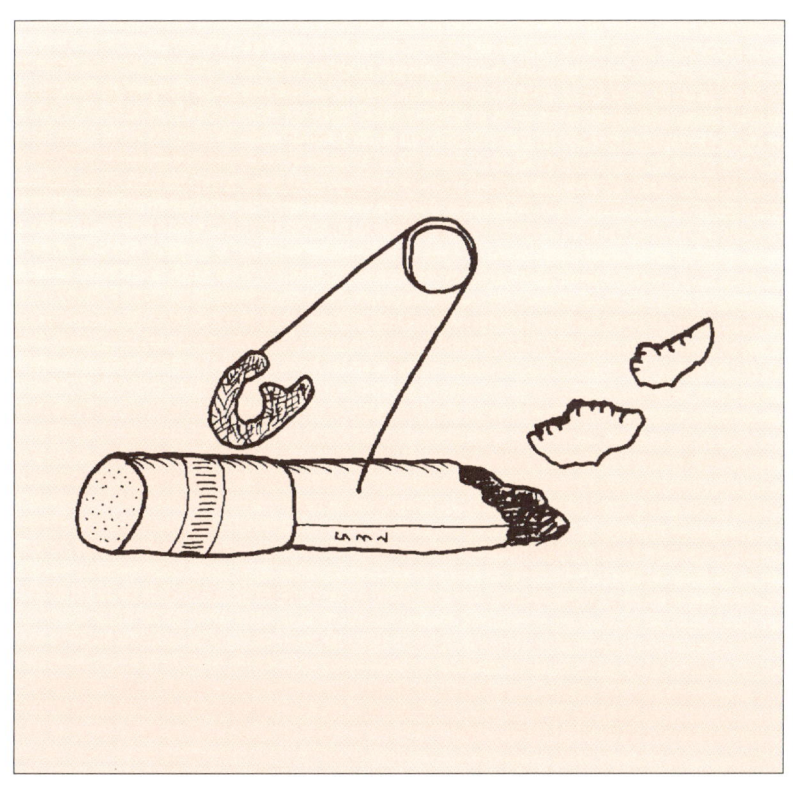

임신하지 않도록 주의해야 한다.

얼마 전에 쌍둥이 출산으로 화제가 된 적이 있는 배란유발제의 사용도 다태 임신을 초래해서 미숙아를 출산할 위험성이 많기 때문에 신중히 생각하는 것이 좋다.

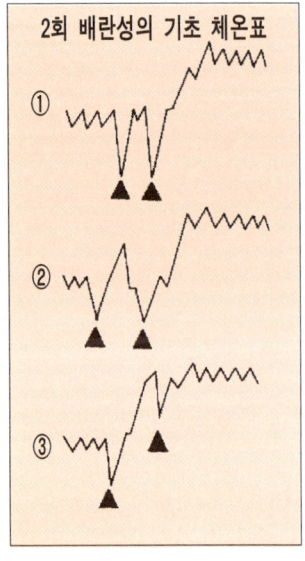

2회 배란성의 기초 체온표
① ② ③

다무라식 수태 조절법

배란을 자각한다.

다무라식 수태 조절법의 강습회에서 한 젊은 여성이 필자에게 이 질문을 했다. '그러고 보니 분명히 월경도 아닌데 배가 팽팽한 적이 있는데 그걸 배란의 자각이라고 생각해도 되겠습니까?' 라고. 하지만 그것을 배란의 자각이라고 단정하는 것은 위험하다. 단지 그럴는지도 모른다는 정도로 알면 되겠다. 배란 자각이라고 분명히 하기 위해서는 석달 동안은 예정을 세워서 예정 기간 중에 같은 증상이 있다면 배란 자각이라고 생각해도 좋을 것이다.

그 여성에게 월경주기가 '며칠형' 인가 하고 물어봤더니, '30일형' 이라고 합니다. 매달 같은 무렵에 월경이 시작됩니다' 라고 했다. 그렇다면 실제의 월경주기는 30일형이라고 생각해도 좋을 것이다. 그렇지만 기본 월경주기가 반드시 30일형이라고는 할 수 없다.

기본 월경주기라고 하는 것은 배란일에서 산출해 낸 월경주기를 말한다. 실제의 월경 주기가 아무리 불순한 사람이더라도 기본 월경주기는 변하지 않는다. 이 기본 월경주기는 건강하고 평온한 생활을 하고있는 경우에는 실제의 월경주기와 같든지 그와 가까워진다.

그러므로 자기의 기본 월경주기를 안다는 것은 임신이나 피임에도 아주 중요하다. 다만, 젖을 먹이는 동안이라든지 갱년기 혹은 생식기에 이상이 있는 경우에는 배란기 자체가 변화하는 일이 있다.

배란 자각일을 예정하는 방법은, 최초에는 실제의 월경주기에서 계산한다. 계산 방법은 월경주기에서 16을 빼어본다. 월경주기가 대체로 30일형이라면 16을 뺀 14일째 무렵부터 주의한다. 28일형인 사람은 12일째 무렵부터이다.

만일 1회 배란성이라면 그것만으로도 되지만, 2회 배란성인 경우에는 그것만으로는 불충분한다.

피임이 되었든 임신이 되었든, 기본 월경주기는 알고 있어야 하므로 먼저 기초체온을 기록해야 한다.

자신이 1회 배란성인지 2회 배란성인지 분명하지 않다면 3,4개월 동안은 월경 개시일부터 기초체온표를 기록해 봐야 한다. 2회 배란성이라면 그림과 같이 기초체온이 두 번 떨어지는 일이 많으며 자각도 두 번 있으므로 놓치지 않도록 한다.

배란일의 자각은 먼저 실제 월경주기가 거의 정해져 있어서 예정이 서 있기만 한다면 대부분의 여성이 자각할 수 있다. 하지만 분명하게 자각할 수 있는 사람이 있는가 하면 희미하게 느끼는 사람도 있어 개인차가 크다.

배란일의 자각에 대해서 좀더 자세히 설명하자면, 먼저 아랫배가 팽팽하게 긴장된다는 점이다. 이 경우 허리가 무거워진다든지 아프거나 배가 아프다고 말하는 사람도 있다.

그런 다음, 5분이나 10분쯤 지나면 무색투명하며 마치 날 달걀의 흰자와 비슷한 냉이 있다. 사람에 따라서는 그 냉 속에 소량의 피가 섞여 있다든지 배가 팽팽해지는 것은 알겠지만 냉은 느끼지 못한다든지 각양각색의 차이가 있다. 증상이 희미한 경우에는 그 때 운동을 하고 있거나 전철 속에 있다면 놓치는 일도 있다.

배란일을 파악하기 위한 요령은, 먼저 예정을 세우고, 이어서 그 날에 주의해서 어떤 증상도 놓치지 않으며, 그리고 기초 체온의 함락이나 배란 후의 증상으로 확인하는 등 4가지로 나눌 수 있다.

다무라식에서는 예정과 자각과 기초체온의 함락으로 배란일을 추구해 나간다. 그러므로 기초체온의 기록은 아주 도움이 되지만 배란일을 거의 정확하게 예정할 수 있는 여성인 경우, 처음부터 기초체온을 재지 않고 예정과 자각만으로 피임하고 있는 사람도 있다.

배란일의 자각을 느낄 때

배란일의 자각을 느끼는 것은 진짜 배란의 시각은 아니며 좀더 시간이 지나고나서이다.

성숙된 난자가 난소에 뛰어나가는 때가 진짜 배란인데, 자각을 느끼는 것은 더 나중에 배란된 난자가 난관채에 빨려들어갈 때의 감각이 아닌가 하고 여겨진다.

그것은 임신했을 때의 배란일의 자각과 임신하지 않았을 때의 자각이 다르기 때문이다. 곧 임신했을 때의 자각은 임신하지 않았을 때의 자각에 비해 3배쯤 강한 팽만감을 복부에 느끼며 시간적으로도 훨씬 길게 느낀다.

그러므로 임신하지 않았을 때에는 난자가 난관채에 빨려들어가는 감각뿐이며 임신했을 때에는 그에 이어서 수정될 때의 감각이 더해지지 않나 생각된다.

이 자각이 낮에 있었던 날 밤부터는 부부관계를 해도 임신이 되지 않기 때문에 이 자각을 할 때에는 배란 후 상당한 시간이 경과한 다음이 아닌가 여겨진다.

배란 자가일은 며칠째에 있는가

배란 자각일은 언제 있는가? 정상적인 부인이라면 실제의 월경주기가 불순하더라도 기본 월경주기가 있으며, 그 기본 월경주기에 상당하는 배란기가 있다. 그 배란기 동안에 배란 자각일이 있다.

정상 부인이라고 하는 것은 난소·자궁 등 생식기관이 완전히 성숙되고 현재 젖을 먹이고 있지 않은 부인을 말한다. 그 정상 부인은 월경이 시작된 날을 1로 해서 정해진 무렵에서 6일 간의 배란기가 있다.

기본 월경주기가 30일형이라면 월경이 시작된 날을 1로 세어서 제14일째에서 19일째까지의 6일 간이 배란기이다.

만일 28일형이라면 월경주기의 제12일째부터 17일째까지 6일간의 배란기를 가지고 있다.

기본 28일형과 30일형에 대해서 좀더 구체적으로 설명하기로 한다.

기본 28일형과 30일형인 두 여성이 8월 1일의 아침, 같은 무렵에 월경이 시작되었다 한다. 그리고 그 날부터 약 2주일 동안 매일 땡볕이 내리쬐었다고 가정한다. 그러면 28일형인 사람은 8월 12일, 30일형인 사람은 8월 14일에 배란의 자각이 있다.

같은 지방에서 월경이 시작되는 시간이 같고, 같은 형인 여성은 대개 같은 일수의 날에 배란일의 자각이 있으며, 형이 이틀 긴 사람은 이틀 늦다.

다만 월경이 오후 늦게 시작된 경우, 일수로서는 하루 늦어지는 일도 있다.

　그러므로 월경이 시작된 날이 하루나 이틀쯤 다르더라도 그 시작된
날로부터 세어서 기본 28일형이 13일째인 때에는 기본 30일형은 15일
째, 기본 31일형은 16일째에 대개 배란일의 자각이 있다. 월경이 시작
된 시각도 기록해 두면 흥미롭다.

다음번 월경 시작이 늦어지더라도
배란일은 늦어지지 않는다

　그러면 월경이 늦어지면 어떻게 되는가? 정상적인 부인의 경우, 다

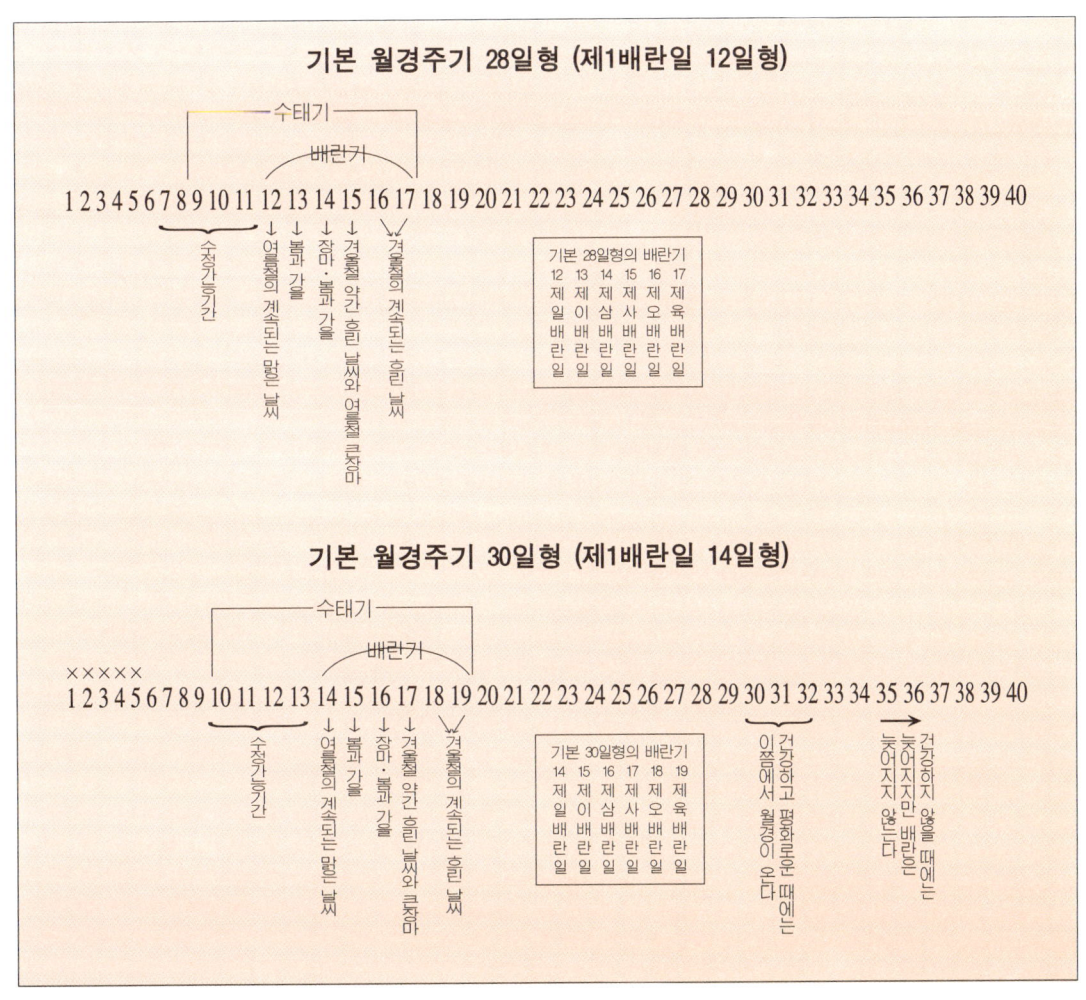

음 번 월경이 빠르거나 늦은 데 대해서는 염려하지 않아도 된다. 그 여성의 배란의 형(型)은 정해져 있어 배란자각일은 그 형에 따라 반드시 찾아오게 마련이다.

그리고 월경이 늦어지고 빨라지는 것은 배란 자각일 이후의 문제이다. 심한 운동이나 노동을 하면 배란자각일에서 다음 번 월경까지의 기간이 보통보다 짧아져서 8일이나 10일 쯤 되는 일도 있다.

또 이와 반대로 큰 근심거리가 있다든지 몇 달 동안 설사를 한다든지 큰 병 같은 것을 앓으면 다음 번 월경이 수십일이나 늦어지는 일도 있는데 그것은 모두 배란 자각일 이후가 길어지는 것이다.

난자는 태양광선으로 성숙한다

K라는 여성은 매달 배란 자각일을 기록하고 있었는데, 약 1년 간의 통계를 작성하고 보니까, 배란일에 변화가 있다는 것을 느낄 수 있었다. 곧 2월에는 14일째, 월 · 4월 · 11월에는 13일째, 5월 · 10월에는 12일째, 그리고 7월 · 8월 · 9월에는 가장 빨라서 11일째였다.

K부인은 기본 월경주기가 27일형이어서 16을 뺀 11일 째부터 배란 자각 예정일이 된다.

그렇다면 어째서 7 · 8 · 9월이 11일째이고 2월이 14일째로 배란자각일에 사흘동안의 차이가 생기는 것일까.

그것은 인간이 태양의 혜택을 받으며 살고 있기 때문이다. 사람의 경우, 월경 개시의 순간부터 다음 배란의 준비에 착수한다.

난소 안에서 차례를 기다리고 있는 난자는 최후의 성숙을 시작한다. 마치 스키의 점프 경기와 비슷하다. 깃발을 든 사람이 OK의 기를 흔들 때까지 선수들은 출발선에서 가만히 최후의 정신집중을 하고 있다.

기를 들고 신호하는 경기 임원은 바람이나 착지면의 상태가 좋지 않으면 결코 출발 신호를 내지 않느다.

배란 현상에서는 그 깃발을 흔들어 출발 신호를 하는 것이 월경의 개시이다. 그리고 난자의 성숙기간에 태양광선이 어떤 영향을 미친다는 것은 숱한 데이터가 말해 주고 있다.

여름철에 맑은 날씨가 계속될 때에는 배란 자각일이 빨라지고, 겨울철에 흐린 날씨가 계속될 때에는 배란 자각일이 늦어진다.

제1배란일

나는 처음에 그것이 4계절의 기온의 차이 때문이 아닌가 하고 생각했다. 여름철에는 덥고 겨울철에는 춥다. 더우면 난자는 빨리 자라고 추우면 늦어진다고 단순히 그렇게 생각했다.

하지만 기온으로는 아무래도 설명할 수 없는 예외가 많았다. 이를테면 추운 2월달에도 월경개시일에서 배란 자각 예정일 사이에 맑은 날씨가 계속되면 배란 자각은 예정일보다 훨씬 빨라진다.

역으로 한여름인 8월에도 흐린 날씨가 많으면 배란 자각일은 늦어진다. 이것은 기후의 춥고 따뜻함과 배란의 법칙이 직접적으로는 관계가 없다는 것을 말해 주고 있다.

나는 이 자연계에 내리쬐는 태양에너지의 위대한 힘에 새삼 감탄했다. 앞에 말한 K씨의 경우, 배란 자각일은 연간을 통해서 4가지로 나눠진다.

나는 그 가운데서 가장 빠른 7·8·9월의 월경 개시일로 부터 11일째인 배란자각일을 제1배란일로 하고, 하루가 늦어지는 데 따라서 제2일 배란일, 제3일 배란일…로 했다.

또한 K부인처럼 제1배란일이 11일째인 사람의 경우를 제1배란 11일형이라고 일컫는다.

제1배란 11일형인 사람의 기본 월경 주기는 27일이 된다 (11+16＝27).

다음에 제1배란일과 기본 월경주기의 관계를 표로 만들어 본다.

제1배란	··· 기본 월경주기 (제1배란일+16일)
10일형	··· 26일형
11일형	··· 27일형
12일형	··· 28일형
13일형	··· 29일형
14일형	··· 30일형
15일형	··· 31일형
16일형	··· 32일형
·	·
·	·
·	·
·	·

그리고 지금까지의 필자 조사에 의하면, 기본 월경주기가 24일형에서 31일형까지의 여성이 전체의 94%에 이르고 있다.

그 가운데서도 30일형이 가장 많아서 약 34%에 달한다. 28일형이 26%, 27일형이 16%, 29일형이 5%로, 이 4가지 형의 합계만 해도 81%나 되어서 대부분의 여성이 위의 기본 월경주기에 해당된다. 하지만 이 통계는 좀 과거의 것이기 때문에 30일형이 많은 것으로 되어 있지만, 현재는 생활 상태가 변화해서 28일형이 30일형보다 더 많아지고 있다.

배란 법칙의 정리

일반적으로 배란 자각일은 여름철의 맑은 날씨가 계속될 때에는 가장 빠르고 겨울철 흐린 날씨가 계속될 때가 가장 늦다. 봄과 가을에는 두 번째 세 번째가 많은데, 이것은 어디까지나 월경 개시일에서 배란 자각일까지의 일조 시간과 강도에 따라서 변화하는 것으로 생각된다.

예를 들어서 제 1배란 12일형 (기본 월경주기 28일형)의 배란기를 지닌 여성은 여름철에 땡볕이 내리쬘 때에는 월경이 시작된 날을 1로 세어서 제12일째에 배란일의 자각이 있는 경우가 많다.

여태까지의 조사에 의하면 제12일째의 기록은 4월에서 10월까지의 낮시간이 긴(일조시간이 긴)약 반년 동안에 볼 수 있었다.

그러나 맑은 날씨가 적은 해에는 가장 빠른 배란일이 없는 일도 있다.

또 같은 계절에 있어서도 월경 개시일에서 배란 자각일까지의 사이에 맑은 날씨, 흐린 날씨가 몇 할인가에 따라서 배란 자각일은 변화한다.

〈여름〉

거의 맑은 날씨가 계속되면 제12일째(제1배란일)

그동안 약 3분의 2가 맑은 날씨라면 제13일째(제2배란일).

그동안 약 3분의 1이 맑은 날씨라면 제14일째(제3배란일)

모두 흐린 날씨(혹은 비)라면 제15일째가 된다(제4배란일).

이 한여름에 제 15일째가 되는 경우는 특별히 흐린 날씨가 계속될 대인데 5~7년에 한 번쯤 일어난다.

〈봄과 가을〉

제13일째와 제14일째가 많은데 4·5·9·10월의 맑은 날씨가 계속된다면 제12일째가 되기도 한다.

흐린 날씨가 많은 경우에는 제15일째, 제16일째가 된다.

〈겨울〉

낮시간이 짧은 겨울철에는 맑은 날씨가 계속된다면 제13일째, 그리고 흐린 날씨가 많아짐에 따라서 늦어져 드물게 제16일째(제5배란일), 제17일째(제6배란일)가 되는 일도 있다.

월경불순이더라도 배란일은 예정할 수 있다.

월경불순인 경우 배란 자각일을 찾아내는 방법은 다음과 같다.

① 정상적인 부인으로서 아기에게 젖을 먹이는 동안이 아니라면 반드시 일정한 배란기를 갖고 있기 때문에 누구든 배란일의 예정을 세울 수 있다.

② 월경이 불순하다는 것은 배란 자각일에서 다음 번 월경까지의 기간이 그때 그때의 신체나 정신 상태, 생활 환경의 변화 등에 따라서 길어지기도 하고 짧아지기도 하는 것이지 일반적으로 말하는 것처럼 다음 번 월경이 늦고 빠름에 따라서 배란일이 달라지는 것은 아니다.

③ 최초의 배란 자각일에 대한 예정을 세울 때에는 보통 주기의 여성이라면 월경 개시일에서 제11일째로부터 20일째까지의 증상에 주의해서 살펴본다(언제나 짧은 주기인 여성은 7일째 무렵부터).

④ 기초체온은 월경 개시일부터 기록하기 시작해서 최저 4개월은 계속한다.

아무리 월경이 순조로운 여성이더라도 생활이 달라진다든지 정신적,

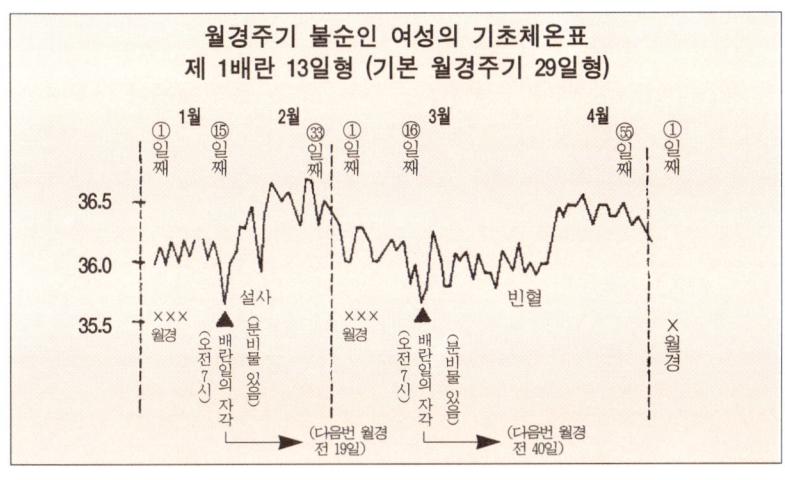

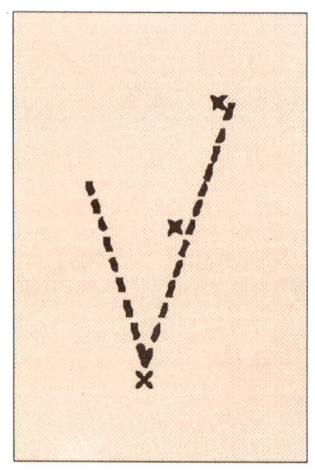

그림과 같이 시간을 쫓아
온도를 재어 보면
그림에서 보는 것처럼 되는데
하루 한 번의 검온으로는
그림의 X표시와 같이
이 함락의 어디를 파악
하는가에 따라 배란 자각일이
가장 저온인 때와
이튿날 더 저온일 때,
전날이 가장 저온인
때도 있다.

육체적으로 과로한다든지 큰 병을 앓으면 월경주기가 변한다.

그렇지만 배란기는 변화하지 않기 때문에 염려하지 않아도 된다. 곧 배란 자각일은 예정대로이며 배란 자각일 이후가 길어졌다 짧아졌다 하는 것이다.

기초체온만으로 배란일을 파악하지 못한다.

일반적으로 배란 자각일에는 기초체온이 떨어지는 경우가 많은데, 그 무렵에 같은 온도가 계속된다든지 배란 자각일이 앞뒤에서 떨어지는 일도 있으므로 반드시 체온만 가지고는 배란일을 판정할 수 없다.

그러나 다무라식에서는 그 여성의 월경주기에서 대체적인 배란 자각일의 예정을 세울 수 있으므로 자각에 관계 있는 여러 가지 증상이나 기초체온형상의 변화 등에 의해 배란일을 판정할 수 있다.

토끼는 교미 후 10시간이면 배란을 하고 배란에서 1주야가 되면 황체가 만들어진다고 한다.

여성의 경우, 배란예정일의 이른 아침부터 아무 것도 하지 않고 1시간 도는 2시간마다 체온을 재어 보면 체온은 점점 내려간다. 그리고 그것이 하강하는 도중에 배란일의 자각을 느낀다. 그 자각한 때로부터, 건강하다면 5시간쯤, 건강하지 못한 때에는 10시간쯤 지나면 체온이 올라가기 시작한다.

인간의 경우도 토끼와 마찬가지로 배란 때로부터 24시간이 지나서 황체가 만들어져 황체호르몬이 나와서 체온이 올라가기 시작한다면 배란 자각을 느낄 때에는 실제 배란 때로부터 15사간쯤은 지나 있다는 계산이 된다.

다음에 임신하지 않았을 때의 배란일 자각보다도 임신했을 때의 배란일의 자각이 몇 배나 뚜렷하고 시간적으로도 길기 때문에 자각하는 때에는 살아 있는 정자가 난관 팽대부에서 기다리고 있을 때에 난자가 빨려들어가 수정하는 때가 아닌가 생각하고 있다.

그림과 같이 시간을 쫓아 온도을 재어 보면 그림에서 보는 것처럼 되는데, 하루 한 번의 검온으로는 그림의 X표지와 같이 이 함락의 어디를 파악하는가에 따라 배란 자각일이 가장 저온인 때와 이튿날 더 저온인 때, 전날이 가장 저온인 때도 있다. 그 결과로서 배란자각일이 가장 낮은 때가 4분의 3, 그 전후가 낮은 경우는 4분의 1쯤 된다.

일반 서적에서는 배란일의 이튿날에도 임신이 된다고 씌어져 있는데, 기초체온의 형태만으로는 배란일이 어디인지 앞에서 살펴본 것처럼 판명되지 않는다고 생각된다.

실제로는 배란 자각일 무렵에 며칠 동안 같은 온도가 계속 된다든지 배란 자각일보다 전날이나 이튿날이 더 낮은 예도, 또 며칠 지나서 가장 저온인 예도 있다.

내 경우에는 배란자각이 있었던 날을 배란일로 다루고 있다. 낮에 배란자각이 있었던 날의 밤부터는 실험적으로 임신하고 있지 않기 때문이다.

또 이 배란자각일 이전 2일과 이전 3일의 관계에서는 건강한 부부의 경우 거의 100%가 임신하고 있기 때문이다.

배란후에는 고온상(高溫相)이 된다.

1940년대의 얘기이다. 15세가 된 건강한 여학생이 어느 날 체온을 재어 봤더니 37도 2분이었다.

'감기에 걸렸는가'라는 생각이 들었으나 몸의 상태는 그리 나쁘지 않았다. 그리고 3,4일 계속해서 체온을 재어 봐도 역시 37도 이상이라 염려가 되어서 의사의 진찰을 받았다.

의사는 혹시 결핵인지도 모르니까 한동안 학교를 쉬라고 했다. 지금과는 달리 당시는 결핵이 생명과도 직결되는 병이었으므로 그녀는 아주 비관해서 이튿날부터 석 달 동안 학교에 가지 않고 집에서 쉬었다. 하지만 달리 이상이 없었으며 체온도 평열이었다.

정말로 결핵인가 하고, 다른 의사의 진찰을 받아 봤더니 그 의사는 이렇게 말했다.

"아무 데도 나쁜 곳은 없습니다. 건강합니다. 미열은 사춘기 처녀들에게는 흔히 있는 일이니까 염려할 것 없어요. 내일부터 학교에 보내십시오."

지금 생각해 보면 그녀가 염려했던 체온의 상승은 배란기의 고온상이었던 것이다. 당시에는 기초체온에 관한 지식이 보급되지 않아서 그런 일이 흔히 있었다.

식사후에는 체온이 올라간다

보통 체온인 여성은, 배란 전에는 섭씨 36도 1분 전후, 배란 후의 고온기에는 37도 전후이다.

하지만 기초적으로 체온이 낮은 여성도 있다. 빈혈증 등이 있는 사람은 배란 전에는 35도 5분 전후, 배란 후의 고온기에도 36도 전후인 경우가 있다. 또 같은 사람인데도 달에 따라서는 다소의 차이가 있게 마련인데, 기초체온표의 형상을 잘 살펴보면 대체로 같은 특징을 지니고 있다.

또 하루의 체온을 보더라도 시시각각 변화한다.

① 일반적으로 식사한 뒤에는 높아진다.

② 뜨거운 것을 많이 먹으면 더 높아진다.

③ 몸을 쓰거나 머리를 써도 높아진다.

④ 그렇지만 그 높아지는 원인이 제거되면 체온은 내려가 원래의 체온으로 되돌아간다.

⑤ 추운 때의 공복시에는 조금쯤 일을 하고 있어도 낮아서 기초체온에 가깝다.

⑥ 기온이 높은 곳에 있으면 아무 일을 하지 않고 있어도 체온은 올라간다.

⑦ 아침에 눈을 뜨자마자 잠자리에서 재는 체온은 몸에 이상이 없는 한 여름이든 겨울이든 변함이 없다. 이것을 기초체온이라고 하며, 매일의 체온 변화를 아는 데는 이 기초체온을 사용하는 것이 가장 좋다.

⑧ 잠에서 깨어난 다음 잠자리에 계속 누워 있으면 체온은 차차 높아져서 기초체온이라고 할 수 없게 된다.

2회성 배란성을 주의한다

한 월경주기 내에 두 번 배란이 있다고 생각되는 경우를 2회배란성-(二回排卵性)이라고 하는데 조사에 의하면 전체 10%의 여성이 이 2회배란성이었다고 한다.

다음의 예를 보기로 하자.

M이라는 여서은 월경주기 30일형인 건강한 부인으로 두 아이를 출산한 다음 오기노식으로 피임을 하고 있었는데 월경 직후의 부부관계로 임신이 되었다.

그 여성은 자신의 월경주기가 30일형이라는 것을 알고 있었으므로 두 아이을 낳은 다음에는 오기노식의 방법에 따라 다음 번 월경으로부터 세어서 12일째에서 19일까지를 피임기로 알고 있었다. 그래서 11일째까지는 피임을 하지 않았다. 부부관계를 한 것은 월경 개시 이후 6일째였다. 그녀는 6일째는 절대로 임신을 하지 않는다고 생각하였다.

이 여성의 경우, 월경주기가 정확히 30일형이라면 기본 월경주기도 틀림없이 30일형이 된다. 그렇다면 제1배란일은 14일째이다. 그러므로 임신 가능기는 제1배란 14일형인 경우에도 월경 개시일로부터 10일째가 되므로 6일째의 관계로는 임신이 되지 않아야 한다.

하지만 만일 이 여성이 2회 배란성이라면 임신이 될 가능성이 크다. 2회배란성이라고 하는 것은 한 월경주기에 두 번 배란하는 사람을 말한다. 2회배란성인 사람이라 하더라도 기본이 되는 배란기는 1회배란성인 사람과 마찬가지이다. 곧 기본 월경주기가 30일형이라면 제1배란은 월경 개시일로부터 14일째가 된다. 이것은 다른 점이 없다. 그런데 M부인의 경우에는 배란일 전 8일 간의 어디쯤에서, 곧 월경 개시 6일째에서 10일째 사이에 또 한 번의 배란이 있었던 것이다. 예를 들어 그것이 8일째였다면 6일째의 부부관계로 충분히 임신이 가능하다.

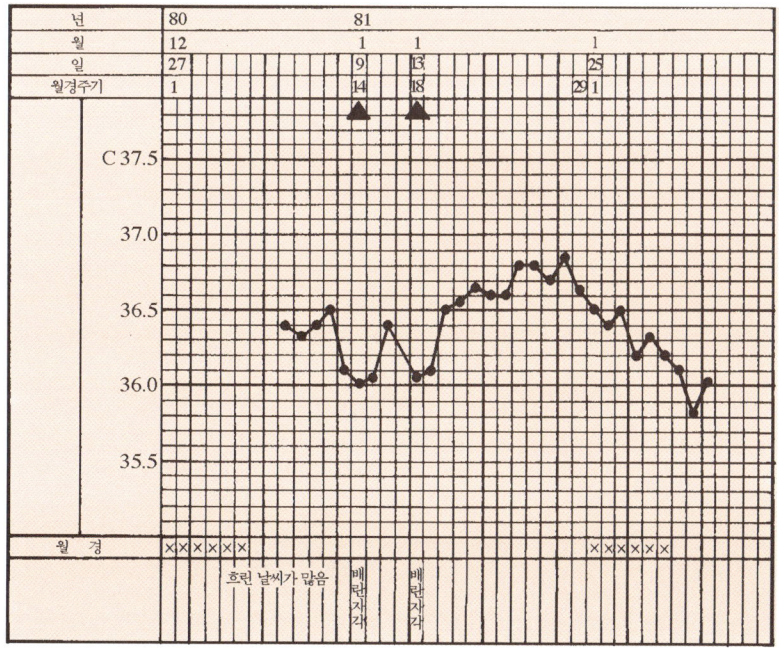

이 때에는 처음 배란일이 6일째 이후 7 · 8 · 9 · 10일의 4일 간에 있었던 셈이다.

2회 배란성의 체크포인트

어머니가 쌍둥이였다든지 어머니의 혈연에 쌍둥이가 있는 경우에는 2회배란성의 확률이 높다.

앞에서 예로 든 M부인도 쌍둥이였다. M부인의 동생은 제1배란 12일형의 2회배란성이었으며, 첫아이를 낳은 다음 임신에서 유산을 했으나 그것이 쌍둥이였다고 한다.

2회배란성인 경우, 자신이 그 사실을 알고 주의만 기울인다면 매달 두 번 배란을 자각할 수 있다. 배란 자각의 증상도 마찬가지이다. 또 기초체온도 두 번 떨어지는 경우가 많아서 확인할 수 있다.

이런 여성은 월경이 끝나고 나서는 물론 월경이 시작되고 나면 임신이 될 가능성이 있으므로 주의해야 한다. 월경 개시일에서 기본배란일(뒤의 배란일)까지 피임을 하도록 한다.

월경이 먼저인가, 배란이 먼저인가

'월경이란, 배란에 있어 무엇인가?' 라고 물어보면 정확하게 대답할 수 있는 사람은 적다.

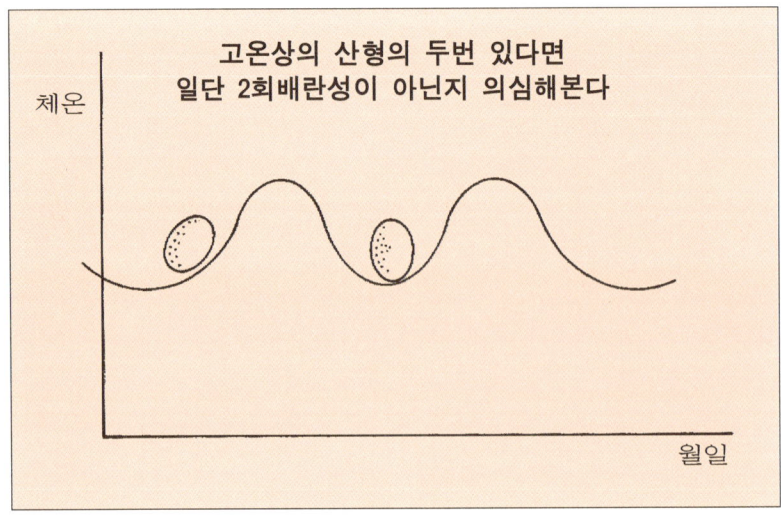

결론부터 말하자면 월경이란 배란의 준비이지 뒷처리는 아니다.

이에 관해서 가토 가즈오 박사는 이렇게 말하고 있다.

2회배란성인가 아닌가를 알아보는 체크 포인트는 다음과 같다.

① 2회 배란 가운데 1회째의 배란 자각일은 현재까지의 조사에 의하면 그 때의 기본 배란일전 8일 간의 어디에 있으며 예정은 할 수 없다.

② 처음으로 이 다무라식 수태 조절법을 실행하는 사람은 기본 배란기를 예정하는 동시에 일단 자신이 2회배란성이 아닌지 의심해본다. 그래서 월경 개시일부터 정확한 기초체온을 기록하는 동시에 배란 자각에 주의한다.

③ 기초체온표에서는, 처음 배란 작일과 나중의 배란 자각일 사이가 긴 때에는 그 동안에 고온상(高溫相)의 작은 산이 생기는 경우가 많은데, 더욱이 나중 배란 자각일과 다음 번 월경과의 사이에 큰 고온상이 나타난다.

이처럼 월경주기 내에 산형(山形)이 두 번 있다면 일단 2회배란성이 아닌지 의심해 본다.

"인간에 있어서 월경과 배란이 매달 되풀이되고 있으므로 어느 쪽이 먼저인지 알기 어려운 듯 하지만, 초조(初潮)가 있기 전에 배란은 없으며, 산후 아기에게 젖을 먹이는 동안에도 대부분은 월경이 먼저이다"라고 월경선행설을 주장하고 있다. 또 가토 박사는.

"월경 개시일로부터 2주일쯤에 배란이 있다는 것은 포유동물의 배란의 법칙이라고 할 수 있다."

1년 중에 두 번쯤 발정기를 맞이하는 포유동물은 발정기가 시작될 무렵에 먼저 월경이 있고 이어서 2주일 쯤 되었을 때 배란이 있다. 그리고 나서는 월경이나 배란이 없이 약 반 년 뒤에 다음번 발정기를 맞이 한다. 그래서 다시 월경이 있고 배란이 있으며, 임신을 하지 않더라도 다음번 발정기까지 약 반 년동안은 월경이 없다.

월경이 시작되었다는 것은 '임신의 준비가 되었다'는 신호이다. 그리고 그 날부터 대체로 2주일쯤 되어서 배란이 있다. 이것은 인간의 경우에 있어서도 다른 동물과 마찬가지이다. 월경이 배란의 뒤처리가 아니라는 증거로는 수태를 하지 않더라도 배란 자각일로부터 수십 일 동안 월경이 없는 예가 있다. 그것은 건강이 좋지 못한 경우이며, 건강을 되찾은 날로부터 약 2주일 뒤에 다음번 월경이 있어 새로운 배란 준비가 시작된다.

건강하지 못할 때에 다음번 월경이 늦어지는 것은 본인 자신이 간신히 살아 있는 때에는 임신시키지 않는다는 자연의 섭리가 아닐까.

'월경은 배란의 뒤처리가 아니라 임신 준비의 스타트이다' 라는 것이 월경선행설인데, 미국의 백스톤 박사, 일본의 가토 가즈오 박사 등이 주장하는 바이다.

아들 · 딸 마음대로 낳을 수 있다

13

안전 · 확실한 다무라식
피임법

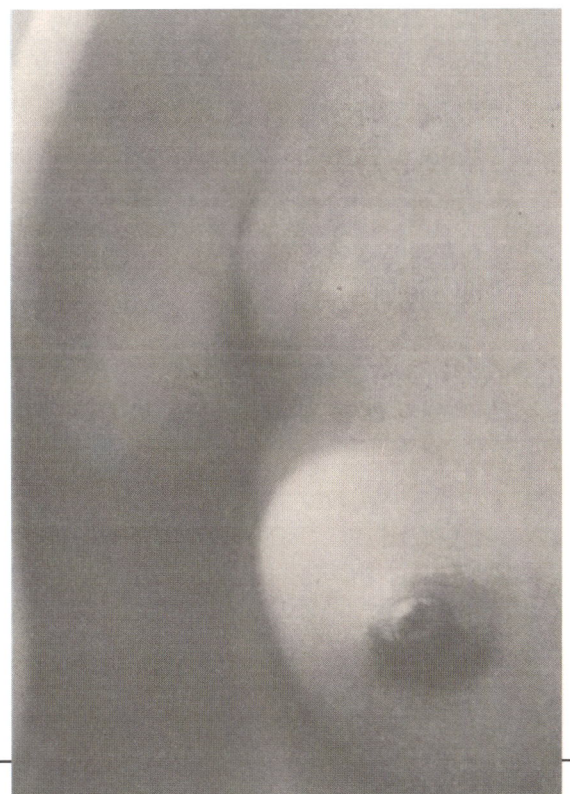

단기간의 피임 안전한 부부생활

다무라식 피임법은 자기의 배란 자각일을 한번 파악한 후 월경주기의 7일째부터
그 달의 배란 자각일까지의 약간의 일수만 주의하면 수태조절을 할 수 있다.

임신은 배란일 전 4일간뿐

다음 표는 배란일과 수태기(임신가능 기간)의 관계를 알기 쉽게 간
추린 것이다. 표를 봐도 알 수 있듯이 임신이 되는 것은 배란일 전 4
일간이다. 그 가운데서도 2일 전과 3일 전의 성교에서는 거의 확실하
게 임신한다.

여기에 W라는 여성이 있다고 하자.

W여인은 다무라식에 따라서 5월부터 8월까지의 사이에 대체로 배
란 자각일 예정일을 세우고, 자각증상을 느낀 다음 기초체온이나 자각
일 이후의 증상에 의해 확인을 했다.

배란자각일의 한 예 제1배란 12일형 (기본 월경주기 28일형)

월경주기 제 일째	1 2 3 4 5 6 7 8 9 10 11 12 13 14 15 16 17 18 19 20 21 22 23 24 25 26 27 28	1 2
5월	× × × × × 5/15 　　　　　　　　　　　　　▲ 　　　　　　　　　　　　5/27	× × 6/12
	불임기　　　　임신가능기　　　　　　　　불 임 기	
6월	× × × × 6/12 　　　　　　　　　　　　▲ 　　　　　　　　　　　6/24	× × 7/10
	불임기　　　　임신가능기　　　　　　　　불 임 기	
7월	× × × × × 7/10 　　　　　　　　　　▲ 　　　　　　　　　7/21	× × 8/7
	불임기　　　　임신가능기　　　　　　　　불 임 기	
8월	× × × × × 8/7 　　　　　　　　　　▲ 　　　　　　　　8/18	× × 9/4
	불임기　　　　임신가능기　　　　　　　　불 임 기	

×표는 월경 ▲표는 배란 자각일

7월, 8월과 한여름의 맑은 날씨가 계속될 때에 두 달 모두 12일째에 배란 자각이 있었다는 것은 제1배란 12일형으로서 기본 월경주기 28일형이라고 생각할 수 있다.

그러므로 정자의 수명은 보통 3일 반(오기노식에서는 3일)이기에 제1배란일인 12일째부터 4일간을 뺀 8일째부터가 연간을 통한 임신가능기가 되는 셈이다.

실제로는 앞에서도 설명한 것처럼 다달의 일조 시간과 일조 정도에 따라 배란 자각일은 이동하는데, 어디까지나 배란일은 자각에 의해서 판정하기 때문에 사전에 몇월 며칠이라고 결정할 수 없다.

그러므로 제1배란일의 4일 전부터 그 달의 배란 자각일까지를 피임기로 하는 편이 안전하다.

한 편, 배란자각이 있었던 이튿날 (필자의 조사에 의하면 자각일의 밤에 부부관계를 해서 임신한 예는 없지만)부터 다음번의 월경 개시일까지는 불임기가 된다. 그러므로 가령 W여인이 제6배란일까지였다고 하더라도 월경 개시로부터 18일째 이후는 연간을 통해서 불임기가 된다.

곧 W여인처럼 기본 월경주기 28일형인 여성이 피임을 하려면, '8일째부터가 위험하고 18일째 이후는 연간을 통해서 안전'한 셈이다.

이하 마찬가지로 기본 월경주기

27일형은 7일째부터 위험, 17일째부터 안전

29일형은 9일째부터 위험, 19일째부터 안전

30일형은 10일째부터 위험, 20일째부터 안전

31일형은 11일째부터 위험, 21일째부터 안전

물론 배란 자각일이 지나면 임신할 염려가 없기 때문에 실제의 안전 기간은 더 넓다.

다음번 월경은 늦더라도 배란일은 늦지 않는다.

G라는 여성은 두 아이를 출산한 뒤 오기노식으로 피임을 해서 몇 차례 실패를 한 다음부터는 일년 내내 예방을 하고 있었다.

배란기를 조사해 봤더니 1회배란성의 제1배란 11일형(기본 월경주기 27일형)이었다.

G여인은 "월경주기는 최단 27일로서 긴 경우에는 40일쯤이었으므로

월경개시 9일째부터 다음번 월경때까지 피임했다"고 말했다. 그렇지만 '27일형은 7일째부터 위험하다' 그 여성은 월경주기의 7일째부터 예방을 했어야 했다.

피임 기간에 들어가기 직전에는 아무래도 관계하고 싶어지는 것이 사람의 마음이기에 이 이틀의 차이는 크다. 제11일형인 여성은 실제의 월경주기에 어떤 변동이 있더라도 월경주기의 제11일째부터 16일째까지의 사이에 배란 자각이 있다.

다무라식에서 주의가 필요한 것은 단기간이다.

다무라식을 이용하는 경우, 한 번 자기의 배란 자각일을 파악하고 난 다음에는 월경주기의 7일째부터 그 달의 배란 자각일까지의 약간의 일수(日數)만 주의하면 수태조절을 할 수 있다.

또 그때의 배란 자각일을 놓쳤다 하더라도 예를 들어 분명히 27일형이라는 것을 알고 있다면 17일째부터는 임신 경보가 해제되므로 7일째부터 16일째까지를 아예 '위험 기간'으로 결정해 놓는 사람도 많다.

아무리 월경이 불순인 여성이라 할지라도 다무라식에서는 한 번 자기의 형(型)을 파악해 두면 예방은 단기간이면 되고 더욱이 정확하기 때문에 부부생활에 있어 무엇보다도 중요한 '안심감'이 생기게 된다.

배란자각에 익숙하지 않은 동안의 피임기간은 광범위하게

실험적으로는 배란일의 자각이 있었던 날의 밤부터는 임신을 하지 않는다. 그렇지만 앞에서도 설명한 것처럼 배란일의 자각은 각양각색이며, 약간 느끼는 정도의 감각이 대부분이므로 익숙하지 않는 동안에는 다른 감각과 혼동하는 경우도 있을 수 있다. 그러므로 절대 피임을 목적으로 할 때에는,

① 다무라식의 배란예정일에서 이틀쯤 지나, 배란 후의 자각이 나타
   나고 나서 피임을 하든가,

② 그 여성의 배란기의 최후의 날(제6배란일)까지를 피임기로 해서
   주의하는 편이 안전하다.

이 두 가지 방법을 실천하고 있는 여성은 실패하는 예가 거의 없다.

실제 월경과 기본 월경의 주기에는 차이가 있다.

월경 중의 부부관계로 임신한 예는 필자의 조사 가운데도 많이 있다.
그 대부분은 자기가 2회배란성인 것을 몰랐기 때문이지만, 그 중에
는 1회배란성이더라도 실제의 월경주기와 기본 월경주기의 차이가 크
기 때문에 배란기를 잘못 파악한 경우도 있다. 예를 들면 월경주기가
불순한 여성이 몇 년 동안 월경 개시일의 기록을 계속한 결과 최단
주기가 30일이었다고 하자.

오기노식에서는 다음번 월경으로부터 역산해서 12일째에서 16일째
까지의 사이에 배란이 있다고 하므로 정자 생존기간인 3일을 보태면
월경주기가 가장 짧은 경우에도 다음번 월경에서 19일째까지가 피임
기, 곧 월경개시로부터 11일까지는 불임기가 된다.

그래서 절대로 월경 중의 관계로는 임신이 되지 않을 텐데도 불구
하고 임신이 된다.

또 다무라식을 잘못 이해해서 자기는 아주 순조로운 30일형이기 때
문에 제1배란일은 월경 개시일로부터 세어서 제14일째임에 틀림없다
고 생각한다. 그래서 '30일형은 10일부터 위험하다'고 하며 9일째까지
는 안전하다고 실제로 배란 자각일을 파악하지도 않고 제멋대로 결정
해 버린다. 그 결과 임신이 되고 만다.

만일 이들 여성이 배란 자각일을 알아내어 제1배란 8일형(기본 월
경주기 24일형)이었다고 하자. '24일형은 4일부터 위험하다.' 곧 월
경 개시일의 제4일째부터 이미 임신 가능기에 들어가는 셈이다. 4일
째라면 월경 중인 경우가 많다.

되풀이해서 말하지만 다무라식을 알고 있더라도 결코 지레 짐작해
서는 안 된다.

반드시 4개월 동안은 배란 자각일의 예정을 세워 보고 배란자각에
주의한다. 그리고 기초체온의 떨어짐이나 배란일 이후의 증상 등으로

확인한 다음에 비로소 자기의 형(型)을 결정하는 일이 중요하다.

인공 임신중절 후에도 임신하기 쉽다

P라는 여성은 5월의 월경 직후에 임신을 해서 8월에 중절. 그 직후에 또 임신을 해서 11월에 중절. 그리고 나서 또 그 직후에 임신을 하고 이듬해 2월에 중절을 했다.

놀랍게도 8일에서 이듬해 2월까지 7개월간에 세 번이나 중절을 한 것이다.

보통의 경우라면 몸이 엉망이 되었겠지만 다행인 P여인은 열아홉 살의 젊고 건강한 여성이었기에 체력적으로는 견딜 수 있었던 것같다.

필자가 그녀를 알게 된 것은 세 번째의 임신 중이었다.

"피임은 어떻게 하고 있었지요?"

"월경이 짧은 때는 32일, 긴 때에는 40일이나 되어 불순합니다. 그러므로 오기노식에 의해 월경 개시일에서 13일째까지 불임기 그 뒤는 모두 위험기라고 생각했지요. 하지만 실제로는 월경 후 며칠 동안만큼은 분명히 임신하지 않는다고 안심했었습니다."

"피임은 하고 있었던 셈이군요"

"전 아직 젊기 때문에 아이는 더 나중에 갖겠다고 생각하고 있었지요. 그래서 다른 사람들보다 더한층 주의를 기울였습니다. 그런데 이젠 아주 자신이 없어졌어요. 어째서 또 임신이 되었을까요, 제 몸이 비정상인지요?"

"그것은 잘 조사를 해 봐야겠지만 정상이라고는 생각되지 않는 군요."

"남편은 월경 직후에 임신이 될 까닭이 없으며, 또 중절을 한 다음에 금방 임신된다는 것은 이상하다고 합니다."

"남편께서 인식 부족입니다. 월경 중이라도 임신이 되는 경우가 있으며 중절은 월경과 마찬가지입니다. 중절한 다음에는 기본 그대로의 배란기가 있지요."

"선생님, 이대로는 더 이상 결혼생활을 해 나갈 자신이 없어요"

열 아홉살의 나이로 더욱이 세 번씩이나 계속 중절을 경험했다면 성생활에 불안을 느끼는 것은 당연한 일이다. 나는 그녀에게 다무라식에 따라 4개월동안 월경 개시일 부터 기초체온을 기록하고, 배란자각에 주의하라고 일러 주었다.

4개월이 지난 뒤에 다시 그녀가 찾아왔다. 그리고 내 앞에 상당히 면밀하고 정확한 기록을 내놓았다.

그 기록을 분석해 보니 그녀는 제1배란 13일형으로서 더욱이 내가 짐작했던 대로 2회배란성이었다.

만일 그녀가 1회배란성이라면 월경주기의 제8일째 까지는 불임기이지만, 2회배란성이기 때문에 월경 개시일부터 이미 임신 적신호였던 것이다. 월경은 다음번 배란을 준비하기 위해서 있다. 더 자세히 말하자면 수정란이 자궁내막에 착상해서 뿌리내렸을 때에 충분히 영양을 얻을 수 있게끔 자궁내막은 피를 충분히 간직해서 늘 부드럽고 신선해야 할 필요가 있다.

월경은 그렇게 된 그 자궁내막이 저절로 떨어져 나가는 데서 일어나는 출혈이지만 임신중절도 또한 수술 때에 내막이 벗겨진다. 그러므로 월경과 마찬가지라고 생각할 수 있다.

아기에게 젖을 먹이는 동안의 배란

아기에게 젖을 먹이는 동안의 임신에 대해서 흔히 질문을 받는 일이 있다.

임신을 하면 절대로 배란은 되지 않는다(2회 배란을 제외). 그렇지만 아기에게 젖을 먹이고 있는 중이더라도 월경이 있다면 당연히 배란은 있으며 임신의 가능성이 있다.

젖을 먹이고 있는 중이라고 하는 것은 말하자면 '정상적인 상태'는 아니다.

젖을 먹이고 있는 일정 기간에는 비록 배란이 있더라도 임신 전의 기본 월경주기나 제1배란 ○○일형에 적용되지 않은 경우가 많다. 즉 언제 배란이 있을지 알 수 없다. 그러므로 배란에 기본이 없는 시기라 할 수 있다. 아기에게 젖을 먹이고 있는 동안에는 기본형이 없는 것이 보통이기 때문에 전 주기에 걸쳐서 피임을 하는 편이 안전하다.

월경이 없어도 임신한다

출산 후 월경이 시작될 때까지는 절대로 임신이 되지 않는가? 그러나 그렇지 않은 경우도 있으므로 안심은 곤란하다.

　도쿄대학의 가토가즈오 박사는 앞에서도 말했다시피, "초조(初潮)가 있기 전에는 배란이 없고, 출산 후 아기에게 젖을 먹이는 동안의 1회째도 대부분은 월경이 먼저 있다"고 월경선행설(오기노식은 배란선행설〈排卵先行說〉)을 내세우고 있는데, 필자의 조사에서도 산후 젖을 먹이는 동안에 임신한 여성의 대부분은 제1회 월경 후였다. 하지만 그것은 어디까지나 '대부분'은 그렇다는 얘기이다.

　출산 후에 한 번의 월경 없이 임신한 예도 필자의 데이터중에는 5%가 있었다.

　5%라면 무슨 일이 있어도 완전 피임을 해야 하는 부부로서는 간과할 수 없는 숫자이다. 그러나 100명중 95명은 출산 후 월경이 있기까지에는 임신을 하고 있지 않다.

출산 후 젖을 먹이는 동안의 월경

　출산 후 아기에게 젖을 먹이고 있는 동안은 좀처럼 월경이 없다.

　필자의 경우에는 첫 아이 출산 후, 6개월째에 제1회의 월경이 있었으며, 그 뒤 3개월째에 제2회째, 또 3개월 후에 제3회째가 있은 다음부터는 순조로워졌다.

　두 번째 아이를 출산한 뒤에는 1년 후에 월경이 시작되고, 세 번째 아이의 출산 후에는 1년 1개월 동안 월경이 없었다.

　이와 같이 출산 때마다 제1회째의 월경이 늦어지는 것이 보통의 경향인 듯한데, 그것은 체력의 회복이 차차 늦어지기 때문인 것으로 생각된다. 그렇지만 그 중에는 세 번 모두 2년 동안 무월경인 사람도

●출산후 아기에게 젖을 먹이고 있는 동안은 월경이 없다.

있고, 또 최초에는 1년 반이고, 다음에는 1년 2개월, 또 그 다음에는 1
년이라는 식으로 차차 빨라지는 사람도 있다.

젖을 먹이는 동안의 중절

K라는 여성은 첫 아이를 출산한 뒤, 아기에게 젖을 먹이는 동안에
월경이 시작되었는데 '임신할 줄 몰랐기 때문에' 피임은 하지 않았다.

그래서 출산으로부터 5개월째에 또 임신을 해서 5개월 후에 인공중
절을 했다.

임신 5개월째라면 중절하기 곤란한 시기인데, 아기에게 젖을 먹이고
있는 동안이라는 안심감과 월경이 2,3개월 불순하게 되는 것은 당연하
다는 생각에서 임신한 사실을 알아차리는 것이 늦었던 것이다.

그런데 이 여성이 임신하자 동시에 아주 조금밖에 나오지 않던 모
유가 중절과 동시에 또 그전처럼 많이 나오게 되었다.

그녀는 그 뒤에도 계속 아기에게 젖을 먹였는데 월경은 몇 달 동안
없었으며 마치 여느 출산부와 같은 경과를 거쳤다고 한다.

이 K라는 여성의 경우는 제2회째의 임신의 월수가 진행되었다는 것
과 중절후에 바로 젖먹이기를 개시했다는 것으로 해서 신체의 각 기
능이 출산 후와 마찬가지로 된 것 같다. 3개월 이내의 임신중절이나
자연유산이 있은 다음에는 중절 또는 유산한 날을 1로 세어서 그 여
성의 그 때의 배란기에 맞는 배란자각이 있는 것이 보통이다.

젖을 먹이는 동안의 무기본기 (無基本期)

출산 후에 한 번 월경이 있었을 뿐인데 임신이 되었다는 예는 아주
많다.

"아기에게 젖을 먹이는 동안은 임신이 되지 않는 줄 알았다"고 말
하는 것이 대부분이다. 다소 위험한 줄은 알고 있었지만,

"하루쯤은 괜찮겠지"라고, 자신에게 억지로 납득시켜 실패한 경우도
있다.

분명히 남성 쪽에서는 출산이라고 하는 큰 사건이 해결되지 않는
동안에는 꾹 참고 금욕을 계속해 왔을 것이므로 '안절부절 못하는' 기
분은 이해가 가지만 이 '하루쯤은 괜찮겠지' 라고 생각하는 것이 위험

하다.

아기에게 젖을 먹이는 동안의 무기본기(無基本期)에는 언제 배란이 있게 될지 알 수 없다.

월경이 시작되면 보통 배란이 있게 되는 셈인데, 그것이 언제가 될지는 예정하지 못한다.

월경 개시에서 배란 자각일까지 1개월 반쯤 되는 일도, 혹은 4개월쯤 되는 일도 있다.

그 가운데는 월경이 시작되자 곧바로 기본의 형(型)이 이루어지는 경우도 있지만 대개는 무기본(無基本)이 된다.

다음의 표는 출산후 4개월째에 제1회의 월경이 시작되어 이후 배란

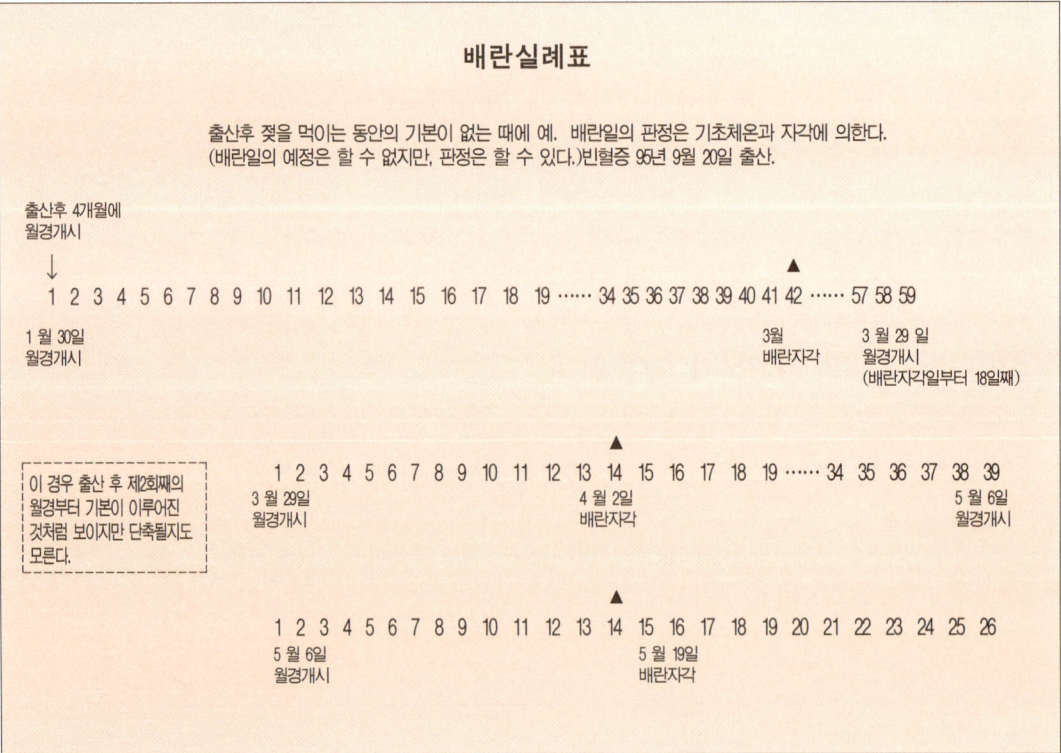

배란실례표

출산후 젖을 먹이는 동안의 기본이 없는 때에 예. 배란일의 판정은 기초체온과 자각에 의한다.
(배란일의 예정은 할 수 없지만, 판정은 할 수 있다.)빈혈증 95년 9월 20일 출산.

출산후 4개월에
월경개시
↓
1 2 3 4 5 6 7 8 9 10 11 12 13 14 15 16 17 18 19 ‥‥‥ 34 35 36 37 38 39 40 41 42 ‥‥‥ 57 58 59

1월 30일
월경개시

▲
3월
배란자각

3월 29일
월경개시
(배란자각일부터 18일째)

이 경우 출산 후 제2회째의 월경부터 기본이 이루어진 것처럼 보이지만 단축될지도 모른다.

1 2 3 4 5 6 7 8 9 10 11 12 13 14 15 16 17 18 19 ‥‥‥ 34 35 36 37 38 39

3월 29일
월경개시

▲
4월 2일
배란자각

5월 6일
월경개시

1 2 3 4 5 6 7 8 9 10 11 12 13 14 15 16 17 18 19 20 21 22 23 24 25 26

5월 6일
월경개시

▲
5월 19일
배란자각

자각일과 월경과의 관계를 표로 나타낸 것인데, 1회째에는 월경개시에서 42일째에 배란자각이 있고, 2회째부터는 14일째에 안정이 되고 있다.

새로운 기본주기를 찾아낸다.

여기서 출산 후의 수태조절을 정리해 보기로 한다.

① 젖을 먹이는 동안, 월경이 없음에도 임신했다는 예가 있다.

② 월경이 시작되면 보통 배란 자각일은 있다. 그러나 무기본(無基本)이기 때문에 예정은 할 수 없다.

③ 월경이 대체적으로 순조로우면 배란 자각일의 예정은 세울 수 있으나 그 무렵에는 단축성의 기본주기로 차차 짧아지는 경향이 있다.

④ 그러나 피임은 배란 자각일 이후 다음번 월경까지를 해제하고 자각일 전에는 주의하는 편이 안전하다.

⑤ 젖먹이기를 완전히 그만두면 다음번 월경주기부터 기본이 만들어지지만, 그 기본은 임신 전의 기본주기와 같은 경우가 있는가 하면 다른 경우도 있다. 그러므로 젖먹이기를 그만두고 월경이 완전히 순조로워지더라도 3개월 동안은 배란 자각일을 기록해서 새로운 기본의 형(型)을 아는 일이 중요하다. 한여름의 땡볕이 내려쬘 때, 월경 개시일로부터 세어서 12일째에 배란 자각이 있다면 세어서 그 12에 16을 더한 28일이 기본 월경주기이다. 그러나 이 가장 빠른 배란 자각일은 흐린 날씨가 많은 해에는 2년쯤 나타나지 않는 일도 있으므로 그 점을 고려하지 않으면 안 된다.

아기에게 젖을 먹이는 효과

2차대전 이전에는 오래도록 아기에게 젖을 먹이는 예가 많았다. 그 가운데는 2년 이상, 때로는 5년 동안이나 아이에게 젖을 먹이는 부인도 있었다.

반대로 요즘에는 너무 일찍부터 우유로 바꿔 먹이고 있지 않나 여겨진다. 출산한 뒤, 일정 기간 아기에게 젖을 먹이고 있던 부인의 경우에는 유암이나 유선염(乳腺炎)이 적다고 한다. 또 모유에는 면역성이 있어서 젖먹이에게는 그 이상 귀중한 영양이 없다.

병이 있다든지 그밖에 특별한 사정이 없다면 출산한 뒤 반 년쯤은 모유를 먹이고 그리고 나서 서서히 다른 음식물을 보충해서 주다가 1년쯤에서 이유하는 것이 좋을 것이다.

또 젖을 떼면 배란기의 형(型)이 확립되기 때문에 피임하는 데도 편리하다. 이유를 하고 1년쯤은 체력회복 기간으로 삼으면 좋겠다. 곧 이유를 한 뒤에 곧바로 임신하지 않도록 하면 체력이 차츰 회복되어서 출산이나 아기에게 젖을 먹이느라 쇠약해 있던 체력이 차츰 되살아난다는 것을 알 수 있다. 그것을 잘 주의하고 있다면 분명히 자각할 수가 있다.

곧 젖을 뗀 뒤 1년쯤 지나면, 예를 들어 막 공기를 주입한 타이어가 기분좋게 굴러가듯이 충실된, 뭐라 형언할 수도 없는 즐거움을 느끼게 된다. 바로 그 무렵이 다음번 임신을 계획해도 좋은 때라고 생각된다.

고온기가 3주일 계속되면 임신을 의심해 본다

다무라식에 관한 강습회에서의 일이었다. 여느 때 그랬던 것처럼 배란자각에 관해서 설명을 하고 있었는데 맨앞줄에 앉아 있던 N이라는 여성(23세)이 이상한 표정으로 무척 불안한 눈치였다.

입 안으로 뭔가 중얼거리고 있었다.

"무슨 의문이 있는가요?"

나는 얘기를 중단하고 물어봤다.

"그게 아니구요. 허리가 무거워진다든지 배가 팽팽해진다든지 대하를 느낀다든지 하는 것이 배란자각의 증상이라고 말씀하셨지요?"

"네, 그렇습니다."

"그럼 어제 그것인데요, 틀림없이."

이 대목까지는 흔히 있는 일이었다.

강습회에서 얘기를 들어 보면 그 가운데 4분의 1쯤은 며칠 전에 그런 경험을 한 듯 고개를 끄덕이는 경우가 많다.

"증상이 있었단 말입니까."

"있었어요, 분명히. 그래서 걱정입니다."

"어째서죠?"

"배란자각일 전 나흘 동안이 임신하는 날이라고 하셨잖아요"

"그렇습니다. 특히 2일 전과 3일 전은 거의 확실하게 임신합니다."

"어쩌지요, 선생님."

"부부관계가 있었습니까?"

"네, 오늘로부터 5일 전입니다. 저는 가장 짧은 월경주기가 33일이기에 오기노식에서는 14일째까지 임신하지 않는 것으로 되어 있기 때문에 10일째는 괜찮을 것으로 생각해서 관계했습니다. 그렇지만 선생님의 얘기를 듣고 계산해 보니까 어제가 배란예정일에 해당됩니다. 그리고 어제 바로 정오 무렵에 그 배란자각이 있었습니다. 그렇다면 배란 자각일 4일 전의 관계니까 임신이 되었는지도 모르겠습니다."

그렇게 말하면서 어쩔 줄 모르는 태도였다.

"말씀드리기 안되었습니다만, 예정을 세우지 않고 분명히 배란일을 자각할 수 있는 사람은 흔치 않습니다. 그렇지만 임신했을 때의 배란

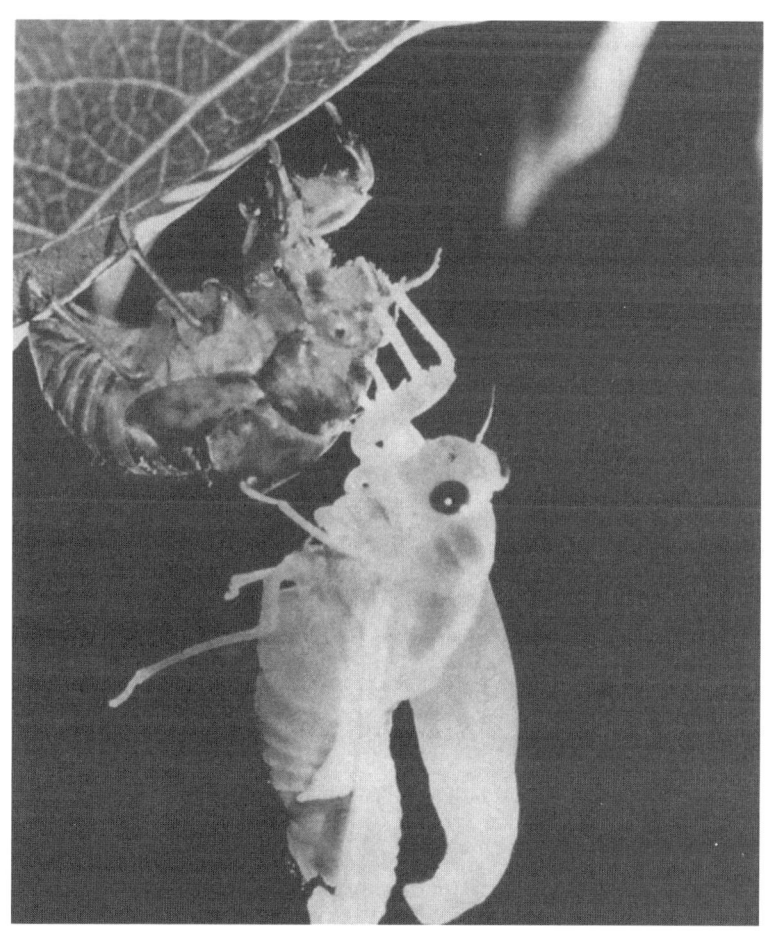

일의 자각은 특별해서 평소의 서너 배나 분명합니다. 그리고 시간적
으로도 길지요."

"그렇다면 역시……"

"그럴 가능성이 큽니다. 기초체온은 기록하고 있는가요?" "네."

"임신이 되면 기초체온이 올라가기 시작해서 고온기가 계속되니까
주의해서 살펴보십시오."

"저런, 닷새만 일찍 이 얘기를 들었더라면 이런 실패는 하지 않았을
텐데."

"아직 분명히 임신했다고 단정할 수는 없습니다. 4일 전이라면 임
신하지 않을 수도 있으니까 좀 더 상태를 살펴보죠."

나는 이렇게 말해 주었다.

N여인은 고온상의 형상이 분명히 임신을 말해주고 있는 것을 확인
한 다음, 의사의 진찰을 받아서 중절을 했다.

다무라식 강습을 받고난 한 달뒤의 일이었다.

이와 같이 만일 임신 위험기간에 피임을 게을리해서 임신을 한다하
더라도 그 때의 배란자각과 그 뒤의 기초체온의 변화에 주의하고 있
다면 빨리 조처를 할 수 있다.

안전이 아슬아슬한 날에는 피임

다무라식을 알고 있는 사람이더라도 예방을 그만 게을리했기 때문에 임신해 버린 예는 있다. L이라는 여성은 임신 위험기가 마침 결혼 기념일에 걸쳐 있었다.

축하하는 의미에서 저녁 식사때에 술도 한 잔 곁들여서 기분이 들떠 있었다.

L여인은 물론 그 날이 배란 예정일의 4일 전으로 임신율이 50%인 날이라는 것을 매달의 기록으로 알고 있었다.

하지만 시기가 10월이라 어쩌면 배란자각일이 하루 늦어질지도 모른다는 기대감도 있었다.

배란일이 하루 늦는다면 오늘은 괜찮을 거라고 생각했는데 불행히도 기대는 어긋나고 말았다. L여인은 배란자각이 평소보다 분명한 점과 기초체온의 형상으로 해서 임신이 되었기 때문에 중절을 해야 했다.

다무라식을 이해하고, 자기의 기본주기를 안다면 매달 거의 정확하게 배란자각일을 예정할 수 있다.

그리고 거기서 산출해낸 안전기, 피임기도 또한 거의 정확하지만, 절대로 피임하려는 사람은 그 아스아슬한 12일은 부부관계를 피하는 편이 좋다.

'군자는 위험한 곳에 가지 않는다'는 말은 피임에도 해당이 된다.

오기노식은 기초체온법과 병용

기구나 약제를 사용하지 않는 피임법으로서 오기노식과 기초체온 법이 있다는 것은 이미 알고 있을 것이다.

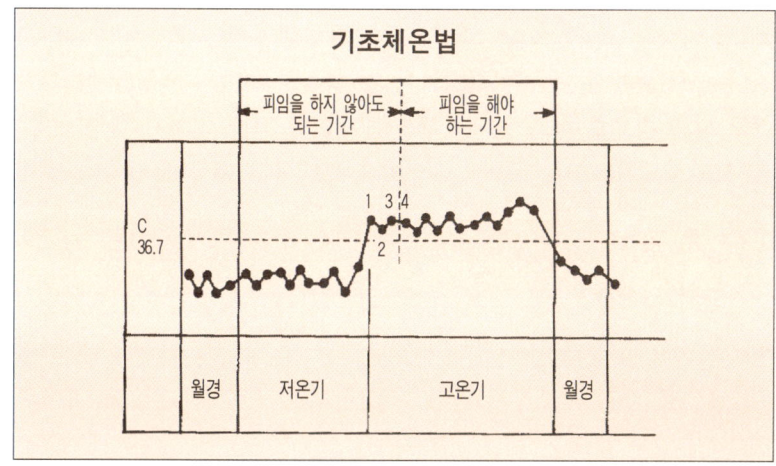

오기노식 조견표

월경주기	1	2	3	4	5	6	7	8	9	10	11	12	13	14	15	16	17	18	19	20	21	22	23	24	25	26	27	28	29	30	31	32	33	34	35
25日형																																			
26日형							비					배													절										
27日형							교			정			란			난									대										
28日형								적			자			예			자								불										
29日형									불		생				상			생								임									
30日형										임		존				기			존							기									
31日형											기		기				간			기								간							
32日형												간		간								간													
33日형																																			
34日형																																			
35日형																																			

　　오기노식에서는 표에서 보는 것처럼 월경예정일이 정확하지 않다면 피임일의 계산이 성립되지 않는다(하지만 실제로는 다음번 월경을 예정할 수 없어도 배란일은 예정할 수 있다). 그러므로 월경이 불순하면 우선 이용할 수 없다.

　　기초체온법은 기초체온의 형상에서 안전기와 피임기를 판단한다. (표 참조)

　　정상적인 여성의 경우는 보통 월경 뒤에 저온기가 있으며 이윽고 36.7도 이상의 고온기로 옮아간다. 기초체온법에서는 고온기에 들어가고나서 4일째에서 다음번 월경까지 늘 불임기로 해서 피임을 하지 않아도 되는 것으로 하고 있다. 하지만, 이처럼 저온, 고온의 정형(定型)을 보이지 않는 사람에게는 통용되지 않는다는 결점과 감기에 걸려 열이 난다든지 그 밖의 신체의 고장으로 미열이 있는 경우, 그것을 고온기로 혼동하는 잘못이 일어날 수도 있다.

　　그래서 일반적으로는 월경이 순조로운 사람이라 할지라도 오기노식과 기초체온법의 병용을 권하고 있다. 곧 오기노식으로 배란의 예상 기간을 파악해서 기초체온법으로 확인하고난 후에야 피임을 해제하라

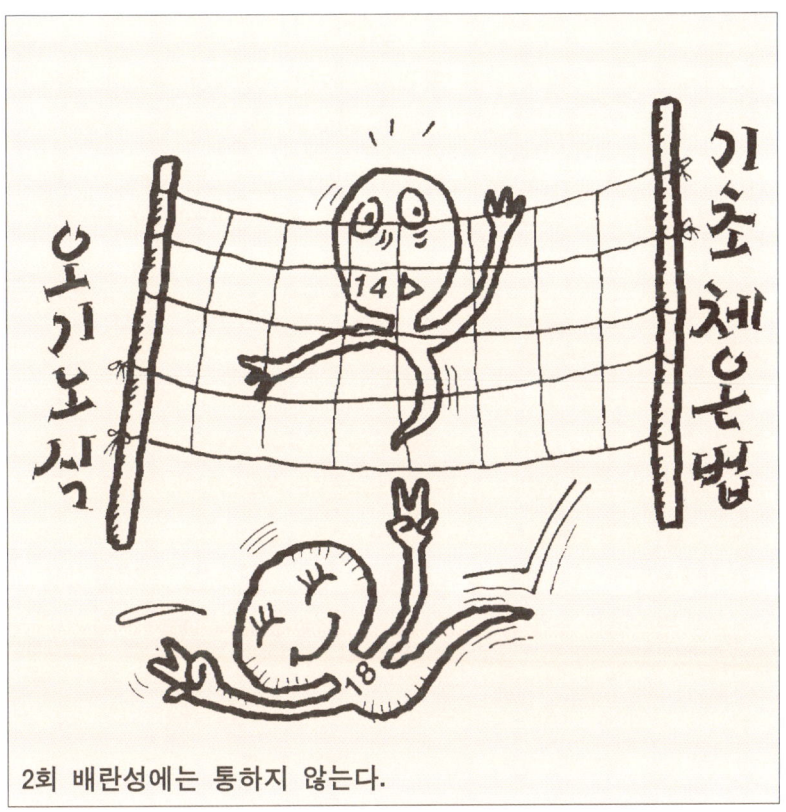

2회 배란성에는 통하지 않는다.

● 일반적으로 월경이 순조로운 사람이라 할지라도 오기노식과 기초체온법을 병용하는 것이 좋다. 오기노식으로 배란의 예상기간을 파악해서 기초 체온법으로 확인하고 난 후에 피임을 해제하는 것이 안전하다.

는 것이다.

2회 배란성에는 통용되지 않는다

그렇다면 월경이 아주 순조로워 다음번 월경의 예정이 분명해지고, 기초체체온으로 확인하고 고온기 4일 후라면 임신을 하지 않는 것일까? 대답은 '노'이다.

왜냐하면 또 한 가지 아주 중요한 사항이 빠져 있기 때문이다. 그것은 2회배란성의 문제이다.

1회배란성인 경우에는 오기노식과 기초체온법의 병용으로 거의 확실하게 피임을 할 수 있을 것이다. 그러나 2회배란성은 그렇게 되지는 않는다.

오기노식에서는 월경 종료 이후, 배란예상기간에서 계산한 정자 생존기간까지를 '비교적 불임기간'으로 하고 있다.

기초체온법에서는 월경 종료 후의 저온기는 '피임을 해야 하는 기간'으로 되어 있지만 고온상(高溫相)으로 옮겨간 4일째부터는 해제이다.

P라는 여성은 제1배란 14일형(기본 월경주기 30일형)의 2회배란성이다.

월경이 시작되어 12일째인 5월 14일에 배란자각이 있어 기초체온은 올라가기 시작하고 있다. 그러나 만일 17일의 체온을 보고서 피임을 해제한다면 어떻게 될까. 기본의 배란일이 5월 18일이기 때문에 아주 위험하다고 말할 수 있다.

기초체온법을 과신하지 말라고 하는 첫번째 이유는, 2회배란성인 경우 1회째의 배란 후의 고온상(高溫相)을 안전기로 잘못 알기 쉽다는 점이다.

그 두 번째로, 기초체온법에서는 월경 중에 임신하지 않는 것으로

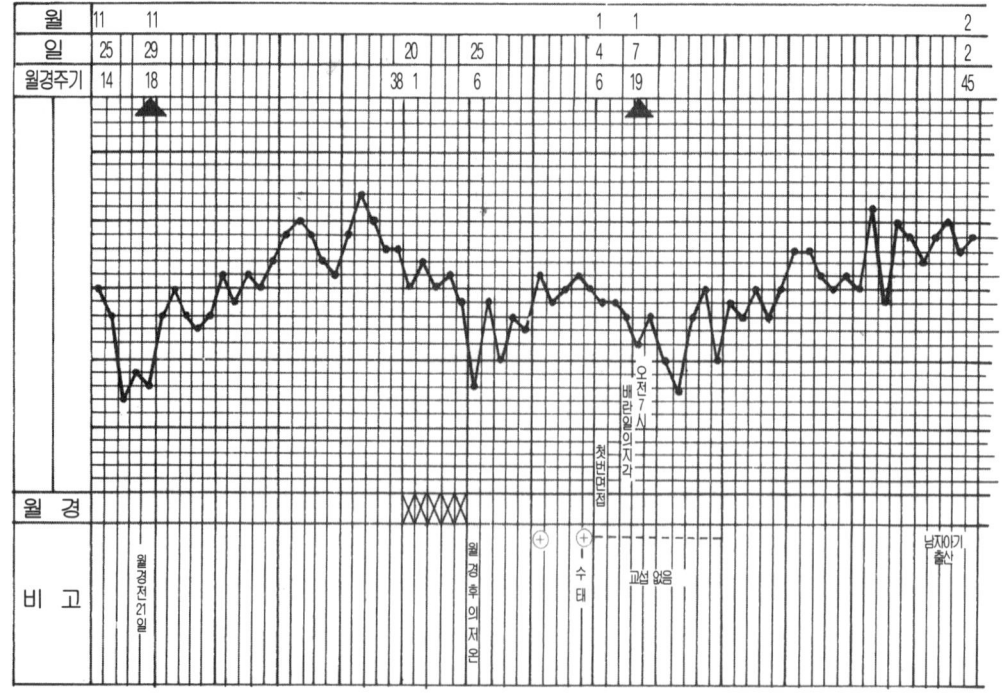

되어 있는데 2회배란성이나 기본 월경주기가 26일형보다 짧은 경우에
는 충분히 임신이 된다.

다음 표의 여성은 2회배란성은 아니지만 1월 4일에 면접할 때까지
는 배란일에는 체온이 내려갔다가 다시 올라간다는 것만을 알고 있었
기 때문에 월경 직후인 12월 25일(월경주기 제6일)의 저온을 배란일이
라고 생각했다.

그리고 그 뒤 체온의 상승으로 배란이 끝났다고 생각해서 12월 30
일(제11일째)와 1월 3일(제15일째)에 부부관계를 했다.

그런데 필자의 배란자각에 관한 얘기를 듣고서 증상에 주의를 기울
였던 바 1월 7일(제19일째)에는 분명히 자각할 수가 있었다.

그 뒤 체온은 고온상으로 들어가서 분명히 임신의 징후를 나타내었
다.

곧 1월 3일(배란 전4일)의 부부관계로 임신을 한 것이다. 그 세번
째는, 배란일과 관계없이 고온상이 되는 경우도 있다. 그래서 고온상
이 되었기 때문에 배란이 끝났다고 판정해서는 안 될 때도 있다.

다무라식에서는 배란 자각일을 예정할 수 있으므로 매달 몇 날 되
지 않는 임신일을 예방함으로써 완전히 피임할 수가 있다.

또 배란 자각일이 예정되어 있기 때문에 예정일 이전에 고온상이

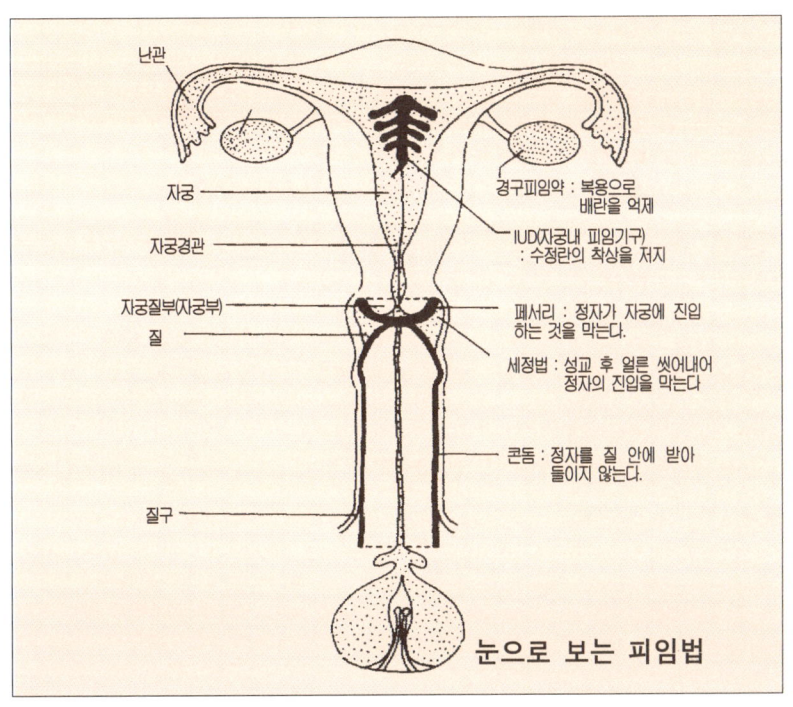

난관

자궁

자궁경관

자궁질부(자궁부)

질

질구

경구피임약 : 복용으로
배란을 억제

IUD(자궁내 피임기구)
: 수정란의 착상을 저지

페서리 : 정자가 자궁에 진입
하는 것을 막는다.

세정법 : 성교 후 얼른 씻어내어
정자의 진입을 막는다

콘돔 : 정자를 질 안에 받아
들이지 않는다.

눈으로 보는 피임법

되더라도 헤매는 일이 없다. 그리고 예정일에 체온이 떨어지고 거기서 배란자각이 있다면 거기서부터는 고온상이 되지 않더라도 배란이 끝났다는 것을 알 수가 있다. 그래서 그 이후의 불임기를 안심하고 이용할 수 있어서 합리적이다.

또한 2회배란성인 여성은 월경 개시일 이후의 배란 자각일까지는 예방함으로써 완전히 피임을 할 수 있다.

경구피임약 · IUD 그밖의 피임법에 대해서

경구피임약

거의 100%의 피임 효과를 나타내는 것으로써 수태 조절의 구세주인 것처럼 각광을 받고 있는 약제가 경구피임약이다.

경구피임약은 합성호르몬제인데, 여성이 그것을 복용함으로써 임신을 하지 않았으면서도 임신을 한 것과 같은 몸의 상태가 되어서 배란이 억제되고 따라서 임신도 하지 않게 된다.

원래 임신 중인 여성은 황체호르몬(프로게스테론)과 난포호르몬(에스트로겐)이 분비되어서, 이 두 호르몬의 작용으로 난자는 성숙하지 않고 배란도 일어나지 않는다. 따라서 임신 중에 겹쳐서 임신이 되는 일은(2회배란성인 경우를 제외하고서)없다.

경구피임약이라고 하더라도 종류에 따라서 다소 차이는 있다. 일반화되어 있는 것은 혼합호르몬제 곧 인공적으로 만든 합성 항체호르몬제(프로게스테론)와 합성 난포호르몬제(에스트로겐)을 조합한 것이다.

이와 같은 경구피임약은 그 합성 호르몬의 작용으로 앞에서 말한 것처럼 이 배란을 멈추게 하는 외에 자궁경관점액에 작용해 정자를 자궁에 들어오지 못하게 하는 작용을 하고, 또한 만일 수정이 되더라도 수정란을 자궁점막에 착상시키지 못하게 하는 3단의 피임 효과를 발휘한다.

그토록 효과가 있는 피임약인데 우리나라에서 이용자가 많지 않은 것은 어째서일까

경구피임약의 문제점

첫 번째 이유는 부작용에 대한 염려이다. '효과가 있는 약일수록 부작용도 크다'는 것은 상식이기도 하다. 더욱이 오늘날의 경구피임약은 일정기간 매일 계속해서 복용해야 하므로 장기간에 걸쳐 계속 복용할 경우, 부작용이 염려되는 것은 당연하다.

경구피임약의 부작용으로서 염려되고 문제가 되고 있는 것으로는 혈액응고나 혈전증·뇌졸증·간장장애·유암·빈혈증·체중증가(부종)·구역질·피부의 기미(특히 이마 부분이나 뺨에 흔히 생기는 갈색 또는 흑색 반점)……등등이 있으며 여지껏 해명되지 않은 면이 많다.

게다가 합성 호르몬제이기 때문에 인체의 자연적인 호르몬의 밸런스를 무너뜨릴 염려도 있다.

경구피임약이 개발된 것은 1955년, 미국의 생물학자 그레고리 핀커스 박사에 의해서인데, 보급되기 시작한 것은 1960년 이후의 일이며 아직 충분히 그 부작용이 해명되어 있지 않다.

두 번째 이유는 경구피임약의 가격이 서민으로서는 무시할 수 없는 부담이 된다는 점이다.

세 번째 이유는 복용하기 시작하면 매일 계속해서 복용할 필요가 있으며, 복용하기를 잊어버리면 효과가 없어진다는 점이다.

경구피임약은 보통 월경 제5일째부터 복용하기 시작해서 20일간 복용을 계속하다가 그친다. 복용하기를 그만두고 2,3일 있으면 출혈이 있다. 그래서 출혈이 시작된 날로부터 세어서 5일째부터 다시 복용하기 시작해서 20일간 계속한다. 그 뒤에 이것을 다시 되풀이한다.

약을 매일 잊어버리지 않고 계속 복용한다는 것은 정신적으로도 상당한 부담이 된다.

앞에서 본 것처럼 경구피임약에는 부작용 그 밖의 문제점이 많다. 그런데도 경구피임약을 이용하는 사람이 세계 각국에서 증가하고 있는 것은 어째서인가.

그것은 보다 안전하고 확실한 합리적인 피임법을 모르기 때문이다. 불임수술을 빼놓고는 100%에 가까운 피임법은 경구피임약 이외에는 없다고 생각하고 있기 때문이다.

'물에 빠진 자는 지푸라기라도 잡는다'고 하는데, 그 지푸라기처럼 필사적으로 잡고 있는 것이 경구피임약인 듯한 느낌이 든다.

경구 피임약 보급에 찬성하는 사람은 말한다.

"경구피임약에는 부작용의 위험은 있다. 그러나 피임에 실패해서 임신중절을 하는 위험에 비기면 경구피임약의 위험성은 훨씬 적다."

과연 그것은 사실인 듯하다. 하지만 다무라식에 의해 임신하는 날을 정확하게 예정할 수 있게 된다면 매달 단 며칠 동안 예방하는 것만으로 안전 확실하게 피임의 목적을 달성할 수 있기에 굳이 위험성이 있는 약제에 의지할 필요는 없다.

IUD(자궁내 피임기구)의 공죄

IUD라고 하는 것은 이른바 피임 링으로 대표되는 것인데, 자궁 안에 금속이나 플라스틱, 기타로 만든 기구를 넣어서 임신하지 못하게 하는 방법이다.

IUD의 원리는 링 다위를 자궁 속에 넣어두면 수정란이 자궁벽에 착상하는 것을 방해함으로써 임신하지 못하게 하는 것이다. 그렇다면 어

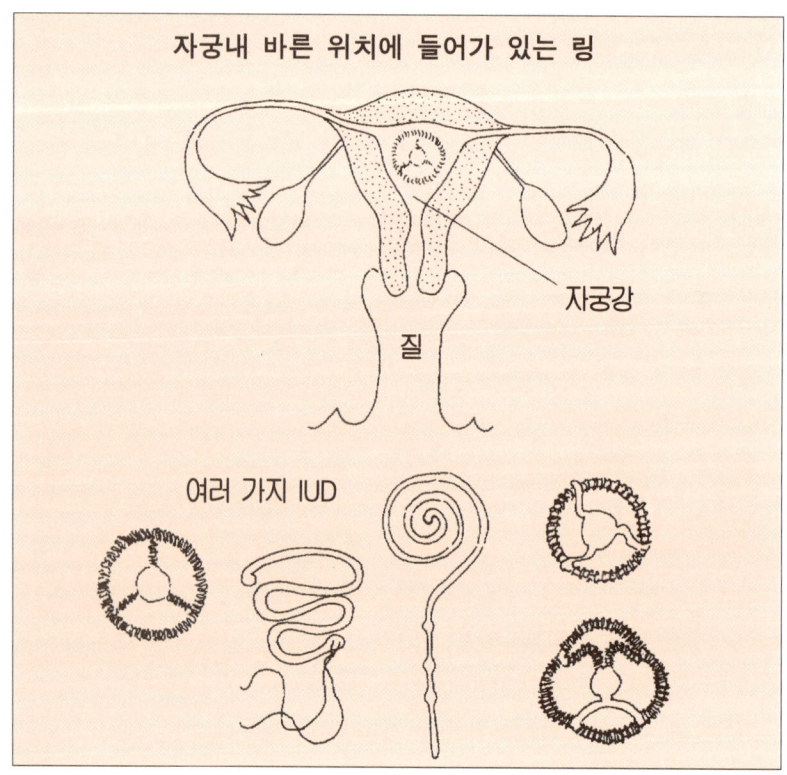

자궁내 바른 위치에 들어가 있는 링

자궁강

질

여러 가지 IUD

째서 그것이 수정란의 착상을 방해하는가에 대해서는 아직 확실히 해명 되어 있지 않지만, 일단 다음과 같이 생각할 수 있다.

곧 자궁 뿐만이 아니고 인간의 몸 안에 이물이 들어오면 그것을 몸 밖으로 내보내려는 작용을 일으킨다. 따라서 자궁 속에 이물이 들어오면 자궁은 그것을 밀어내려고 해서 수축운동을 일으킬 것이므로 그 작용 때문에 수정란이 착상되지 못하든가 또는 착상되더라도 그것을 유산시켜 버리는 것으로 생각된다.

IUD는 의사가 넣어 주는데, 한 번 자궁 속에 넣어 놓으면 1,2년은 그대로 사용할 수가 있고, 더욱이 정위치에 들어가 있다면 100%에 가까운 피임 효과가 있어 아주 편리한 피임법이라고 할 수 있다.

하지만 편리한 반면에 여러 가지 결점도 아울러 지니고 있다.

예를 들어서 링을 넣어두었는데, 어느새 탈락이 되었다든지 위치가 벗어나서 임신이 되는 경우가 있다. 또 링이 자궁내막을 자극해서 부정출혈이 있다든지 월경이 비정상으로 오래 끈 일도 있으며, 또한 대하가 증가한다든지 때로는 염증을 일으키는 일마저 있다.

특히 장래에 아기를 낳을 필요가 있는 젊은 부인인 경우, 링으로 말미암아 자궁내막염이나 난관염 따위를 일으키면 불임증이 될 염려도 있어 권장할 수 없는 방법이다.

다음에 적는 것은 어느 양심적인 내과의사 선생님한테서 들은 얘기이다.

"우리 병원에 오는 환자 중에는 아무 데도 나쁜 데가 없으면서 미열이 계속되는 부인이 상당수 있어요. 물어보면 링을 넣어 두고 있다는 군요. 링을 넣고 있으면 아무래도 미열이 있는 것 같더군요."

어쨌든 자궁 안에 이물을 넣어 둔다는 것은 부자연스러운 것만은 틀림 없으므로 가능하면 그러한 부자연스러운 방법은 피하는 것이 좋을 것이다.

배란법

이것은 1969년에 오스트레일리아의 존 리빙스 박사 부부와 공동 연구 그룹에 의해서 고안된 피임법으로서, 다무라식과 마찬가지로 여성의 분비물의 징후에 조목해서 임신 가능일과 임신하지 않는 날을 판정하는 획기적인 것이다. 그래서 임신 가능일에만 금욕함으로써 약제나 기구 따위를 일절 사용하지 않고서 실시할 수 있는 훌륭한 이점을 지닌 자연 피임법이다.

오스트레일리아에서는 인공적 피임법을 바람직하지 않게 여기는 카톨릭교도들 사이에서 이 배란법이 크게 환영 받아 그 이용자가 급증하고 있다고 한다.

배란법의 원리를 요약하면 대략 다음과 같다.

곧 정상적인 여성은 각 주기의 임신가능한 시기에 배란이 가까워졌음을 알려 주는 자궁경관 점액을 분비한다. 이것은 임신가능 징후라고 하는데, 질구에 습하고 매끈매끈한 느낌이 있다는 점, 곧 날달걀의 흰자와 같은 투명하고 신장력이 있는 점액이 나타난다는 것이다.

그 점액은 때로는 흐리고 혈액의 반점이 있으며, 황색이나 다색, 혹은 핑크빛이나 붉은 빛을 띠고 있을 지 모르지만 그 느낌은 매끈매끈하고 또한 습윤한 것이 특징이다(정자가 자궁경관을 통과해서 자궁에 들어가기 쉬운 것은 이 시기 뿐이라고 말해진다).

그에 대해서 임신하지 않을 때의 점액은 끈기가 있고 불투명하고 굳어지기 쉽고 벗겨지기 쉬우며 약한 성질을 지니고 있어서 구별할 수 있다고 한다.

이와 같이 해서 점액 징후에 의해 그날이 임신가능일인지 안전일인지를 판정하는 것이다. 이 배란법의 단점으로서는 다음 두 가지를 고려할 수 있다.

첫번재는 아내쪽에서 거의 매일 분비물(점액)의 징후를 신중하게 관찰해서 그 결과를 자세히 계속 기록해야 하는 점이다. 그래서 어지간히 꼼꼼하고 끈기있는 여성이 아니라면 좀처럼 계속하기 어렵다고 하겠다.

두 번째로 임신 가능일인지 아닌지는 결과적으로 판정할 수가 있지만 예정하기까지에는 이르고 있지 않다. 그것은 아직 배란일 예정법까지 도달하고 있지 않기 때문이다. 따라서 배란일을 거의 정확하게 예정할 수 있는 다무라식과 비교하면 아무래도 예방기간이 길어진다.

불임수술

이것은 남성의 경우에는 정관을, 여성의 경우에는 난관을 절단해서 결찰하는 수술이다. 그리고 남편이나 아내 가운데 한사람이 이 수술을 받으면 반영구적으로 임신하지 않는 아주 효과적인 피임법이다.

더욱이 고환이나 난소를 잘라내는 거세수술과는 달리 신체의학적으로 큰 장애를 일으키는 일은 없는 것으로 알려지고 있다.

그런데 한 차례 이 불임수술을 받으면 복원수술이 쉽지 않다는 점은 알아둘 필요가 있다. 남성의 경우에는 수술후 5년이내라면 70%쯤은 복원이 가능하다고 하는데 여성의 경우에는 복원의 가능성이 훨씬 떨어진다.

그리고 신체의학적으로 큰 염려는 할 필요가 없지만, 정신의학적으로는 문제가 없지 않다. 불임수술을 해서 어째서인지 남성 혹은 여성으로서의 자신감을 잃어서 여러 가지 장애를 가져오는 일이 있다고 한다. 불임수술의 상식으로서는, 남성쪽이 여성의 경우에 비해서 훨씬 간단하고 장애도 적다는 사실을 알아두어야 한다.

여성의 불임수술은 입원을 해야 하는 큰 수술이며 기술적으로도 쉽지 않다. 그에 대해서 남성의 수술(파이프컷은 10~20분쯤이면 끝나는 간단한 것으로 입원할 필요도 없다. 게다가 만일 복원수술을 하는 경우에도 성공률이 높으며 수술도 간단하다. 그러므로 불임수술은 남성 쪽에서 받는 편이 훨씬 합리적이다.

페서리

다무라식 이용자 가운데 한 여성은 이런 말을 해주었다.

"우리 집에서는 남편이 계산을 해 봐서 위험한 날에는 페서리를 끼우기로 하고 있는데 여지껏 한 번도 실패한 적이 없답니다."

하지만 사용자 중에는 페서리가 잘 맞지 않는 여성도 있는 듯하다.

페서리는 사이즈가 자궁에 맞으면 괜찮지만, 그렇지 못한 경우에는 실패할 위험이 있다.

콘돔

콘돔은 가장 많이 이용되고 있는 피임구이다. 끼우는 데 있어 성가신 점은 있지만, 피임용 젤리와 함께 사용하면 가장 간편하고 확실한 피임법의 한 가지이다.

다무라식 피임법은 매달 며칠 동안의 임신가능 기간에만 예방을 하면 되니까 그 동안만 금욕을 한다면 약제나 기구는 필요가 없다.

하지만 젊은 부부로서 다무라식의 위험기에 해당되는 며칠동안도 금욕을 할 수 없는 경우에은 그 기간에만 콘돔과 젤리를 함께 사용하면 된다.

아들·딸 마음대로 낳을 수 있다

아들·딸 가려낳기를 위한 자료

과학적으로 분석한 아들·딸 가려낳기

아들·딸 가려낳기에 관해 깊이 알고자 하는 사람이나 전문가에게 참고 자료가 되도록
세부적으로 정리해 놓았으므로 아들·딸 가려낳는 것에 대한 소기의 목적을 이룰 수
있을 것이다.

스기야마 박사의 저서에서 간추린 이 자료는 남녀 구별 수태에 관한
전문 분야의 문헌과 그 요약이다. 아들·딸 가려 낳기에 관해 더 깊이
알고자 하는 사람이나 전문가에 참고 자료가 되도록 실었다. 의학에 관
한 전문 지식이 없는 일반 독자는 앞에 기술한 본문만 읽어도 아들·딸
가려 낳기에 관해 충분히 이해하고 소기의 목적을 이룰 수 있을 것이다.

정상적인 질의 생물학적 특징

질의 산성도(pH)는 일반적으로 세균 감염이나 그밖의 이상이 없다
면 글리코겐의 양과 관계가 있다. 클리코겐은 에스토로겐이 적든가
없든가 할 때에는 감소하여 질내의 pH도 감소한다.

사람의 pH

신생아 첫 날	5.3~6.4	평균 5.7
2일째	4.6~5.7	5.6
3일째	4.7~6.8	4.9
4일째	4.7~5.6	4.8
9일째		4.9
3~4주째	5.0~7.0	
6~8주째	5.0~8.0	
2~8세	6.0~8.0	
사춘기	4.0~5.0	
갱년기		4.0

질의 pH와 세균과의 관계

1. (데델라인 간균에 한하여) ·························· 4.0~4.4
2. (D.D. 간균+기타 세균) ·························· 4.6~5.6
3. (세균에 한하여) ·························· 5.6~7.6

임신 말기에는

1. 3.96~5.72 ·························· 4.58
2. 3.99~6.10 ·························· 5.03
3. 4.92~6.88 ·························· 5.69

사람의 자궁경관 분비액의 pH

정자에 있어 최적의 pH는 8.5~9.5이다. 정자는 pH 6에서 활동성을 잃고 pH 4가 되면 다시는 활동하지 못한다.

대부분의 경우 전주기(全周期)에서의 pH 7.0 이상이다.

배란기에 채취한 점액의 pH는 경관내의 pH의 2배 정도이다.

자궁경관내의 pH는 7.0~7.5이다.

자궁경관 점액에 대한 의화학적 관찰

난자의 수정기간은 짧다. 사람의 난자의 경우는 5시간에서 6시간이라고 알려져 있다.

정자는 좋은 조건하에서라면 4일 간의 수정능력을 가지고 있다.

경관인자

경관점액에 관하여

채취법 — 내진(內診)하기 전에 질경(腟鏡)을 걸고 자궁질부를 솜방망이로 깨끗이 닦은 다음 바늘을 꽂지 않은 주사기로 자궁경관 점액을 흡인, 공기를 빼고 흡인을 되풀이하여 점액을 채취한다. 점액량을 주사기의 눈금으로 판단한다.

판정

① 점액량 30㎣ 이하 : 제2도 무월경, 월경 직후, 황체기, 임신(즉 에스트로겐 결핍이나 프로게스테론 작용기).

② 200㎣ 이상 : 월경 후의 증식기(增殖期), 적어도 황체기나 임신은 아니다(에스트로겐 작용 우세, 프로게스테론 작용 결핍).

③ 300㎣ 이상 : 난포(卵胞)가 성숙햇으며 3일 이내에 배란의 가능성이 있다.

④ 400㎣ 이상 : 1일 이내에 배란이 있다.

⑤ 700㎣ 이상 또는 400㎣가 3일 이상 계속 : 에스트로겐 분비 과잉
증

【견사성】

배란의 시기가 가까워오면 경관점액은 수양성투명(水樣性透明)이
되며 양이 증가하고 견사성은 증가하나 점조도(粘稠度)는 낮아진다.
이것을 슬라이드 위에서 건조시키면 결정 형성(結晶形成)의 상(像)을
볼 수 있고, 배란기에는 백혈구를 거의 볼 수 없다. 외래에서 중시하
는 항목은 그 성질의 변화, 양, 결정도(結晶度)이다. 견사성의 검사는
슬라이드 위에 주사기로부터 경관점액을 배출시키고 나서 핀셋이나
주사기 끝으로 쭉 밀어보면 알 수 있다.

배란기에는 15㎝ 이상이나 늘어나지만 다른 때에는 그렇게 되지 않
는다.

【경관점액의 결정】

배란이 나타나는 결정은 양치식물의 잎사귀와 비슷한 구조를 나타
내므로 Femleaf phenomenon(F.L.P.)라고 일컫는다. 슬라이드 위에 경
관점액(CM)을 전량 떨어뜨리든가 다량인 때는 이를 얇게 펼친다.
양이 많아 자연히 건조하면 결정핵(結晶核)과 같은 결정도의 진행을
볼 수 있는 경우가 많다.

바쁜 때에는 전기다리미를 거꾸로 하고 그 위에 슬라이드를 얹으면
순식간에 건조되는데 이것으로도 대략적인 판별을 할 수 있다.

잘 결정되어 있을 때는 육안으로도 판별할 수 있다.

【결정도의 분류】

0도(-) : 결정은 전혀 없고 백혈구나 상피세포 뿐일 때.

1도(+) : 표본의 일부에 덩굴무늬, 풀무늬, 이끼무늬, 나뭇가지 무늬
등의 부정(不定)의 결정을 볼 수 있고 상피세포도 일부 섞인다.

2도(++) : 표본의 일부에 F.L.P. 모양의 구조를 볼 수 있으나 다른
일부는 음성이나 부정형(不定形)의 결정이다.

3도(+++) : 표본의 전부가 F.L.P. 상(狀)의 구조이고 상피세포는
없다.

4도(++++) : 정형적(定形的)인 F.L.P.상 구조 가운데 십자상(十字
狀)의 결정이 보인다.

결정의 주역은 CM에 함유된 NaCl의 증량에 의해서 일어나고 특유
한 배열을 일으키는 것은 글루코스나 뮤신 등의 작용에 의한다.

정자

정자는 네덜란드의 레벤후크(현미경의 발명자)와 Ham에 의하여 1677년에 발견되었고 그뒤 광학현미경에 의해 사람의 정자의 상세한 것이 해명되어 왔다. 전체의 길이는 약 0.05mm, 본체(本體)의 폭은 8천 분의 1인치, 체적은 난자의 5만분의 1로 두부(頭部), 경부(頸部), 미부(尾部)로 이루어졌고 두부는 끝이 뾰족한 난원형(卵圓形)-쉐틀스가 발견하기 이전의 기술-이며 전후로는 편평하고 옆으로 보면 삼각형 또는 플라스크형을 나타내고 두부에 핵(核)이 있으며, 미부는 다시 결합부, 주부(主部), 말단부로 구별된다고 관찰되고 있었다. 다카지마 박사(국립소아병원 산부인과장)등의 전자현미경학적 연구에 의해 더욱 미세한 구조가 밝혀지기에 이르렀다.

정자의 정상치(正常値)

양	2∼4.5㎖
정자농도	$50 \times 10^6/㎖$ 이상
운동률	70% 이상
기형혼재율	15%이하

(3일 이상의 금욕기간을 둔 후에 채취)

난포(卵胞)·난자(卵子)

난소로부터 난자가 산출되는데 성숙한 난자는 80∼170미크론의 직경을 지니며 육안으로서도 하나의 흰 점으로서 인식되고, 인체의 세포 가운데 최대의 것이다.

난자도 또한 다른 세포와 마찬가지로 원형질과 핵으로 구성되어 있다. 배출된 미수정난자의 생존기간은 24시간이라고 기재된 것도 있으나 그 생존능력과 수정능력은 배란 후 고작 몇 시간에 소실된다고 한다.

여성의 난소에는 50만 개 이상의 난세포(卵細胞)가 있으며 그 여아가 성인이 되어 생식연령 중에는 1년, 12개×40년으로 칠 때 약 500개의 배란이 있다고 간주된다.

난자의 크기 체적은 정자의 5만 배이다.

검사방법의 실제

1. 정자량 : 건조 멸균한 눈금주사기를 5%포도당액으로 씻은 다음 정액을 흡입하고 눈금을 읽는다.
2. 정자농도 : 백혈구 계산용 멜란줄에 정액 0.5㎖, 이어서 Mac-ComberSaunder 액 11눈금까지 흡입하여 흔든다. 이것을 토마스 짜이스 산정판(算定板)의 80 최소구획의 정자수를 구하여 그 수에 10^6/㎖를 곱한다. 3회 측정한 후 평균치를 낸다.
3. 정자운동률 : 오펙트글라스에 정액 한 방울 떨어뜨린 다음 커버글라스를 덮고 37℃로 보온하며 검경(檢鏡)한다.

$$정자운동률 = \frac{운동\ 정자수}{모든\ 정자수} \times 100\%$$

4. 점조도(粘稠度) : 정액이 늘어남을 본다.
5. 비중 1.028(20℃)
6. pH7.1〜7.4

BBT(기초체온)측정과 주의점

BBT(이른 아침 안정시의 체온)를 기록하는 것은 아들 · 딸 가려 낳기를 실시하는 사람에게는 빼놓을 수 없는 중요한 사항이다.

불임증 부인의 BBT와는 달리 가려 낳기를 희망하는 여성은 거의 경산부(經産婦)이므로 배란의 유무를 알기 위하여 필요한데 BBT에 의해서 배란일을 알기는 어렵다고 이즈카 교수는 말하고 있다. 그러나 임상상(臨床上) 저온기의 최종점(最終点)을 배란일로 하는 것은 무방하다고 말하고 있다.

BBT는 주기적으로 변동한다. 그 측정법은 앞에서도 기술했지만 각도를 달리하여 요점을 설명하면 다음과 같다.

1. BBT측정용 체온계를 사용하는 것이 편리하다.
2. 매일 밤 취침 전에 체온계를 몸을 움직이지 않고 집을 수 있는 베개 밑에 넣어 둔다.
3. 아침에 눈을 뜨면 자리에서 일어나지 말고 자리 속에서 조용히 잰다.
4. 측정시간은 매일 아침 일정한 시간이 바람직하다.

《기초체온 측정과 주의점》

첫째 · 체온계를 움직이지 않고 집을 수
　　　있도록 베개밑에 둘것!

둘째 · 매일 아침시간에 측정한다

셋째 · 체온 측정은 구강內

네째 · 그래프에 체온을 기입한다.

●기초체온을 측정할 때 주의할 점은 매일 아침 눈을 뜨면서 자리에서 일어나지
않은 상태로 조용히 재야 하므로 체온계를 움직이지 않고 집을 수 있는
베개 밑에 넣어두는 것이 좋다. 또한 매일 아침, 일정한 시간이 바람직하며
끈기있게 매일 매일을 그래프에 기록하여 16일 이상 고온이 계속되면 임신이라고 생각해도 된다.

5. 체온의 측정은 구강내(口腔內)가 좋다.

6. 체온을 그래프에 기입한다. 설사, 감기 그밖의 몸의 이상이나, 측정시간이 1시간 이상 늦어졌을 때에는 비고란에 기입한다. 일정시간 숙면하면 그다지 틀리지 않으나 늦게 일어나면 다소 높아진다.

7. 정상 월경주기에서는 난포기(卵胞期)에 저온상, 황체기에 고온상을 나타내지만 이 경계온도는 대략 36.6℃, 90°F이다.

8. 저온일상성(低溫一相性)을 지속할 때는 무배란성(無排卵性) 주기이지만 예외적으로 배란성 주기도 있다.

9. 고온이 16일 이상 계속되면 임신이라고 생각해도 된다.

10. 고온상의 일수(日數)가 9일 이내일 때, 저·고온상의 온도차가 적을 때, 고온상 기간 중의 상하 변동이 심한 때에는 황체기능부전증(黃體機能不全症)을 의심할 수가 있다.

질 스미어

배란시기의 추정에 관해서는 경관점액의 검사가 BBT보다 뛰어나지만 경관점액을 채취할 수 없는 경우 등 에스트로겐의 소장(消長)을 수량적으로 표현할 수 있으므로 이용하기 바란다.

＊잉크 염색법 ① 쉐퍼의 붉은 잉크 1에 대하여 쉐퍼의 푸른 잉크 10을 혼합하고 이를 증류수로 20배 한 것으로 염색한다. ② 질 분비액을 도말(塗沫)→염색(5~15분)→수세(水洗)→검경(檢鏡)한다. ③ 표층 각화세포(表層角化細胞)는 편평하고 크며 빨갛게 염색된다. ④ 중간층, 심층 : 원형, 방추형(紡錘型)으로 표층세포 보다 작고 푸르게 염색된다. ⑤ 배란기 : 세포가 호산성(好酸性)이며(빨갛게 물든다) 세포 가장자리가 구부러지거나 주름살이 없다. ⑥ 황체기 : 호산성 세포가 적어지고, 파랗게 염색되는 호염기성이다. ⑦ 월경기 : 백혈구, 적혈구가 증가한다. 황체기나 난포기에 비하여 호산성 세포가 많다.

요컨대 배란기의 질스미어는 잉크스테인으로 빨갛게 염색되는 세포로 점유되고 있다. 즉 빨갛게 염색된 세포로 질스미어가 점하여져 있으며 배란이 있는 증거가 된다.

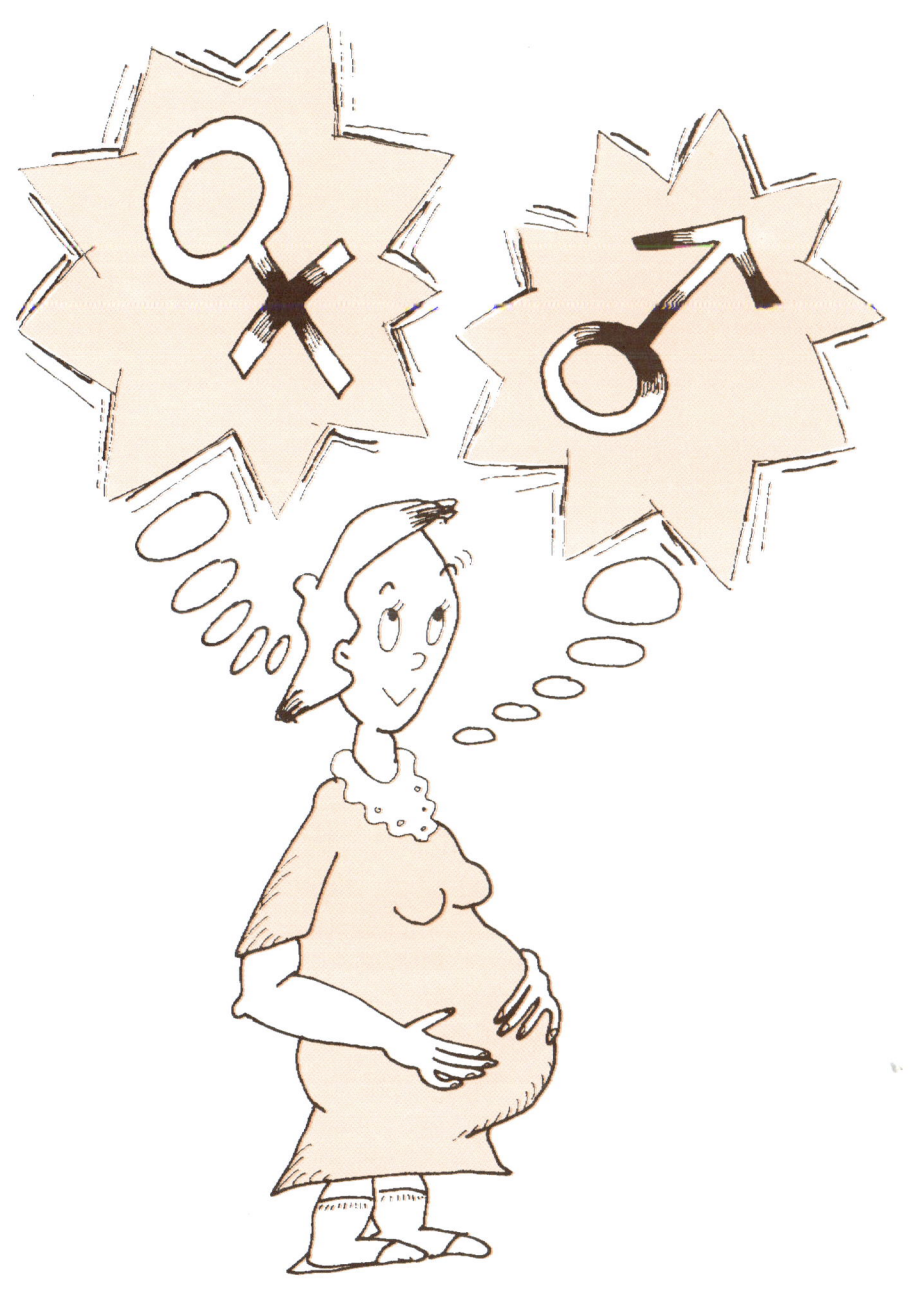

● 정확하게 임신 날짜를 맞추려면 정확한 배란일을 알아야 한다.
배란일에 따라 원하는 아들과 딸을 구별해 낳을 수 있는 확률이 높으므로
임신을 원하는 여성은 자신의 배란일을 정확히 체크하는 것이 임신을 위한
첫출발이다.

아기를 위한 엄마의 육아 메모

아들·딸 마음대로 낳을 수 있다

15

인공수정에
관한 지식

인공 수정 성공의 비결

인공수정이란 불임증 환자에게 실시하는 것으로 원하는 성( )의 아이를 낳기 위해
임신을 보류하고 있는 사람을 대상으로 하고 있다. 또한 인공수정은 자연수태 보다
기형의 발생률이 적은 것으로 밝혀졌다.

가려 낳기와 인공수정

　남편의 정액을 아내의 성관내(性管內)에 인공적으로 주입하는 것을 배우 자간 인공수정(AIH로 약칭)이라 하고 남편 이외의 남성의 정액을 주입하는 것을 비배우자 간 인공숭(AID로 약칭)이라고 한다.

　원래 인공수정이란 불임증 환자에게 실시하는 것인데 가려 낳기의 경우 계속적인 불임, 즉 전에는 아이를 낳은 경험이 있으나 원하는 성(性)의 아이를 낳기 위해 임신을 보류하고 있는 사람을 대상으로 하고 있다.

　또한 그보다도 가려 낳기 희망자 가운데는 인공수정을 하면 아들을 낳는 확률이 높다는 것을 거의 신앙처럼 믿고 있다. 그러나 매우 유감스럽게도 인공수정을 하더라도 남아의 출산 성공률은 변하지 않는다. 다만 현재 일본 게이오대학 부속병원 산부인과에서 연구가 진행되고 있는 퍼콜에 의한 비중구배법(比重勾配法)이 실용단계에 이르렀을 때에는 인공수정이 활기를 띠게 될 것이다.

　인공수정을 하면 기형아가 태어나지 않을까 하고 걱정하는 사람도 있으나 게이오대학에서 불임증 환자를 대상으로 행한 AID 5,000명의 통계에서 자연수태보다 AID쪽이 기형의 발생률이 적었다는 사실이 밝혀졌다.

　상식적으로도 알 수 있듯이 남편의 정액이 아내의 질에서 자궁강 · 난관에 가는 것과 그것을 직접 자궁강내에 주입하는 것에는 별 차이가 없는 것으로 기형 발생의 원인은 전혀 생각할 필요가 없다.

정상적인 성교로 기형이 발생하면 별 무리가 없으나 인공수정의 경우는 의사의 실수였다거나 조작상의 잘못이었다는 등 근거없는 추궁을 받는 경우가 있는데 이것은 잘못된 판단이다. 그러므로 SS연구회의 지도의사는 필요불가결하여 인공수정을 실시하는 경우에는 사전에 서약서를 받아 두는 것을 원칙으로 하고 있다.

인공수정의 절차

인공수정의 방법에 관해서는 산부인과 전문의가 익히 알고 있으므로 전문적인 해설은 일체 생략하고 일반 독자의 이해를 돕기 위한 설명을 하기로 한다.

원래는 불임증 환자를 대상으로 한 것이 AIH-AID인데 가려 낳기의 경우 먼저 아기를 하나 낳았는데 다음에는 좀처럼 임신되지 않는 사람을 위해서 행해진다. 따라서 불임증 환자에게 시행하는 것 같은 여러 가지 세밀한 검사는 그다지 필요하지 않다.

아내는 자신의 건강에 주의하고 기초체온표를 정확하게 기록하며 배란일 당일에 몸을 깨끗이 하고 남편과 함께 지도의사를 찾는다. 남편은 아내의 월경 직후 1회 관계를 가진 후 금욕하고 당일에는 몸을 깨끗이 해야 한다.

지도의사에 따라서는 이분획(二分割)사정을 가르쳐 주는데 이 방식이 보다 효과적이다.

남편은 정액 채취를 위하여 자위 행위를 하게 되는데 그 전에 의사로부터 두 개의 병을 받아 최초로 나온 정액을 A병(이 정액 중의 정자수는 다음의 B병 정자수 보다 2~3배 많으므로 수태율이 높다)에 받고, 재빨리 다음 사정액을 B병에 받는다. 즉 A병 쪽이 3배나 많은 정자가 들어 있으므로 소량의 정액을 주입해도 — 다량으로 주입하면 복통이 일어나는 경우가 있다 — 임신율이 높다. 다시 말해서 운동이 활발하고 정자수가 많은 부분을 처음부터 선별하는 것이 된다.

의사는 A병의 채취한 정액의 정자의 양(量), 수(數), 운동성 기형률(奇形率) 등을 현미경으로 검사하고 수십분 동안 방치해 두었다가 액상(液狀)이 되었을 때 인공수정 주입기로 약 1㎖ 추출하여 질의 가장 깊숙한 곳의 자궁경관으로 인공수정침을 삽입한다.

미국에서는 외자궁구(外子宮口)에 정액을 뿌려 놓는 방식이 많은데 비해 일본에서는 자궁경관을 지나 자궁내강에 바늘 끝을 넣어 조금씩 조심스럽게 주입한다.

쉐틀스 박사는 '뉴욕에서 인공수정의 성공률이 아주 높은 의사가 있어 그 비결을 알아보았더니 기다란 인공수정침을 경관 속에 넣어서 경관점액을 흡입했다 배출했다 하여 정액과 혼합하는 방법이 좋다는 것을 배우고 그 뒤 이 방법을 이용하고 있다'고 말하고 있다.

인공수정이 끝나면 아내는 그대로 다리를 모으고 검진대를 약간 골반고위(骨盤高位 : 골반이 있는 부분을 높인다)로 하여 수십분 간 그대로 누워 있는 것이 좋다.

최근에는 서독제인 Wisap라는 자궁경관부에 뚜껑이 있어 인공수정을 한 정액이 흘러내리지 않도록 하는 기구를 사용하고 있는데, 사용하기 시작한 지 얼마 되지 않았으므로 성공례는 몇 명 정도에 불과하다. 그러나 자궁내강, 경관에 주입한 정액의 유출을 막아 자궁 결부가 항상 정액에 잠겨 있는 상태가 되므로 이는 인공수정에 대단히 바람직한 방법이라고 할 수 있다.

인공수정이 끝나고 집에 돌아온 뒤에도 격렬한 운동은 가급적 삼가는 것이 좋다. 다만 당일은 샤워 정도에 그치고 목욕을 삼가는 것이 좋다.

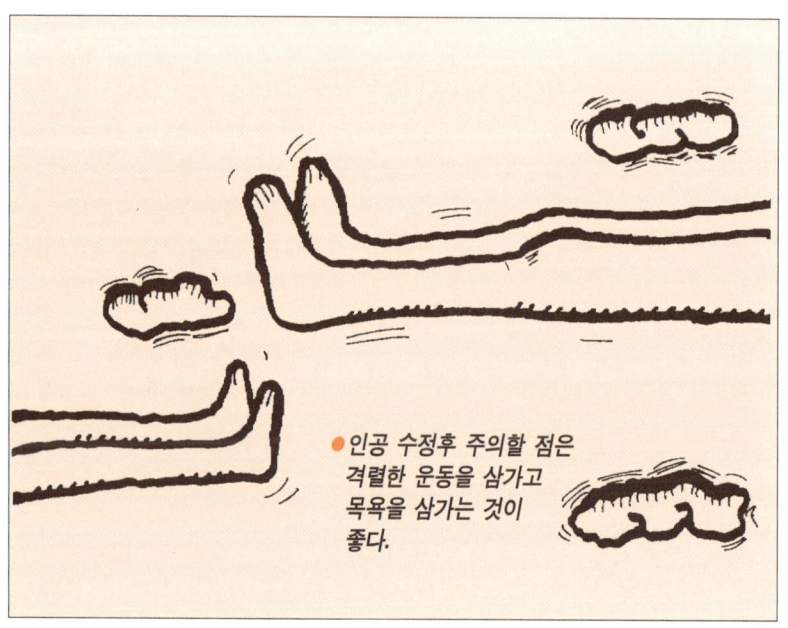

● 인공 수정후 주의할 점은 격렬한 운동을 삼가고 목욕을 삼가는 것이 좋다.

인공수정의 성과

　누구나 모두 건강한 경산부(經産婦)에게 배란일에 직접 자궁강내에 정액을 주입한다면 임신 성공률은 100%가 될 것이라고 생각하기 마련이지만 실제로는 그렇지 못해서 41%(AID의 경우)를 약간 넘을 정도이다.　건강하고 젊은 남성의 활기찬 정액을 수정하는 AID에 있어서조차 100명 가운데 59명은 임신되지 않는 것이 보통이다.
　이처럼 임신률이 생각보다 낮은 이유를 살펴보면 다음과 같다.

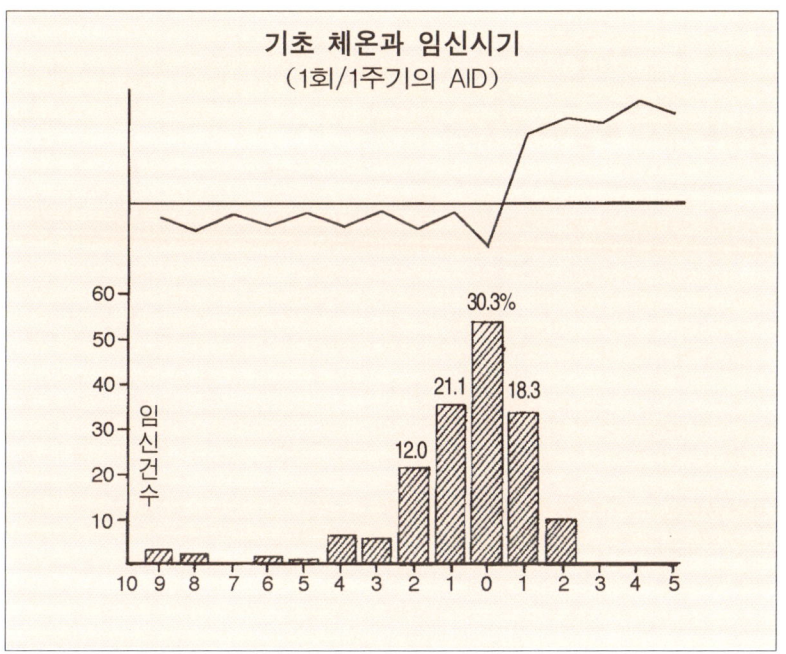

기초 체온과 임신시기
(1회/1주기의 AID)

　① 검진대 위에 누워 인공수정을 받을 자세를 취하는데 다리를 벌리고 차가운 금속성의 질경(膣鏡)으로 질이 넓혀지고 게다가 금속봉(金屬棒)을 밀어넣게 되므로 통증은 별로 느끼지 않더라도 무드는 커녕 공포심이 더욱 강해진다.
　부부관계는 따뜻한 살갗을 밀착하고 이불 속에서 서로 애무함으로써 자극을 받게 되어 다량의 고나드트로핀(성선자극호르몬)이 분비되어 수태하게 되는 것인데 단순히 남성의 정액을 기계적으로 자궁내에 주입하는 것만으로는 생체의 성반응은 나타나지 않는다.
　② 0.5㎖의 정액을 자궁내에 주입하더라도 그 대부분은 유출되고 만

다. 질 속으로 유출된 정액은 더글라스와에 괴어 자궁경관으로 유입되기 어렵다. 이러한 점에서 인공수정은 의외로 성공률이 낮다.

현재의 상태에서 인공수정으로 아들·딸 가려 낳기를 하기는 무리한 일이지만 앞으로 퍼콜에 의한 비중구배법이 완성되고 Y정자가 분리되고 그 각각을 인공수정 할 수 있게 된다면 95%이상 성공 할 수 있게 될 것이다.

배우자간 인공수정(AIH) 시행 전의 검사

남성쪽에서 필요한 검사법

정액검사
① 정상 정액의 기준
a. 양 : 평균 2~5㎖, (20방울 / ㎖)
정액량이 아주 적든가 아주 많은 경우에는 불임이 많다.
 b. 정자수 : 6천만~1억2천만 / ㎖.
정자감소증은 2천만 / ㎖ 이하로 하는 기준 설정이 많다. 물론 임신 가능성은 극도로 저하한다.
c. 운동률 : 80~85% 이상
d. 기형률 : 10~15% 이하
② 정자수의 간이산정법(簡易算定法)
바쁜 외래진찰 중의 정자수 산정법으로서 이 간이법이 아주 편리하다. 슬라이드글라스 위에 액화한 정액을 한 방울 떨어뜨리고 커버글라스를 덮는다. 이것을 400배로 검경하고 시야에 보이는 정자수를 센다. 그 산정수 20%를 가산한 수가 멜란줄을 사용한 산정수에 거의 일치한다고 한다.

여성쪽에서 필요한 검사법

난소기능 및 난관기능이 정상으로 유지되어 있는 것이 전제조건이며 따라서 이 두 기능을 조사해 두는 것이 필요하다. 또 남성 쪽 및 여성 쪽의 두 인자에 걸치는 경관점액, Hühner's test, post coital test 등의 정자 적·부적합 시험결과는 AIH의 적응을 결정하는 데 있어서의 중요한 검사항목이다.

추정배란일을 결정하는 검사법

① 기초체온의 측정

② 경관점액 검사

③ 질스미어 : 잉크 염색, 청색과 적색을 10:1로 혼합하여 증류수로 10배로 희석한다. 배란기에는 적색으로 물드는 호산성 세포의 비율이 90%이상으로 된다.

Post coital test

배란기에 성교후의 내원(來院)을 지시하고 경관점액을 채취하여 정액수를 조사한다.

Post coital test 불량 예는 경관점액, 정자수, 그외 운동성에 문제가 있는 것이 대상으로 된다.

고배율(高倍率)1시야 중의 정자수가 20을 넘는 증례에서는 그것보다 적은 증례와 비교하여 AIH시행 후의 임신율이 분명히 높다고 하는 보고도 있으나 평가기준의 설정이 어렵다.

그밖의 검사법

① LH-RH test

② 자궁내막 검사

③ 난관소통(卵管疎通) 검사

④ 월경혈(月經血) 배양

이상은 필요에 따라 행한다.

X정자와 Y정자의 형태, 월경주기의 수태와 관련한 시기의 여성 생식분비문에서의 생족능력과 수명, 출현률, 운동률의 상위(相違)는 자연의 성교에 의해 수태하고 출생하는 사람의 남성의 수가 분명히 많아지는 것에 주목하고자 한다.

성교시의 경관환경(頸管環境)의 평가는 수태 전의 성별 선택에 커다란 도움이 되는데 그 복잡한 원리의 기초가 되는 것은 X정자, Y정자 고유의 특성이다.

머리가 작고 일반적으로 보다 많이 나타나며 비교적 단명인 Y정자는 머리가 크고 비교적 적게 나타나며 수명이 긴 X정자에 비하면 운동이 보다 더 활발하다.

만약 경관점액의 양·유동성·알칼리도·정자의 통과성이 최적이 아니거나 혹은 난자가 수태에 이르지 못하면 Y정자는 금방 세력을 잃고 만다. 보다 강하고 보다 수명이 긴 X정자가 난자를 수태시키는 경향이 강하다. 바꾸어 말하면 수태 환경이 좋으면 좋을수록 남아가 태어날 확률이 높다.

한편 환경이 나쁘면 나쁠수록 여아가 태어날 빈도가 높아진다. 배란직전의 신선한 난자와 신선한 정자는 남아 출생의 가능성을 높이며 이에 반하여 신선한 난자와 오래된 정자는 여아 출생의 가능성을 높인다는 것은 잘 알려져 있는 사실이다.

후자에 관해서이지만, 배란 2~3일 전에 중지한 성교로 사정된 정액이 생체내에서 시간을 지체하는 것처럼 소독한 유리용기에 직접 채취한 정액을 밀폐하고 실온에서 24시간 방치한 후 배란기의 최적의 자궁경관내의 분비액 중에서 AIH를 실시한다. 이렇게 하여 X정자를 Y정자보다 더 오래 살 수 있게 한다.

쉐틀스는 여섯 번의 경험 중에서 전부 여아 출산을 성공시켰고, 필자는 과거 2년 간 57번의 AIH를 같은 방법으로 실시하여 19차례의 분만 중 17번은 여아, 2번은 남아를 출생시켰는데, 여기서 57 차례의 정액 자연방치 24시간 후의 생존율에 현저한 개인차가 있는 것을 확인했다.

인공수정이나 성교의 타이밍을 변화시키면, 출생의 성비(性比)는 뜻대로 변화시킬 수 있다.

알칼리도가 강한 자궁경관 분비물은 월경주기에서 배란기 직전이나 그 기간 중에 최대량이 된다. 생리적으로 알칼리도가 높은 정액에 알칼리도가 강한 경관점액이 가해지면 정자의 운동성과 생존률이 증가한다. 머리가 작은 Y염색체를 지니는 정자의 운동률의 특성에 의해 X정자와 Y정자가 생리적으로 분리하게 되고, 그 결과 남아 수태의 빈도가 증가한다.

Schellen은 되도록 배란 작전을 겨누어 2만 번의 인공수정을 실시하고 이상에 기술한 것이 사실이라는 것을 확인했다.

클리그맨의 배란과의 시간적 관계를 변경한 단 1회의 결과 역시 마찬가지였다. 바꾸어 말하면 수정이 배란기에 가까우면 가까울수록 남아출생에 유리하다.

생각할 수 있는 모든 조건과 전술(前述)의 평가가 만족되고 난관 밖 3분의 1에서 수정을 기다리고 있는 난자까지 정자의 이동거리가 짧으면 Y정자는 보다 빈번히 난자에 도달하는 것 같다(이에 반하여 가와카미씨는 그의 실험에 의해 정자군이 기다리고 있는 난관 속에 배란된 난자가 진입해 오는 것을 확인하고 있다).

이 결과 기초체온곡선의 변화, 경관점액의 지적특성(양, 투명도, 유동성, 알칼리도, 모세관 표본으로 나타나는 통과율), 중간통(만약 일어난다면)을 보고 배란기를 판단했다.

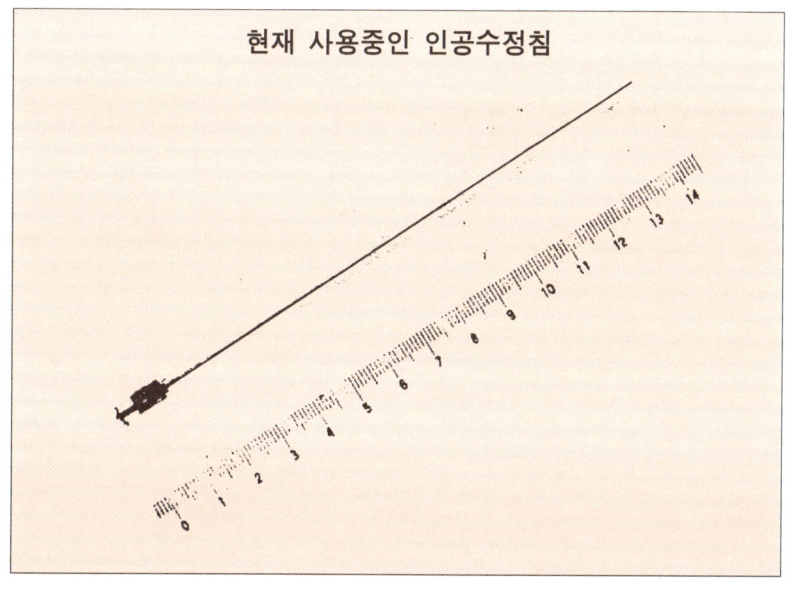

현재 사용중인 인공수정침

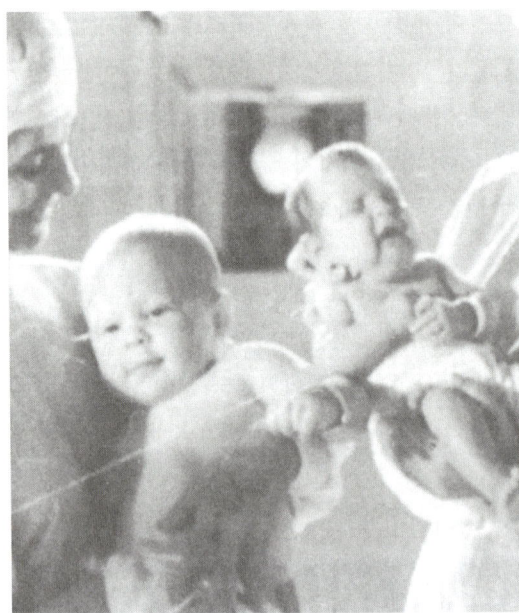

● 인공수정으로 태어난
아기들은 모두가
정상아로 딸보다
아들의 비율이
훨씬 높다.

　인공수정은 배란 직전임을 확인한 후 다음과 같이 실시했다. 정액은 분리하여 채취하고 정상치의 여부를 검사한 후 최초의 정액 몇 방울을 3㎖의 주사기에 길이 12㎝, 16게이지의 소독한 바늘로 흡인했다.

　바늘의 끝은 자궁경관 내벽(內壁)의 손상을 막는 의미에서 직각으로 절단되어 있다.

　자궁경관부를 소독면으로 깨끗이 닦은 다음 바늘이 바로 내자궁구(內子宮口)가까이에 도달했다고 판단되기까지 삽입했다. 그 뒤 몇 번 가볍게 흡인과 압출을 되풀이 하자(천천히 펌핑), 분리하여 사정한 정액과 배란기의 자궁경관 내막의 분비물과 완전에 가깝게 친화했다.

　환자가 희미한 통증이나 가벼운 경련을 느낄 만큼 위쪽으로 바늘 끝을 위치하게 하고 여기에서 정액과 점액의 혼합물을 압출하고는 바늘을 뽑았다.

　이 조치로 경관의 길이만큼 정자가 난자에 도달하는 거리가 단출되었다고 여겨진다. 이와 같이 처치한 환자 24명 가운데 9명이 수태하였는데 출생아 모두가 정상이었으며 9명 중 8명이 남아였다. 이 사실은 쉐틀스가 보고한 남아출생 성공률 보다 뛰어나다. 이 연구는 계속되고 있다.

　이 처치는 물리적, 화학적으로 아무런 외부의 영향도 받지 않는다.

정액의 준비와 보존

배우자간의 인공수정(AIH)이나 비배우자간의 인공수정(AID), 모두 수정에 사용할 정액을 준비하거나 또는 보존할 필요가 있다.

AIH의 경우에는 남편의 정액을 그의 아내에게 수정하는 것이지만 남편이 병원에 오지 못할 경우, 집이 먼 곳에 있는 경우, 또는 남편이 항해나 장기 해외출장 등으로 부재시에 임신을 희망하는 경우에는 신선한 정액의 수정이 불가능하므로 보존정액(保存精液)의 필요성이 생기게 된다.

AID에 있어서도 매일 각 혈액형의 제공자를 모으는 것은 곤란하므로 남편과 같은 혈액형의 정액을 보존해 둘 필요가 있다. 뿐만 아니라 AID를 시술 받는 여성으로부터의 정액 제공자에 대한 여러 가지 주문도 있을 것이다.

이들 수정할 정액의 채취법과 보존법, 그리고 AID에 있어서의 정액 제공자의 문제에 대하여 서술키로 한다

수정할 정액의 채취법

신선한 정액을 수정하는 경우, 사정 후 몇 시간이나 며칠이 경과한 것은 적합하지 않다.

특히 AIH에서는 남성의 정자 상태가 나쁜 사람이 시행하는 경우가 많으므로 수정정액을 채취하기 전에 4일 이상의 금욕기간이 필요해진다.

AID의 정액 제공자도 우수하고 농도 짙은 정액을 채취하기 위하여 충분한 금욕 후의 정액을 제공하도록 하고 있다.

정액의 채취방법은 예전에는 콘돔을 끼고 성교하여 사정케 한 후 이 콘돔의 주둥이를 실로 매어 가져오게 하였으나, 콘돔의 안쪽에는 정자에게 해로운 물질(탈크)이 함유되어 있어 정자의 운동성을 저해할 우려가 있어 현재는 멸균병에 채취하도록 하고 있다.

일반적으로 병원에서는 정액을 채취하는 전용실을 따로 구비한 곳이 없으므로 부득이 병원의 화장실에서 정액을 채취하게 된다. 이 경우 부인이 돕는 것도 좋지만 땀을 뻘뻘 흘리며 '아무래도 안 되는데요' 하고 머리를 긁적이는 사람도 있다. 이러한 사람은 집이 가깝다면

2분획 사정액의 일반 성상

		제 1 분획	제 2 분획
정액량(㎖)		1.43(29.8%)	3.36(70.2%)
전정자수(×10⁶)		156.2(55.4%)	125.9(44.6%)
정자 농도(×10⁶㎖)		108	35.9
정자 운동률(%)		67.4	59.3
정자형태(%)	정 상	89.4	88.4
	두 대(頭 大)	1.2	2.1
	두 소(頭 小)	7.1	7.6
	쌍 두(雙 頭)	0.1	0.1
	장 미(長 尾)	1.1	0.5
	쌍 미(雙 尾)	0.8	1.3

통상적 정액채취법과 2분획 사정법과의 AIH성적(정자농도 20×10⁶㎖이하)

	AIH 실시 예수	평균운동 정자수 (×10⁶/㎖)	임신예수	임신성립시 평균운동 정자수 (×10⁶/㎖)	임신성립시 평균운동 정자수 (×10⁶/㎖)	임신예의 평균수정 주기수
통상적 정액 채취법 에 의한 AIH	136	8.3	14	10.3	3.9	
2분획 사정에 의한 AIH(제1분획)	38	13.5 (8.5)	8	21.1	17.8	1.4

주 : (   )*는 통상적 정액채취법에 의한 때의 평균운동 정자수

안심할 수 있는 자택에서 채취하여 가져와도 좋다.

태어난 이래 마스터베이션을 해본 적이 없다고 화를 내는 샌님도 있다. 이 경우에는 질외사정법(성교를 하다가 사정하는 순간에 페니스를 질외로 빼내어 미리 준비해 두었던 용기에 채취한다)으로도 무방하다.

카톨릭 신자는 성교 이외에 함부로 누설(漏泄)해서는 안 되는 것으로 알아서 용수법(用手法)이란 당치도 않은 일이라 한다.

아무튼 이상과 같은 방법으로 정액을 채취하고, 신선한 정액에 의한 인공수정의 경우는 채취 후 30~60분 사이에 수정시킨다.

사정된 정액은 보통 20~30분이 지나면 액화되므로 실온에서 방치하여 액화되기를 기다린다. 사정된 정액은 젤라틴처럼 엉겨 붙어 있는데 지나치게 끈적끈절할 때는 정자의 운동이 저해되어 인공수정에는 부적당하므로 30~60분 정도 지나 액화되기를 기다려 수정한다.

정액 그 자체의 개체차(個體差)에도 따르지만, 실온 방치했을 때 정상
적인 정액은 사정 후 60분 이내의 평균운동이 80~90%, 3시간 후에는
60% 전후, 6~8시간 후에는 25~40%, 24시간 후에는 극히 소수의 운동
정자(運動精子)밖에 볼 수가 없다.

분할사정법

정자감소증(精子減少症)인 남편의 정액을 인공수정하는 경우 조금
이라도 단위용적당(單位容積當)의 정자상태를 좋게 하기 위하여 사정
정액을 둘로 분할하여 채취하는 방법이다.

수음법(手淫法 : 마스터베이션)으로 채취할 때 2개의 용기를 준비
하고 극치감에 도달하여 사정된 최초의 정액을 먼저 하나의 용기에
넣고 그 위에 나오는 정액을 또 하나의 용기에 넣는 방법이다. 이 둘
로 나누어 채취한 정액(제1분할정액)쪽이 나중에 나온 정액(제2분할
정액)보다 정자농도나 운동률이 양호하여 임신하기 쉽다는 연구 결과
가 있다.

정자감소증의 정액으로 AIH에서 아무리해도 임신하지 않는 경우,
이 분할 사정법이 하나의 대책으로서 사용되고 있다.

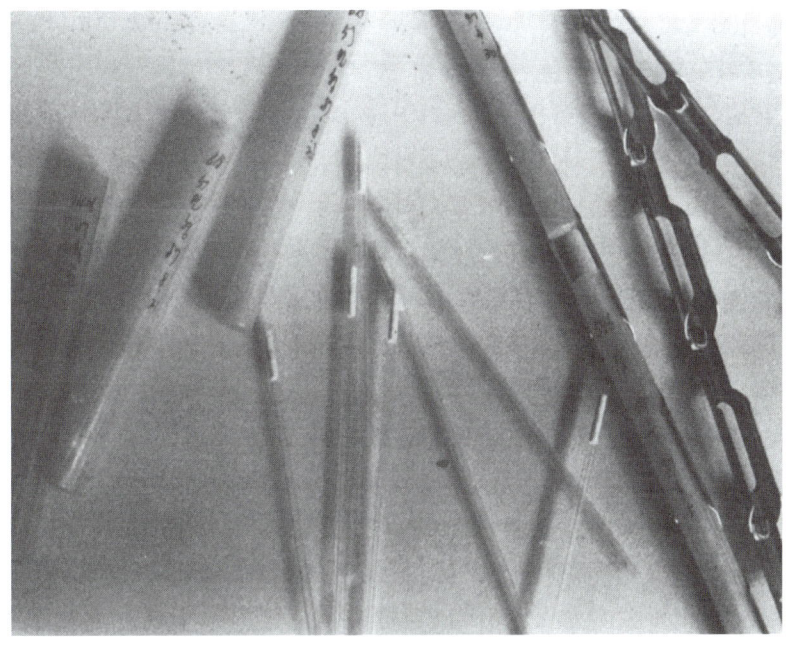

● 인공수정을 위해
정액을 채취해서
보관한다.

수태조절에 필요한 경관점액의 자기 체크

경관점액(CM)의 성상(性狀)을 아는 것은 자연적인 가족계획의 중요한 수단으로 주목되고 있으나 SS연구회(아들·딸 가려 낳기의 연구를 위한 일본 의사 모임)에서도 배란일을 알기 위하여 이 법을 중시하고 있다.

이 가족계획법은 지지자들에 의하면 배란의 시기를 17시간 이내로 예측할 수 있고 이것에 엄격하게 따르면 수태방지에 98.5% 유효하다. 또 점액의 유출에 따라 여자아이를 희망할 경우에는 질내 환경이 산성인 초기에, 사내아이를 바라는 경우에는 알칼리성인 후기에 성교를 계획적으로 실시하면 자녀의 성별을 조절할 가능성이 있다고 시사하고 있다.

점액의 유출과 배란은 일치

WOOM(World Organization of the Ovulation Method)의 회장 윌슨씨가 최근 기자회견에서 이야기한 바에 의하면 이 방법은 현재 100개국 이상에서 채용되고 있으며 아주 간단하므로 문맹인 여성일지라도 이것을 배울 수가 있을 뿐만 아니라 남에게도 가르쳐줄 수 있다고 한다. 이 방법은 오스트레일리아의 멜버른에서 존 빌링스와 에블린 빌링스 두 박사가 개발한 것이다.

'여성의 체내에서 점액이 존재하는 때가 정자가 생존할 수 있는 유일한 시기이며 그것은 배란과 일치한다고 생각된다'고 윌슨씨는 말한다. 5,000주기 이상을 체크한 결과 점액의 유출이 배란과 일치하는 것이 확인되었다. 점액은 화장지를 사용해서 관찰할 수 있다. '임신이 가능한 주기의 경과를 도시(圖示)할 수 있는 것은 점액의 양이 아니고 그 질과 신장성(伸張性)이다'라고 한다.

일반적으로 주기는 월경 후부터 시작되고 그 뒤에 비교적 점액의 생산량이 적은 시기가 계속된다. 배란 2~3일 전에 점액은 농후하여 덩어리가 된다. 임신을 피하고 싶은 여성은 이 점액의 배출이 시작된 뒤에는 성관계를 삼가는 것이 좋다. 그 뒤의 수일간에 점액은 차차 엷어 지고 배란 17시간 이내가 되면 물처럼 묽어져 달걀의 흰자위와 같이 된다. 그 뒤 3일 간 점액은 다시 농후하게 되므로 건조감을 느끼게 되지만 이 시기에는 아직 임신할 가능성이 있다. 3일이 지나면 (불확실한 17시간과 난자가 죽기까지의 24~36시간, 게다가 안전도를 감안한 시간), 성관계를 가져도 임신할 가능성은 없다고 한다.

배란 전의 경관점액은 밀접하게 교차한 관상구조(管狀構造)를 지니고 정자가 통과하기 어렵다.

배란 시의 경관점액은 겉모습이 계란의 흰자위와 같으며 병행된 관상구조를 만들어 정자가 통과할 수 있다.

임신을 원하는 여성에게는 점액이 난백처럼 되고 임신의 가능성이 가장 높은 시기에 성교를 갖도록 권고한다.

여성에게는 점액의 유출, 월경 및 비교적 건조한 시기를 확인하여 자신의 임신가능성 주기를 기록하도록 지시한다. 즉 색종이를 붙이는데 월경에는 빨간색, 비교적 건조기(이 기간은 성교를 하더라도 임신하지 않는다)에는 녹색, 임신의 가능성이 높은 점액배출기에는 아기의 그림이 그려진 백색 종이를 붙이도록 한다.

리듬법보다 우수하다

이 배란에 의한 수태조절법은 가톨릭 교회에서도 인정하고 있고 교회는 이 교육을 위하여 자금을 기부하고 있으며 또 다른 자연법에 의한 수태조절법과 함께 이것을 가르치고 있다고 뉴욕 대주교관구(大主教管區)의 Office of Christian and Family Development의 책임자 John Woolsey 신부는 말하고 있다. 이 새로운 방법은 리듬법(오기노식)보다 훨씬 우수하다. 이 방법이 유효하다는 것은 과학적으로 입증되었다.

뉴욕 대주교관구에서는 배란법이 리듬법보다 훨씬 성공률이 높은 것을 인정하고 있다. 리듬법의 성공률은 잘 해야 60%에 지나지 않는다.

윌슨 씨는 배란법의 과학적인 면을 강조하고 있으며 또한 그에 따르는 책임도 지적하고 점액 배출기에 금욕이 필요한 것은 이 방법에 과학을 초월한 윤리, 종교적인 측면을 부여하기 때문이라 한다. 임신 가능성이 최대인 시기에는 페서리 또는 콘돔의 사용을 권하는가라는 질문에 대하여 그녀는 '아니다'라고 대답하고 있다. 페서리나 콘돔은 그 효과가 완전할 것이 아니고 임신의 가능성이 최대인 시기에는 이 것들을 사용해도 임신의 위험성이 있다고 한다. 또 그녀는 발포제(發 泡劑)나 겔 살정자제(Gel 殺精子劑)는 질내의 자연적 세균환경을 파괴 하고 또 경구피임약은 자연적인 주기를 방해하는 것으로서 그 마이너 스 면을 지적하고 있다.

자궁경관의 기능

자궁경관은 정자 통과로로서 생식 과정의 초기 단계와 분만시의 연화개대(軟化開大)에 관여한다. 불임증의 원인 중 경관 이상이 차지하는 비율은 아마도 5~10%이내일 것이다.

경관점액은 자궁경관부의 분비세포로부터 배출되어 아주 소량의 자궁 및 난관의 분비물, 난포액, 경관부로부터 배출되는 혈청 단백, 점액 뮤신을 함유한 복한 분비물이다.

정자가 부딪치는 첫 번째 관문에서 정자의 경관점액내(經管粘液內) 침입은 정자 자신의 운동성이 주된 요인이지만 적어도 팽윤(膨潤)된 겔 상태의 배란기 정액의 물리학적 특성의 변화가 이것을 돕는 인자가 된다.

경관점액은 배경의 내분비환경, 즉 난소 호르몬의 지배를 받아 성상(性狀)이나 분비량이 변동한다.

배란기 : 에스트로겐의 영향을 받아 분비물이 항진하고 점조성(粘稠性)이 낮아지며 견사성이 있는 졸 상태가 되고 정자의 관입성(寬入性)의 상승을 돕는다. 또 건조에 의해 결정화라는 특징적인 변화를 나타낸다.

배란기 : 프로게스테론의 항 에스트로겐 작용에 의해서 분비량은 저하되고 점조성이 높은 겔 상태가 된다.

경관점액의 분비량은 정상적인 여성의 경우 1일 평균 20~60mg, 배란기에는 600mg이상이다.

또한 경관레벨에서의 정자 상승을 방해하는 요인은 다음과 같다.

① 점액의 물리학적 특성이 정상과 다른 경우. 점액의 성상이 배란기임에도 불구하고 소량의 딱딱하고, 견사성이 낮은, 점조성이 크고 딱딱한 겔 상태이기 때문에 정자의 침입이 기계적으로 방해받는 상태이다.

② 점액에 다량의 항 정자항체가 존재하여 정자부동화를 일으킨다. 이것은 면역학적 원인이다.

③ 점액에 함유되는 내인성(內因性), 외인성(外因性)의 화학물질의 정자에 대한 독작용(毒作用) ― 동(銅)이 함유된 IUD의 삽입, progestasart 등.

경관점액에서 뮤신을 분리 정제하고 점성(粘性)을 검사한 결과 점액 겔은 뮤신분자(分子) 상호간 가교(架橋)에 의한 망상구조(網狀構造)가 그 본래의 형태이며 배란기 팽윤(膨潤) 겔은 그 그물눈(網目)이 극히 거칠고 느슨하여 정자는 쉽게 겔을 부수고 또는 그물눈을 뚫고 점액내로 침입할 수 있다. 그러나 황체기의 고화(固化) 겔은 뮤신분자간 가교가 그 어떤 원인으로 보다 강화되고, 그물눈은 치밀하고 견고하게 되어 정자의 진입을 저지한다는 것을 알게 되었다.

Odelblad는 1898년에 사람의 경관점액의 기능적인 모델을 작성하였다.

배란기에는 뮤신의 분자가 집결하여 미셀(micelle)을 형성하고 이 미셀이 평행으로 세로로 배열하고 그 미셀의 간격에 가용성분(可溶成分) 즉 저점성성분(低粘性成分)이 충만하다. 미셀 크기는 0.3㎛이며 평행으로 나란히 선 미셀 간의 간격은 1～10㎛(평균 3㎛)이다. 이것이 정자의 상승로가 된다.

황체기에는 뮤신분자의 배열이 흐트러져 미셀구조를 만들지 않고 뮤신분자는 치밀하고 굳은 트리코트 모양의 망상구조(網狀構造)를 만든다. 이 멧쉬(mesh:그물눈)의 크기는 0.3㎛이하로 정자의 통과를 방해한다.

즉 질내의 산성 환경은 점액뮤신 겔을 수축 고화(固化)하는 작용이 있다고 생각된다. 따라서 사정에 의해서 질내에 정액이 배출되어 약 알칼리 환경으로 변화하는 것은 겔 팽윤(膨潤)의 방향으로 작용하게 된다.

성교 전의 질내 알칼리 세척은 정자 지적환경(精子旨適環境)이 알칼리역(域)이라고 하는 관점에서 질내 환경 개선의 목적으로 옛날부터 행하여지고 있었는데 이론적으로 알칼리는 경관점액을 팽윤시켜 연화시키는 작용도 있으므로 복적에 맞으며 앞으로 검토해야 할 방법이라고 생각된다.

성결정 유전자의 발견

미국의 로스앤젤레스 교회에 있는 City of Hope Medical Center의 특별연구원 오노 박사는 성을 결정하는 유전자를 발견하였다. 1982년 4월 4일자〈요미우리 신문〉에 상세하게 보도되어 있으므로 이를 인용하여 소개한다.

미국의 City of Hope Medical Center의 오노 특별연구원은 인간의 수정란이 남성이 되는가 아니면 여성이 되는가를 결정하는 유전자를 발견, 3일 오사카시에서 개최된 일본약학회의 특별강연에서 이를 발표하였다. 싱결정이라는 생명의 근본을 관장하는 유전자를 유전자공학에서 마음껏 활용하여 밝혀낸 것으로는 세계 최초 발견이었다. 이 유전자는 놀라울 정도로 짧고 게다가 인간, 쥐, 뱀과도 거의 공통되어 있어 성 분화의 해명 뿐만 아니라 생물 진화의 발자취를 더듬는 데에도 획기적인 발견이라고 평가되고 있다.

수컷인가 암컷인가를 결정하는 것은 성염색체(性染色體)이며 포유동물의 경우 극히 한정된 것을 제외하고 암컷이 Y와 X, 수컷이 X와 Y라는 각기 한쌍의 염색체로 이루어지고 있다. 암컷의 한 쪽 염색체는 발생의 초기에 작용을 상실하며 나머지 다른 한 개의 X염색체는 암수 공통이므로 수컷과 암컷의 차이는 Y염색체의 유무에 의해 좌우된다.

염색체는 DNA(디옥시리보핵산)와 단백질로 이루어진 실 모양의 물질이다. 팽대한 유전정보(遺傳情報)를 함유하며 어느 부분이 성결정 유전자인가를 밝혀내기는 아주 곤란했다.

오노 박사 등은 연구에 인도의 에라페 라디에이터의 유전자를 사용했다. 이 뱀은 암컷이 인간의 Y염색체에 해당하는 것을 지니고 있으며 게다가 그것은 비교적 채취하기 용이하여 성 분화연구(性分化研究)에 없어서는 안 될 동물로 되어 있다.

이 뱀의 Y염색체를 황산세슘으로 처리한 뒤, 원심분리기로 Y염색체의 DNA를 분리, 제한효소로 분리하고 방사성동위원소로 '표적'을 했다. 한편 사람의 체세포 DNA도 이와 마찬가지로 한 조각으로 만들어 이 두 가지를 혼합하였다. 그러자 사람에게서 채취한 DNA가운데도 Y염색체의 요소가 들어 있으므로 양자(兩者)에서 공통의 염기배열(鹽基配列)을 하고 있는 부분끼리 결합되고 그것을 7 조각 얻을 수 있었다. 그러나 그 가운데는 성별관정 인자와는 별개의 것이 들어 있을 가능성이 있기 때문에 다시 한 번 걸렀다.

이번에는 신생아 5,000명에 1명꼴로 발생하는 X와 Y의 성염색체를 갖는 남성의 경우 성염색체는 XX이기는 하지만 남성이 되는 성결정 유전자가 성염색체 이외의 염색체에 있어 영향을 주어 실험 결과 7조각에 모두 반응했다. 한편 뱀의 DNA 조각을 여성의 조각과 혼합하여 보니 6개의 조각만 반응했고, 결국 반응하지 않은 조각이 성결정유전자로 반응한 6개의 자웅(雌雄) 공통의 것임을 알게 되었다.

처음으로 밝혀진 성결정 유전자는 유전정보의 알파벳인 4종의 문자(염기)의 짝지음(염기쌍)이 1,300 염기대이다. 이 정보로 알 수 있는 아미노산은 180개로 추정되며 이미 이 가운데 42개까지 배열이 결정되었다.

이 박사는 발견한 유전자를 대장균으로 늘리고 본래 난소가 되는 생식세포에 주입하는 실험을 준비하고 있는데, 이 실험이 성공하면 종족 보존에 있어 성 분화의 수수께끼는 완전히 해명된다.

이전에 오노 박사와 함께 연구하였던 후쿠이 의대 나가이 교수는 "오노씨의 연구실은 벌써부터 이 문제에 손을 대고 있었으나 이렇게 빨리 구조 해명이 진전되리라고는 생각지도 않았다. 물론 세계에서 최초의 성과이며 앞으로 이 분야의 연구는 더욱 더 활발해 질 것이라고 생각한다"라고 말하고 있다.

오노 박사는 이미 생식세포에 작용하여 남성의 성선(性腺)인 고환을 만드는 남성화물질의 분리에 성공하고 있으며 이 물질을 구성하는 아미노산은 180개이고 그 배열이 이번에 발견된 유전자의 아미노산 배열과 비슷하므로 이 유전자가 성결정 유전자인 것이 틀림없다고 말하고 있다.

실험에 의한 성 선택

몇 쌍의 부부를 대상으로 수태 전에 자녀의 성을 선택하는 일이 시카고의 마이클 리즈병원에서 진행되어 좋은 성적을 올리고 있다.

이 기술에 의해 지금은 아들을 우선적으로 낳는 것이 가능하게 되었는데 더욱 연구를 거듭하면 사전에 달을 선택하는 것도 가능할 것이라고 이 병원의 임신가능성 부문 주임인 W.Paul Dmowski박사는 말한다. 박사의 지금까지의 연구는 남아를 출산시키는 데 집중되고 있다.

이 병원에서 채취되고 처리된 남편의 정액에 의해 인공수정으로 14명의 여성이 임신했는데 7명이 아들을 낳았고 1명이 이제 얼마 후면 출산할 예정이다. 또한 2명은 유산했는데 이 가운데 1명이 아들이었고, 1명은 너무 미숙해서 성을 판정할 수가 없었다. 딸을 낳은 4명의 임신부 가운데 2명은 인공수정일과 배란일 사이에 피임구를 사용하지 않고 성교를 가졌다고 한다.

Domowski 박사는 캘리포니아주 사우사리트의 Ronald Ericsson박사가 1973년에 채택한 정자분리법을 수정하여 사용하고 있다. 이 기술은 웅성정자(雄性精子) 즉, Y정자세포가 자성정자(雌性精子) 즉 X정자 세포 보다 빨리 헤엄친다는 사실에 근거하고 있다.

Domowski-Ericsson 법은 이 천연의 차이를 이용한 것이다. 우선 시험관내에 농도가 다른 사람의 혈청알부민을 넣어 2개의 층을 만든다. 그 위의 층 표면에 정자를 함유한 현탁액(懸濁液)을 놓으면 정자는 모두 아래를 향하여 헤엄쳐 가는데 가장 활발한 정자(보통 Y정자가 제일 먼저 바닥에 닿는다.

그 결과 Y정자 세포가 비교적 많이 함유된 아래층을 위층으로부터 분리한다. 그러면 정상적인 정자의 운동을 방해하는 이상하고 활발치 못한 대부분의 X정자 세포가 뒤에 남게 된다. 그러므로 이 기술을 약간 수정하는 것만으로 정자수가 적은 남성의 수정력을 증가시키는 데 이용할 수 있을 것이다.

물론 아들을 확실히 보장할 수는 없으므로 부부가 딸을 얻게 될지도 모른다는 가능성을 이해하고 납득하도록 확인시키고 있다.

딸을 희망하는 부부를 위하여 이 병원의 산부인과 과장 Antonio Scommegna 박사는 X정자 세포 또는 Y정자 세포의 한 쪽을 분리시킬 수 있는 새로운 기술의 연구를 시도하고 있다.

이것은 지금 게이오대학의 이즈카 교수의 연구실에서 실시하고 있는 비중구배법의 하나이다.

에릭슨 박사의 정자분리법에 의한 성공률도 70%를 약간 상회하는 것으로 그다지 주목할 만한 것은 아니다.

사람의 염색체 검사법

염색체 검사는 통상 말초혈 림프구 배양법에 의하여 실시한다. 정맥혈(靜脈血) 5~10㎖를 채혈하여 백혈구를 포함하는 혈장을 분리하고 여기에 피트헤마쿨티닌을 첨가한 합성배양액을 더하고 72시간 동안 37℃에서 배양한다.

염색체 표본 작성 1~3시간 전에 콜히틴 또는 콜세미드를 가한다. 림프구를 포함하는 배양액을 원심관에 옮기고 헨크스액을 더하여 잘 섞은 후 1,000rpm으로 10분간 분리한다. 위에 뜬 맑은 물을 버리고 0.9% 구연산소다 또는 0.75%염화칼륨 용액을 더하여 가볍게 섞은후 15분 간은 실온에서 방치한다. 원심분리하여 위에 뜬 맑은 물을 버리고 칼노아액(메틸알콜 3대 초산 1)을 더하여 잘 섞어 5분 간 방치한 뒤 다시 원심분리한다. 위에 뜬 맑은 물을 버리고 칼노아액을 더하여 약 30분간 고정한다. 원심분리하고 위에 뜬 맑은 물을 버린 후 약 1㎖의 칼노아액을 더하고 잘 섞는다.

미리 잘 세척하여 50%의 알콜에 담가 냉장고에 보관했던 슬라이드 글라스를 꺼내어 평평한 슬라이드 위에 림프구를 포함한 고정액을 두세 방울 떨어뜨린다. 가스 버너 또는 드라이어 등으로 슬라이드를 건조시킨다. 충분히 건조시킨 뒤 김자액(pH 6.8)으로 염색하고 검경(檢鏡)에 이용한다.

이상은 가장 일반적으로 실시되고 있는 사람의 염색체 표본작성법인데 염색체의 이상(異常)을 상세히 검사하는 경우에는 키나클린 마스타드 염색법이나 G염색법 등의 분염법(分染法)을 실시할 필요가 있다. 이 방법들은 세포배양법과 같으나, 고정과 표본작성 후에 여러가지 처리를 요하며 또 숙련을 필요로 한다.

그 밖에 환자의 모자이크의 유무판정(有無判定)에는 말초혈 림프구 외에 피부조직세포의 배양법도 병요하는 것이 요구된다. 또 조혈조직의 질환 특히 백혈병 등의 진단에 관해서는 골수세포에 있어서의 염색체 검사가 필요하다.

오카야마 농과대학의 우치미 조교수가 쥐를 이용하여 암수 가려 낳기의 실험을 하고 70%의 성공률을 거두었다는 기사가 1981년 11월 27일자 〈아사히 신문〉에 실려 있으므로 인용해 보기로 한다.

'암컷이 수컷의 특유한 물질에만 반응하는 항체를 형성하게 하고 이것을 이용하여 면역학적으로 수정란을 처리한 쥐로 수컷과 암컷을 가려 낳는 실험에 오카야마대학의 우치미 조교수(가축번식학자)가 성공했다. 성공률은 70% 정도였지만 기술적으로 세련되면 가축의 가려 낳기에 응용이 가능하며 또 동물의 성 결정의 기구 해명 등 기초 연구등으로도 주목된다.

자웅의 결정은 포유류에서는 성염색체의 Y염색체상에 있는 유전자 'H-Y 항원'이 수컷을 결정한다는 설이 최근 유력해졌다. 우치미 조교수는 이것을 기초로 토끼(실험용 쥐의 일종)의 암수감별과 가려 낳기 연구에 도전했다.

수컷의 생식조직으로부터 항원성이 강한 신생아정소(新生兒精巢)를 골라 이것을 암컷에 주사하고 항체를 만들게 한다. 별도로 다른 암컷의 조직액을 채취하여 이것을 이 항체와 반응시키면 암컷에도 존재하는 물질은 항원항체반응으로 없어지고 수컷 특유의 물질에만 반응하는 항체가 남는다. 이 가운데는 당연히 H-Y 항원에 반응은 'H-Y 항체'가 포함될 것이다. 이 H-Y항체의 액에 수정란을 담근다. 그러면 발육이 정지하는 쌍과 영향을 받지 않고 계속 발육하는 쌍으로 나뉘게 된다.

이들 두 그룹의 난군(卵群)을 다른 암컷의 좌·우의 자궁에 나누어 이식하고 출산 전에 제왕절개하여 새끼를 양쪽 자궁으로부터 꺼내어 성별을 확인했다. 그 때까지 119마리의 새끼가 태어났는데 발육이 정지한 것은 73마리 중 51마리(70%)가 수컷이고 발육이 계속된 것은 46마리 중 40마리(87%)가 암컷이었다. 이식 전의 염색체 검사로도 거의 이 결과와 비슷했다고 한다.

우치미 조교수에 의하면 이 때까지의 정자로 암수를 나누는 전기분해법이나 원심분리법 등이 실시되었으나 수정란을 면역학적으로 선별, 성공한 예는 없었다고 한다. 다만 이 방법은 왜 암수의 난발육(卵

發育)에 차이가 생기는가 하는 기구해명(機構解明)정도에 불과하다.

〈주〉H-Y항원 :Y염색체상에 있으며 발생 초기에 나타나 정소형성을 지배하는 등 수컷이라는 것의 핵이 된다고 일컬어진다. 미국의 시티 오브 호프 내셔널 메디컬 센터 오노씨 등의 연구로 성분화(性分化)를 설명하는 최유력설(最有力說)이 되어 있다.

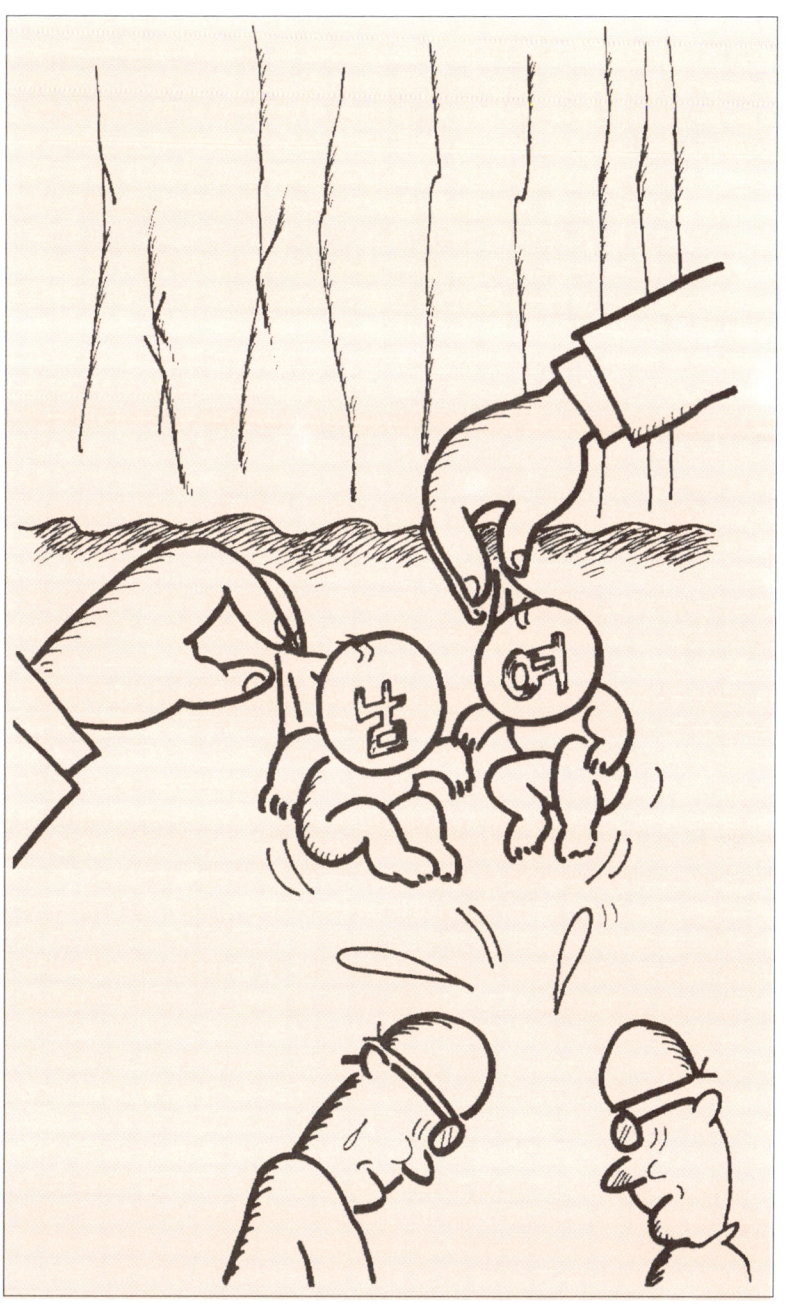

사이토 미키 교수 논문의 공적

1981년 9월 25일자 〈일본 산부인과학회 도쿄지방부회지〉 제30권 제3호에 도쿄 의대 치과대학 산부인과의 사이토 미키 교수 이하 11명의 공동연구자들이 주목할만한 논문을 발표했다.

사이토 교수는 생식내분비학의 권위자로 특히 간뇌(間腦)호르몬에 관한 제1인자이며 또 가려 낳기에 대해서도 깊은 관심을 보이고 있는 존경할만한 의학자이다.

교수는 첫머리에 '출생아의 사전 선택' 즉 '가려 낳기'는 사회적으로는 옛날부터 강력하게 희구되어 온 것이며 의학적으로도 혈우병, 적록색맹 등의 반성유전질환(伴性遺傳疾患)을 예방할 수 있다는 의의를 가지고 있다.

남녀의 성별은 정자에 주도결정인자(主導決定因子)가 있다고 생각된다. 즉 X정자, Y정자가 그것인데, 한편 여성측에도 환경인자(環境因子)로서의 관련성이 충분히 고려된다.

'이번에 기초체온 측정 중의 임신사례에서 성교일이 명시되어 있는 경우를 대상으로 하여 수정의 시기와 출생아의 성별에 관하여 통계학적 검토를 시도하였으므로 보고한다'고 서술하고 다음과 같은 통계를 발표했다.

수정은 모두 자연수정이며 배란은 자연 유발을 포함한다.

추정배란일은 기초체온의 저온상(低溫相) 최종일로 하고 Retro-spective로 결정하며 이것을 O-day(배란일)로 하고 하루 전을 -1, 이틀 전을 -2, 사흘 전을 -3day, 추정배란일의 다음날을 +1, 이틀 후를 +2, 사흘 후를 +3day …으로 하였다(이것은 세계 공통의 기호이다).

도쿄의대 치과대학 부속병원 산부인과에 통원(通院) 분만한 131명을 대상으로 하여 성교가 1회인 경우 71명, 복수회(復數回 : 두 번 이상)의 경우 60명이었다.

통계표를 보면 남녀의 비율이 O-day 즉 배란일로 추정한 체온이 가장 내려간 날의 성교에서는 오히려 딸이 많이 태어나고, 다음날 체온이 급상승한 날의 성교에서는 아들이 딸의 3배나 많이 태어나고 있다.

자연성교에 비하여 인공수정에서는 남녀 모두 차이가 나타나지 않았다.

	1회 자연성교						남편의 정액을 1회 인공수정					
	계	송	우	쌍태		(송우)	계	송	우	쌍태		(송우)
-6												
-5	1	1										
-4	2	1	1			50.0	1		1			
-3	5	2	3			40.0	5	3	2			60.0
-2	7	4	3			57.1	4	2	2			50.0
-1	23	11	11	1	(송우)	47.8	1		1			
0	29	11	17	1	(송우)	37.9	6	3	3			50.0
+1	8	6	2			75.0						
+2												
+3												
계	75	36	37	2		48.0	17	8	9			47.0

배란일과 아들의 성비(性比)

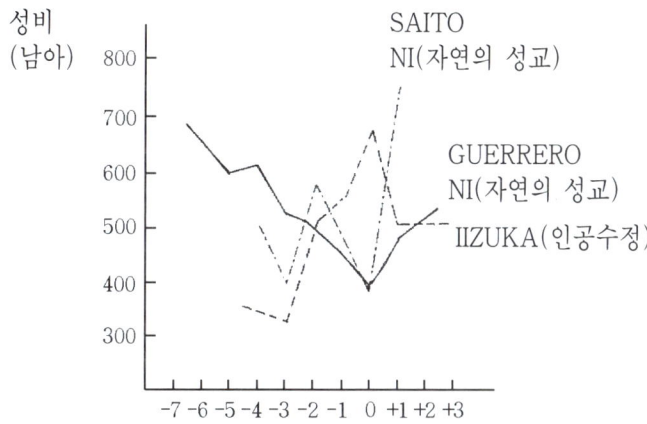

그래프는 이탈리아계 생식 생리학자 게레로에 의한, 자연성교에서는 배란추정일에 아들의 출생률이 저하되고 +1, +2로 상승하는 U자형을 나타내는 유명한 그래프인데, 이것과 게이오대학의 이즈카 교수(일본의 생식생리학자로서는 제1인자)가 발표한 곡선을 비교하면 분명히 O-day에 양자의 상반된 곡선은 아들이 많은 것을 알 수 있다.

소피아 클리그맨 여사 등이 발표해서 널리 알려진 연구인데 이 속

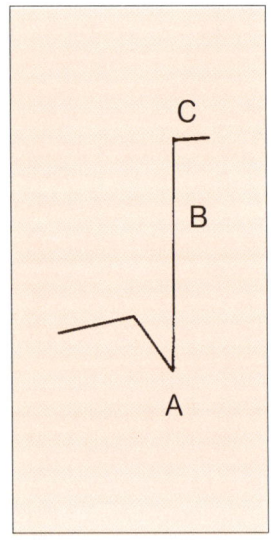

에 사이토 교수의 발표를 넣으면 게레로의 설을 더욱 확실하게 뒷받침해 준다.　그러나 린칼을 복용케 한, 의사들이 취급한 가려 낳기에 있어서 남아출생률은 배란추정일(체온하강일)이 압도적으로 높다.　그러나 사이토 교수는 이 정도의 통계로 결정적인 판단을 내린다는 것은 경솔한 생각이라고 겸손한 태도를 취하고 있다.

그러나 아들 · 딸 가려 낳기에 있어서 근래 이처럼 반가운 보고에 접한 일은 없었다.

전국으로부터 들어오는 수많은 질문 가운데에서

"어제 아침보다 오늘 아침에 더 체온이 내려갈 것으로 생각했는데 오히려 올라갔습니다.　정말 어렵군요."

"오늘일까, 내일일까 하고 기다리고 있었던 체온최저일은 눈깜짝할 사이에 지나고 오늘 아침에는 다시 상승하고 있습니다.　아, 또 한 달 더 연기해야 하는구나 생각하니 맥이 풀립니다."

이런 안타까운 사연들이 산더미처럼 쌓여 있다.

지금은 지도의사에게 직접 검진을 받으러 오지않는 한 여러 가지 검사를 할 수 없으므로 어쩔 수 없이 체온하강일은 그 이튿날이 되어 체온이 상승함으로써 비로소 알게 되며 어제가 추정 배란일이었다고 생각하게 마련이다.　사이토 논문은 쉐틀스나 SS연구회가 발표한 배란 추정일의 남아성공률과 같이 체온하강일 다음날에도 남아가 많이 수태되는 것을 통계적으로 실증한 것이다.

지금까지 우리는 임상적 경험으로 O-day가 아니면 아들은 수태되지 않는다고 확신하고 있었는데, 이번의 통계에 의해서 설령 O-day를 놓치고 +day가 되더라도 아직 남아 분만의 기회는 남아 있다는 것을 실증해 준 것이다.

또 앞으로 우리들의 지도방침도 달라질 것은 당연한 일이다.　이 견해는 30년 전에 게이오대학의 야마구치 박사가 발표했던 것이 최초의 일이었고, 체온하강일보다도 체온 상승과정 쪽이 1천배나 배란하는 확률이 높다는 것을 주장하여 많은 학자의 주목을 받은 논문인데 사이토 교수의 남녀 성비(性比)에 대한 연구발표는 귀중한 자료이다.　그런데 가장 많은 질문은 '배란일을 알 수 없다'고 하는 것이다.

실은 많은 학자의 연구를 종합적으로 판단하면 전술한 바와 같이 배란일이라고 하지 않고 '배란추정일'이라고 부르는 것이 타당할 것이다.　그러나 일반적으로는 이것을 '배란일'이라고 약칭하고 있다.

따라서 여기에도 배란추정일을 배란일이라고 쓰고 있다.

체온이 가장 내려간 아침(A)이 배란한 때인지, 체온이 상승하고 있는 때(B)에 배란하는지, 또는 그 날 밤에 가장 높이 상승한 때(C)에 배란하는지에 대해서는 여러 가지 설이 있다. 최근에는 초음파단층법(超音波斷層法)을 사용하여 배란의 순간을 포착할 수 있게 되었으나, 이를 대기하고 있는 시간적 제약도 있고 하여 일반적이라 할 수 없다.

지금까지 수만 번, 수술을 실시하고 개복하여 난소를 조사한 일이 있는데 난소가 새끼손가락 끝의 3분의 1쯤 찢어져 있는 배란 직후의 광경을 여러 번 보았다.

또 교과서에 세계적인 학설로 소개된 건강한 난소로부터 매월 좌우 교대로 배란한다는 설은 2년 전의 학회에서 다마다 교수 등의 복강경에 의한 연속적인 관찰로 배란현상(난소로부터 난포가 복강으로 배출되는 순간)은 결코 격월(隔月)로 교대하여 행하여진다고는 할 수 없고, 연속하여 같은 쪽의 난소로부터 일어나는 때도 있다는 것이 실험적으로 증명되었다. 이것은 세계에서 최초인 귀중한 발견이었다고 할 수 있다.

다마다 교수는 배란의 메커니즘적 연구뿐만 아니라 내분비 분야에 많은 공헌을 하고 있는 생식생리학자이며 SS연구회의 지도의사들로부터 올바른 성별 사전선택법의 학문적 지도자로서 신뢰를 모으고 있다.

또 게이오대학의 이즈카 교수의 선배인 야마구치 박사도 30년 전에 체온하강일 A의 배란은 20%이며 A→C 사이의 B에 있어서 즉 체온이 상승 중에 배란이 있을 확률은 80%라는 설을 발표하였다. 이 설도 대단히 주목해야 할 것으로 사이토 교수의 논문도 이 통계에 의해 증명되고 있다.

●옛날에는 동 · 서양을 막론하고 아들 낳기를 선호해 왔으나 요즘은 점점 딸에 대한 선호도가 높아지고 있다.

기초체온표

이름 :

년	월
	일
월경주기	

.2
37도 0
.9
.8
.7
.6
.5
.4
.3
.2

경관점액크기
중 간 통

기초체온표

이름 :

월 일	년	월경주기	.2	37도 0	.9	.8	.7	.6	.5	.4	.3	.2	검관점액끄기	종 간 통

기초체온표

이름 :

년	월	일																															

월경주기																																	

| .2 |
| 37도 0 |
| .9 |
| .8 |
| .7 |
| .6 |
| .5 |
| .4 |
| .3 |
| .2 |

검광점에끄기																																	
성 간 통																																	

기초체온표

이름 :

월 일 년																																
월경주기																																
.2																																
37도 0																																
.9																																
.8																																
.7																																
.6																																
.5																																
.4																																
.3																																
.2																																
경관점액크기																																
중 간 통																																

판 권
본 사
소 유

젊은엄마 첫아기백과 · 4

아들 · 딸 마음대로 낳을 수 있다

2012년 1월 5일 발행

감 수 : 류 근 철
발행인 : 김 중 영
발행처 : 오성출판사

서울시 영등포구 6가 147-7
TEL : (02) 2635-5667~8
FAX : (02) 835-5550

출판등록 : 1973년 3월 2일 제 13-27호
http://www.osungbook.com

ISBN 978-89-7336-434-3